全国科学技术名词审定委员会

公　　布

科学技术名词·自然科学卷（全藏版）

28

遗 传 学 名 词

（第二版）

CHINESE TERMS IN GENETICS

（Second Edition）

第二届遗传学名词审定委员会

国家自然科学基金资助项目

科 学 出 版 社

北 京

内 容 简 介

　　本书是全国科学技术名词审定委员会审定公布的第二版遗传学名词，内容包括：总论，经典遗传学，分子遗传学，细胞遗传学，发育遗传学，群体、数量遗传学，进化遗传学，基因组学 8 部分，共 2358 条。本书对 1989 年公布的《遗传学名词》做了少量修正，增加了一些新词，每条名词均给出了定义或注释。这些名词是科研、教学、生产、经营以及新闻出版等部门应遵照使用的遗传学规范名词。

图书在版编目（CIP）数据

科学技术名词. 自然科学卷：全藏版 / 全国科学技术名词审定委员会审定.
—北京：科学出版社，2017.1
　ISBN 978-7-03-051399-1

　I. ①科… 　II. ①全… 　III. ①科学技术–名词术语 ②自然科学–名词术语
IV. ①N61

中国版本图书馆 CIP 数据核字（2016）第 314947 号

责任编辑：高素婷 / 责任校对：陈玉凤
责任印制：张　伟 / 封面设计：铭轩堂

科 学 出 版 社 出版
北京东黄城根北街 16 号
邮政编码：100717
http://www.sciencep.com
北京厚诚则铭印刷科技有限公司印刷
科学出版社发行　各地新华书店经销
*
2017 年 1 月第 一 版　开本：787×1092 1/16
2017 年 1 月第一次印刷　印张：13 1/2
字数：338 000
定价：5980.00 元（全 30 册）
（如有印装质量问题，我社负责调换）

全国科学技术名词审定委员会
第五届委员会委员名单

特邀顾问：吴阶平　　钱伟长　　朱光亚　　许嘉璐

主　　任：路甬祥

副 主 任（按姓氏笔画为序）：

于永湛　　朱作言　　刘　青　　江蓝生　　赵沁平　　程津培

常　　委（按姓氏笔画为序）：

马　阳　　王永炎　　李宇明　　李济生　　汪继祥　　张礼和

张先恩　　张晓林　　张焕乔　　陆汝钤　　陈运泰　　金德龙

宣　湘　　贺　化

委　　员（按姓氏笔画为序）：

马大猷	王　夔	王大珩	王玉平	王兴智	王如松
王延中	王虹峥	王振中	王铁琨	卞毓麟	方开泰
尹伟伦	叶笃正	冯志伟	师昌绪	朱照宣	仲增墉
刘　民	刘　斌	刘大响	刘瑞玉	祁国荣	孙家栋
孙敬三	孙儒泳	苏国辉	李文林	李志坚	李典谟
李星学	李保国	李焯芬	李德仁	杨　凯	肖序常
吴　奇	吴凤鸣	吴兆麟	吴志良	宋大祥	宋凤书
张　耀	张光斗	张忠培	张爱民	陆建勋	陆道培
陆燕荪	阿里木·哈沙尼		阿迪亚	陈有明	陈传友
林良真	周　廉	周应祺	周明煜	周明鉴	周定国
郑　度	胡省三	费　麟	姚　泰	姚伟彬	徐　僖
徐永华	郭志明	席泽宗	黄玉山	黄昭厚	崔　俊
阎守胜	葛锡锐	董　琨	蒋树屏	韩布新	程光胜
蓝　天	雷震洲	照日格图	鲍　强	鲍云樵	窦以松
蔡　洋	樊　静	潘书祥	戴金星		

第二届遗传学名词审定委员会委员名单

主　任：赵寿元

副主任：戴灼华　　王兴智　　吴常信　　李家洋

委　员（按姓氏笔画为序）：

马清钧　　朱大海　　乔守怡　　刘　宝　　刘一农

刘权章　　安锡培　　杜荣骞　　李　旭　　杨　晓

杨玉华　　杨焕明　　张　学　　张　勤　　张亚平

张成岗　　张爱民　　邵鹏柱　　金振华　　郑用琏

贺福初　　桂建芳　　高　翔　　程光胜　　傅松滨

傅继梁　　薛勇彪

秘　书：安锡培（兼）　　高素婷

路甬祥序

我国是一个人口众多、历史悠久的文明古国,自古以来就十分重视语言文字的统一,主张"书同文、车同轨",把语言文字的统一作为民族团结、国家统一和强盛的重要基础和象征。我国古代科学技术十分发达,以四大发明为代表的古代文明,曾使我国居于世界之巅,成为世界科技发展史上的光辉篇章。而伴随科学技术产生、传播的科技名词,从古代起就已成为中华文化的重要组成部分,在促进国家科技进步、社会发展和维护国家统一方面发挥着重要作用。

我国的科技名词规范统一活动有着十分悠久的历史。古代科学著作记载的大量科技名词术语,标志着我国古代科技之发达及科技名词之活跃与丰富。然而,建立正式的名词审定组织机构则是在清朝末年。1909 年,我国成立了科学名词编订馆,专门从事科学名词的审定、规范工作。到了新中国成立之后,由于国家的高度重视,这项工作得以更加系统地、大规模地开展。1950 年政务院设立的学术名词统一工作委员会,以及 1985 年国务院批准成立的全国自然科学名词审定委员会(现更名为全国科学技术名词审定委员会,简称全国科技名词委),都是政府授权代表国家审定和公布规范科技名词的权威性机构和专业队伍。他们肩负着国家和民族赋予的光荣使命,秉承着振兴中华的神圣职责,为科技名词规范统一事业默默耕耘,为我国科学技术的发展做出了基础性的贡献。

规范和统一科技名词,不仅在消除社会上的名词混乱现象,保障民族语言的纯洁与健康发展等方面极为重要,而且在保障和促进科技进步,支撑学科发展方面也具有重要意义。一个学科的名词术语的准确定名及推广,对这个学科的建立与发展极为重要。任何一门科学(或学科),都必须有自己的一套系统完善的名词来支撑,否则这门学科就立不起来,就不能成为独立的学科。郭沫若先生曾将科技名词的规范与统一称为"乃是一个独立自主国家在学术工作上所必须具备的条件,也是实现学术中国化的最起码的条件",精辟地指出了这项基础性、支撑性工作的本质。

在长期的社会实践中,人们认识到科技名词的规范和统一工作对于一个国家的科技发展和文化传承非常重要,是实现科技现代化的一项支撑性的系统工程。没有这样一个系统的规范化的支撑条件,不仅现代科技的协调发展将遇到极大困难,而且在科技日益渗透人们生活各方面、各环节的今天,还将给教育、传播、交流、经贸等多方面带来困难和损害。

全国科技名词委自成立以来,已走过近20年的历程,前两任主任钱三强院士和卢嘉锡院士为我国的科技名词统一事业倾注了大量的心血和精力,在他们的正确领导和广大专家的共同努力下,取得了卓著的成就。2002年,我接任此工作,时逢国家科技、经济飞速发展之际,因而倍感责任的重大;及至今日,全国科技名词委已组建了60个学科名词审定分委员会,公布了50多个学科的63种科技名词,在自然科学、工程技术与社会科学方面均取得了协调发展,科技名词蔚成体系。而且,海峡两岸科技名词对照统一工作也取得了可喜的成绩。对此,我实感欣慰。这些成就无不凝聚着专家学者们的心血与汗水,无不闪烁着专家学者们的集体智慧。历史将会永远铭刻着广大专家学者孜孜以求、精益求精的艰辛劳作和为祖国科技发展做出的奠基性贡献。宋健院士曾在1990年全国科技名词委的大会上说过:"历史将表明,这个委员会的工作将对中华民族的进步起到奠基性的推动作用。"这个预见性的评价是毫不为过的。

科技名词的规范和统一工作不仅仅是科技发展的基础,也是现代社会信息交流、教育和科学普及的基础,因此,它是一项具有广泛社会意义的建设工作。当今,我国的科学技术已取得突飞猛进的发展,许多学科领域已接近或达到国际前沿水平。与此同时,自然科学、工程技术与社会科学之间交叉融合的趋势越来越显著,科学技术迅速普及到了社会各个层面,科学技术同社会进步、经济发展已紧密地融为一体,并带动着各项事业的发展。所以,不仅科学技术发展本身产生的许多新概念、新名词需要规范和统一,而且由于科学技术的社会化,社会各领域也需要科技名词有一个更好的规范。另一方面,随着香港、澳门的回归,海峡两岸科技、文化、经贸交流不断扩大,祖国实现完全统一更加迫近,两岸科技名词对照统一任务也十分迫切。因而,我们的名词工作不仅对科技发展具有重要的价值和意义,而且在经济发展、社会进步、政治稳定、民族团结、国家统一和繁荣等方面都具有不可替代的特殊价值和意义。

最近,中央提出树立和落实科学发展观,这对科技名词工作提出了更高的要求。我们要按照科学发展观的要求,求真务实,开拓创新。科学发展观的本质与核心是以人为本,我们要建设一支优秀的名词工作队伍,既要保持和发扬老一辈科技名词工作者的优良传统,坚持真理、实事求是、甘于寂寞、淡泊名利,又要根据新形势的要求,面向未来、协调发展、与时俱进、锐意创新。此外,我们要充分利用网络等现代科技手段,使规范科技名词得到更好的传播和应用,为迅速提高全民文化素质做出更大贡献。科学发展观的基本要求是坚持以人为本,全面、协调、可持续发展,因此,科技名词工作既要紧密围绕当前国民经济建设形势,着重开展好科技领域的学科名词审定工作,同时又要在强调经济社会以及人与自然协调发展的思想指导下,开展好社会科学、文化教育和资源、生态、环境领域的科学名词审定工作,促进各个学科领域的相互融合和共同繁荣。科学发展观非常注重可持续发展的理念,因此,我们在不断丰富和发展已建立的科技名词体系的同时,还要进一步研究具有中国特色的术语学理论,以创建中国的术语学派。研究和建立中国特色的术语学理论,也是一种知识创新,是实现科技名词工作可持续发展的必由之路,我们应当为此付出更大的努力。

当前国际社会已处于以知识经济为走向的全球经济时代,科学技术发展的步伐将会越来越快。我国已加入世贸组织,我国的经济也正在迅速融入世界经济主流,因而国内外科技、文化、经贸的交流将越来越广泛和深入。可以预言,21世纪中国的经济和中国的语言文字都将对国际社会产生空前的影响。因此,在今后10到20年之间,科技名词工作就变得更具现实意义,也更加迫切。"路漫漫其修远兮,吾今上下而求索",我们应当在今后的工作中,进一步解放思想,务实创新、不断前进。不仅要及时地总结这些年来取得的工作经验,更要从本质上认识这项工作的内在规律,不断地开创科技名词统一工作新局面,做出我们这代人应当做出的历史性贡献。

2004 年深秋

卢嘉锡序

科技名词伴随科学技术而生,犹如人之诞生其名也随之产生一样。科技名词反映着科学研究的成果,带有时代的信息,铭刻着文化观念,是人类科学知识在语言中的结晶。作为科技交流和知识传播的载体,科技名词在科技发展和社会进步中起着重要作用。

在长期的社会实践中,人们认识到科技名词的统一和规范化是一个国家和民族发展科学技术的重要的基础性工作,是实现科技现代化的一项支撑性的系统工程。没有这样一个系统的规范化的支撑条件,科学技术的协调发展将遇到极大的困难。试想,假如在天文学领域没有关于各类天体的统一命名,那么,人们在浩瀚的宇宙当中,看到的只能是无序的混乱,很难找到科学的规律。如是,天文学就很难发展。其他学科也是这样。

古往今来,名词工作一直受到人们的重视。严济慈先生60多年前说过,"凡百工作,首重定名;每举其名,即知其事"。这句话反映了我国学术界长期以来对名词统一工作的认识和做法。古代的孔子曾说"名不正则言不顺",指出了名实相副的必要性。荀子也曾说"名有固善,径易而不拂,谓之善名",意为名有完善之名,平易好懂而不被人误解之名,可以说是好名。他的"正名篇"即是专门论述名词术语命名问题的。近代的严复则有"一名之立,旬月踟蹰"之说。可见在这些有学问的人眼里,"定名"不是一件随便的事情。任何一门科学都包含很多事实、思想和专业名词,科学思想是由科学事实和专业名词构成的。如果表达科学思想的专业名词不正确,那么科学事实也就难以令人相信了。

科技名词的统一和规范化标志着一个国家科技发展的水平。我国历来重视名词的统一与规范工作。从清朝末年的科学名词编订馆,到1932年成立的国立编译馆,以及新中国成立之初的学术名词统一工作委员会,直至1985年成立的全国自然科学名词审定委员会(现已改名为全国科学技术名词审定委员会,简称全国名词委),其使命和职责都是相同的,都是审定和公布规范名词的权威性机构。现在,参与全国名词委领导工作的单位有中国科学院、科学技术部、教育部、中国科学技术协会、国家自然科学基金委员会、新闻出版署、国家质量技术监督局、国家广播电影电视总局、国家知识产权局和国家语言文字工作委员会,这些部委各自选派了有关领导干部担任全国名词委的领导,有力地推动科技名词的统一和推广应用工作。

全国名词委成立以后,我国的科技名词统一工作进入了一个新的阶段。在第一任主任委员钱三强同志的组织带领下,经过广大专家的艰苦努力,名词规范和统一工作取得了显著的成绩。1992 年三强同志不幸谢世。我接任后,继续推动和开展这项工作。在国家和有关部门的支持及广大专家学者的努力下,全国名词委 15 年来按学科共组建了 50 多个学科的名词审定分委员会,有 1800 多位专家、学者参加名词审定工作,还有更多的专家、学者参加书面审查和座谈讨论等,形成的科技名词工作队伍规模之大、水平层次之高前所未有。15 年间共审定公布了包括理、工、农、医及交叉学科等各学科领域的名词共计 50 多种。而且,对名词加注定义的工作经试点后业已逐渐展开。另外,遵照术语学理论,根据汉语汉字特点,结合科技名词审定工作实践,全国名词委制定并逐步完善了一套名词审定工作的原则与方法。可以说,在 20 世纪的最后 15 年中,我国基本上建立起了比较完整的科技名词体系,为我国科技名词的规范和统一奠定了良好的基础,对我国科研、教学和学术交流起到了很好的作用。

在科技名词审定工作中,全国名词委密切结合科技发展和国民经济建设的需要,及时调整工作方针和任务,拓展新的学科领域开展名词审定工作,以更好地为社会服务、为国民经济建设服务。近些年来,又对科技新词的定名和海峡两岸科技名词对照统一工作给予了特别的重视。科技新词的审定和发布试用工作已取得了初步成效,显示了名词统一工作的活力,跟上了科技发展的步伐,起到了引导社会的作用。两岸科技名词对照统一工作是一项有利于祖国统一大业的基础性工作。全国名词委作为我国专门从事科技名词统一的机构,始终把此项工作视为自己责无旁贷的历史性任务。通过这些年的积极努力,我们已经取得了可喜的成绩。做好这项工作,必将对弘扬民族文化,促进两岸科教、文化、经贸的交流与发展做出历史性的贡献。

科技名词浩如烟海,门类繁多,规范和统一科技名词是一项相当繁重而复杂的长期工作。在科技名词审定工作中既要注意同国际上的名词命名原则与方法相衔接,又要依据和发挥博大精深的汉语文化,按照科技的概念和内涵,创造和规范出符合科技规律和汉语文字结构特点的科技名词。因而,这又是一项艰苦细致的工作。广大专家学者字斟句酌,精益求精,以高度的社会责任感和敬业精神投身于这项事业。可以说,全国名词委公布的名词是广大专家学者心血的结晶。这里,我代表全国名词委,向所有参与这项工作的专家学者们致以崇高的敬意和衷心的感谢!

审定和统一科技名词是为了推广应用。要使全国名词委众多专家多年的劳动成果——规范名词,成为社会各界及每位公民自觉遵守的规范,需要全社会的理解和支持。国务院和4个有关部委[国家科委(今科学技术部)、中国科学院、国家教委(今教育部)和新闻出版署]已分别于1987年和1990年行文全国,要求全国各科研、教学、生产、经营以及新闻出版等单位遵照使用全国名词委审定公布的名词。希望社会各界自觉认真地执行,共同做好这项对于科技发展、社会进步和国家统一极为重要的基础工作,为振兴中华而努力。

值此全国名词委成立15周年、科技名词书改装之际,写了以上这些话。是为序。

卢嘉锡

2000年夏

钱 三 强 序

科技名词术语是科学概念的语言符号。人类在推动科学技术向前发展的历史长河中,同时产生和发展了各种科技名词术语,作为思想和认识交流的工具,进而推动科学技术的发展。

我国是一个历史悠久的文明古国,在科技史上谱写过光辉篇章。中国科技名词术语,以汉语为主导,经过了几千年的演化和发展,在语言形式和结构上体现了我国语言文字的特点和规律,简明扼要,蓄意深切。我国古代的科学著作,如已被译为英、德、法、俄、日等文字的《本草纲目》、《天工开物》等,包含大量科技名词术语。从元、明以后,开始翻译西方科技著作,创译了大批科技名词术语,为传播科学知识,发展我国的科学技术起到了积极作用。

统一科技名词术语是一个国家发展科学技术所必须具备的基础条件之一。世界经济发达国家都十分关心和重视科技名词术语的统一。我国早在 1909 年就成立了科学名词编订馆,后又于 1919 年中国科学社成立了科学名词审定委员会,1928 年大学院成立了译名统一委员会。1932 年成立了国立编译馆,在当时教育部主持下先后拟订和审查了各学科的名词草案。

新中国成立后,国家决定在政务院文化教育委员会下,设立学术名词统一工作委员会,郭沫若任主任委员。委员会分设自然科学、社会科学、医药卫生、艺术科学和时事名词五大组,聘任了各专业著名科学家、专家,审定和出版了一批科学名词,为新中国成立后的科学技术的交流和发展起到了重要作用。后来,由于历史的原因,这一重要工作陷于停顿。

当今,世界科学技术迅速发展,新学科、新概念、新理论、新方法不断涌现,相应地出现了大批新的科技名词术语。统一科技名词术语,对科学知识的传播,新学科的开拓,新理论的建立,国内外科技交流,学科和行业之间的沟通,科技成果的推广、应用和生产技术的发展,科技图书文献的编纂、出版和检索,科技情报的传递等方面,都是不可缺少的。特别是计算机技术的推广使用,对统一科技名词术语提出了更紧迫的要求。

为适应这种新形势的需要,经国务院批准,1985 年 4 月正式成立了全国自然科学名词审定委员会。委员会的任务是确定工作方针,拟定科技名词术语审定工作计划、实施方案和步骤,组织审定自然科学各学科名词术语,并予以公布。根据国务院授权,委员会审定公布的名词术语,科研、教学、生产、经营以及新闻出版等各部门,均应遵照使用。

全国自然科学名词审定委员会由中国科学院、国家科学技术委员会、国家教育委员会、中国科学技术协会、国家技术监督局、国家新闻出版署、国家自然科学基金委员会分别委派了正、副主任担任领导工作。在中国科协各专业学会密切配合下,逐步建立各专业审定分委员会,并已建立起一支由各学科著名专家、学者组成的近千人的审定队伍,负责审定本学科的名词术语。我国的名词审定工作进入了一个新的阶段。

这次名词术语审定工作是对科学概念进行汉语订名,同时附以相应的英文名称,既有我国语言特色,又方便国内外科技交流。通过实践,初步摸索了具有我国特色的科技名词术语审定的原则与方法,以及名词术语的学科分类、相关概念等问题,并开始探讨当代术语学的理论和方法,以期逐步建立起符合我国语言规律的自然科学名词术语体系。

统一我国的科技名词术语,是一项繁重的任务,它既是一项专业性很强的学术性工作,又涉及到亿万人使用习惯的问题。审定工作中我们要认真处理好科学性、系统性和通俗性之间的关系;主科与副科间的关系;学科间交叉名词术语的协调一致;专家集中审定与广泛听取意见等问题。

汉语是世界五分之一人口使用的语言,也是联合国的工作语言之一。除我国外,世界上还有一些国家和地区使用汉语,或使用与汉语关系密切的语言。做好我国的科技名词术语统一工作,为今后对外科技交流创造了更好的条件,使我炎黄子孙,在世界科技进步中发挥更大的作用,做出重要的贡献。

统一我国科技名词术语需要较长的时间和过程,随着科学技术的不断发展,科技名词术语的审定工作,需要不断地发展、补充和完善。我们将本着实事求是的原则,严谨的科学态度做好审定工作,成熟一批公布一批,提供各界使用。我们特别希望得到科技界、教育界、经济界、文化界、新闻出版界等各方面同志的关心、支持和帮助,共同为早日实现我国科技名词术语的统一和规范化而努力。

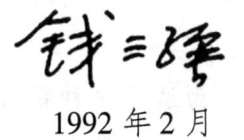

1992 年 2 月

第二版前言

1989 年全国自然科学名词审定委员会(现称"全国科学技术名词审定委员会")公布的《遗传学名词》,介绍了规范化的第一批遗传学名词 1519 条(其中仅少数名词附有释义),并附有相应的英文名,从而使我国遗传学界存在的同名异义和同义异名以及定名不够确切和用名不太恰当等状况有所改善。由于在第一批公布的名词中,绝大多数名词未提供释义,在进行学术交流时往往因对名词内涵理解不同而产生歧义,迫切需要通过释义进一步明确其科学内涵。加之,自第一批遗传学名词公布后 10 余年来遗传学的快速发展,又出现了大量新名词,且有很多已在其他相关学科被广泛采用,因此有必要对遗传学名词进行修订和增补,使其不断完善。

为此,中国遗传学会受全国科学技术名词审定委员会的委托,于 2001 年成立了第二届遗传学名词审定委员会,开始第二批遗传学名词审定工作,重点是对第一批公布的名词进行修订和补充释义,并且增补新名词。

本次遗传学名词的审定工作按总论,经典遗传学,分子遗传学,细胞遗传学,发育遗传学,群体、数量遗传学,进化遗传学和基因组学 8 个分支学科组进行分组审定,各组的负责人有傅继梁、戴灼华、朱大海、王兴智、杨晓、张勤、张亚平、张成岗。赵寿元和戴灼华负责汇总终审定稿。

整个审定工作分为名词遴选、审定和名词释义、审定两个阶段。在第一阶段,从新收集到的 6000余条名词中遴选了约 1500 条,加上第一批名词中的 1519 条共计 3000 余条进行下一步释义工作。第二阶段由各组分别完成释义并召开审定会议,对释义初稿进行逐条讨论。在广泛征求专家意见的基础上反复修改,并于 2003 年底完成全部名词释义的审定工作。2004 年 5 月全国科学技术名词审定委员会委托刘凌云、吴鹤龄、粟翼玟、彭中镇、强伯勤 5 位教授复审。各学科组根据复审专家意见再次进行讨论和修改后定稿。现经全国科学技术名词审定委员会审核批准,予以公布。

第二批遗传学名词共收录 2358 条,比第一批增加约 55%。每条名词包括序号、汉文名、英文名、定义或注释四部分。正文中的汉文名大体上按学科分类和相关概念排列。同一名词可能与多个分支学科相关,但作为公布的规范词编排时只出现一次,不重复列出。

在审定中,对一些中文译名混乱、争论不休的名词,如"prion"一词,目前有:朊病毒、朊粒、朊毒体、蛋白感染子、感染朊、普恩蛋白、普利朊、普利安、普里昂等 10 多个名称,专家们认为对这类意译中文名既不能准确表达其含义,又易引起误解、争论的词,最好采取类似基因(gene)、克隆(clone)等名词的音译方式解决,既简便又与外国文献接轨,所以一致同意定名为"普里昂"。

本次审定中遗传学界许多专家给了热情支持,并提出大量宝贵意见和建议。在各学科组的审定工作中,我们还邀请丁毅、孔繁瑶、方福德、王亚馥、孙开来、李彦、张文霞、张劳、张根发、张德兴、沈岩、沈银柱、陈佺、陈林、周荣家、周琪、庚镇城、赵兴顺、袁建刚、顾红雅、梁前进、曾庆韬等教授

（按姓氏笔画排序）参加了讨论，在此一并深表谢意。

名词审定工作难度很大，难免挂一漏万、百密一疏。殷切希望遗传学界同仁提出宝贵意见，使之日臻完善。

第二届遗传学名词审定委员会

2005 年 8 月

第一版前言

遗传学在生命科学中占有中心地位,因此遗传学名词术语的审定和统一,对于生命科学的发展,特别是遗传学的知识传播、文献编纂、书刊出版、内容检索以及国内外学术交流,都具有重要意义。

近几十年来,由于遗传学发展十分迅速,揭开了生命活动的很多奥秘,扩大了人们对生命现象的认识,出现了新理论,开发了新技术,建立了许多分支学科,相应地出现了大量新的名词术语,同时也带来了某些术语的不统一。在这种形势下,中国遗传学会受全国自然科学名词审定委员会的委托,成立了遗传学名词审定委员会,开展遗传学名词的审定工作。1986 年 8 月召开第一次全体委员会议,拟定了选词规范和审定条例,并开始收集名词条目。经过整理,提交到 1986 年 12 月第一次审定会上讨论,拟出遗传学名词征求意见稿,印发给有关专家,广泛征求意见。根据收集的意见,再经过整理修改,又于 1988 年 3 月分别在北京和上海召开了与生化名词、细胞生物学名词等有关专业的协调会,对第二稿提出了修改意见。1988 年 7 月召开第二次全体委员出席的审定会,会上审定了名词 1519 条,并对部分概念易混淆的术语写出了简明的注释。1988 年 10 月最后由审定委员会的正、副主任和各部分名词的主要负责人审查定稿,上报全国自然科学名词审定委员会。1989 年 1 月经全国自然科学名词审定委员会委托谈家桢、盛祖嘉、薛禹谷、洪孟民几位专家复审后批准公布。

在遗传学名词审定过程中,我们参阅了台湾国立中兴大学遗传学词汇编辑委员会所编写的《遗传学名词》,注意采用他们的精华。例如:"基因座"(locus)这一名词是遗传学中最常用的基本名词,但长期以来定为"座位"、"部位",还是定为"位点",争论不休,而且还有反复,造成一些混乱。这次我们认为台湾同行们定得既科学又简明,一致同意定名为"基因座"。

本次审定的遗传学名词共分四大类:第一类总论;第二类为遗传学中的基本名词;第三类是分子遗传学方面的名词,大都是近几十年来出现的新名词;第四类是有关数量遗传学、群体遗传学和进化遗传学等专业名词。各条汉语名词都配有学术上概念相对应的英文,并按概念体系排列。但随着学科不断发展,术语的概念常常可能有变动,所以这些排列并不是严谨的分类,仅为查阅方便而已。

在几年的审定工作中,得到了遗传学界有关学科专家、学者的热情支持,并蒙提出了许多宝贵的意见和有益的建议,在此深表谢意,并希望大家在使用过程中继续提出意见,以供今后修订时参考。

遗传学名词审定委员会
1989 年 3 月

编 排 说 明

一、本书公布的是第二版遗传学名词,共 2358 条,每条名词均给出了定义或注释。

二、全书分 8 部分:总论,经典遗传学,分子遗传学,细胞遗传学,发育遗传学,群体、数量遗传学,进化遗传学,基因组学。

三、正文按汉文名词所属学科的相关概念体系排列,定义一般只给出其基本内涵,注释则扼要说明其特点。汉文名后给出了与该词概念相对应的英文名。

四、当一个汉文名有不同概念时,其定义或注释用(1)、(2)分开。

五、一个汉文名对应几个英文同义词时,英文词之间用“,”分开。

六、凡英文词的首字母大、小写均可时,一律小写;英文除必须用复数者,一般用单数。

七、“[ ]”中的字为可省略部分。

八、主要异名和释文中的条目用楷体表示。“简称”、“全称”、“又称”、“俗称”可继续使用,“曾称”为被淘汰的旧名。

九、正文后所附的英汉索引,按英文字母顺序排列;汉英索引按汉语拼音顺序排列。所示号码为该词在正文中的序码。索引中带“＊”者为规范名的异名或释文中出现的条目。

目 录

01. 总　　论

01.001　遗传学　genetics
研究基因的结构、功能及其变异、传递和表达规律的学科。

01.002　细胞遗传学　cytogenetics
在细胞层次上进行遗传学研究的遗传学分支学科。着重研究细胞中染色体的起源、组成、变化、行为和传递等机制及其生物学效应。

01.003　体细胞遗传学　somatic cell genetics
以体外培养的高等动植物和人的体细胞为主要研究对象的遗传学分支学科。

01.004　临床细胞遗传学　clinical cytogenetics
细胞遗传学的一个分支学科,主要应用于疾病的诊断、预后、防治和遗传咨询。

01.005　群体细胞遗传学　population cytogenetics
以生物群体为研究对象的细胞遗传学分支学科。如通过不同群体染色体结构差异来阐明种间或种内不同群体间的进化关系。

01.006　分子细胞遗传学　molecular cytogenetics
在分子层次上进行细胞遗传学研究的一门学科。

01.007　细胞器遗传学　organelle genetics
以细胞质内具自身基因组的细胞器(如线粒体、叶绿体)为研究对象的遗传学分支学科。

01.008　分子遗传学　molecular genetics
在分子水平上进行遗传学研究的遗传学分支学科。

01.009　发育遗传学　developmental genetics
研究生物体发育过程中遗传机制的遗传学分支学科。

01.010　生化遗传学　biochemical genetics
研究基因或基因组在细胞或机体代谢过程中的作用及其规律的遗传学分支学科。

01.011　群体遗传学　population genetics
以群体为单位研究群体内遗传结构及其变化规律的遗传学分支学科。

01.012　数量遗传学　quantitative genetics
又称"统计遗传学(statistical genetics)"。用数理统计和数学方法研究生物群体数量性状遗传规律的遗传学分支学科。

01.013　辐射遗传学　radiation genetics
研究电离辐射(如 X 射线、γ 射线等电磁辐射和 α、β、质子、中子等粒子辐射)和非电离辐射(如紫外线)的遗传效应及其发生机制的遗传学分支学科。

01.014　生态遗传学　ecological genetics, ecogenetics
研究生物群体的遗传结构对生存环境及其变化所作反应的遗传学分支学科。

01.015　生理遗传学　physiological genetics
研究遗传因素在一个完整的生理过程中所起作用的遗传学分支学科。

01.016　免疫遗传学　immunogenetics
免疫学和遗传学的交叉学科。主要研究遗传因素与生物机体免疫系统之间关系的遗传学分支学科。

01.017　行为遗传学　behavioral genetics

研究生物个体或群体的行为的遗传学基础的遗传学分支学科。

01.018 毒理遗传学 toxicological genetics
用遗传学方法研究环境因子对生殖细胞或体细胞的遗传物质的损伤及其毒理效应的遗传学分支学科。

01.019 进化遗传学 evolutionary genetics
研究物种内和物种间遗传变异的过程及其规律,探索物种形成和物种灭绝过程的遗传学分支学科。

01.020 群落遗传学 syngenetics
以群落即代表一个进化单位的生殖隔离群体为研究对象的进化遗传学分支学科。

01.021 病理遗传学 pathogenetics
着重研究疾病发生、发展及转归中与病理学过程相关的基因结构变异与功能异常的遗传学分支学科。

01.022 药物遗传学 pharmacogenetics
药理学与遗传学相结合的交叉学科。主要研究遗传因素对物种内不同个体的药物吸收、分布、代谢的影响,尤其是由遗传因素引起的异常药物反应。

01.023 人类遗传学 human genetics
以人类为研究对象的遗传学分支学科。

01.024 微生物遗传学 microbial genetics
以微生物为研究对象的遗传学分支学科。

01.025 细菌遗传学 bacterial genetics
以真细菌和古细菌为研究对象的遗传学分支学科。

01.026 植物遗传学 plant genetics
以植物为研究材料和对象的遗传学分支学科。

01.027 动物遗传学 animal genetics
以动物为研究材料和对象的遗传学分支学科。

科。

01.028 医学遗传学 medical genetics
应用遗传学的理论与方法研究遗传因素在疾病的发生、流行、诊断、预防、治疗和遗传咨询等中的作用机制及其规律的遗传学分支学科。

01.029 临床遗传学 clinical genetics
从临床出发研究遗传因素与疾病的病变过程及其诊治关系的遗传学分支学科,是医学遗传学的临床应用。

01.030 法医遗传学 forensic genetics
又称"法医物证学"。用遗传标记分析鉴定毛发、骨、血液、精液及其斑痕等生物学物证的遗传学分支学科。

01.031 肿瘤遗传学 cancer genetics
遗传学与肿瘤学的交叉学科。着重研究遗传因素在恶性肿瘤(癌)的发生、发展、易感、防治和预后中的作用的遗传学分支学科。

01.032 遗传流行病学 genetic epidemiology
研究基因及其变异和环境因子相互作用与疾病发生、流行和控制之间关系的遗传学分支学科。

01.033 反求遗传学 reverse genetics
又称"替代遗传学(surrogate genetics)"。运用重组 DNA 技术,改变生物体的基因组结构,观察修饰后基因的表型效应,从而确定所改变的基因的生物学功能的学科。

01.034 表观遗传学 epigenetics
研究生物体或细胞表观遗传变异的遗传学分支学科。

01.035 核遗传学 karyogenetics
通过对核型分析进行遗传学研究的遗传学分支学科。

01.036 染色体学 chromosomology, chromosomics

研究染色体结构和功能及其动态变化的学科。

01.037 细胞核学 karyology，caryology
研究染色体形态结构组成和带型的学科。

01.038 核形态学 karyomorphology
研究真核细胞染色体的数目和形态特征的学科。

01.039 核型分类学 karyotaxonomy
基于真核细胞中染色体的数目和形态特征进行分类的学科。

01.040 表型系统学 phenetics
不是基于进化关系而是基于生物表型特征进行生物分类的学科。

01.041 基因组学 genomics
研究生物体基因组的组成、结构与功能的学科。

01.042 结构基因组学 structural genomics
研究基因组的结构并构建高分辨率的遗传图、物理图、序列图和转录图以及蛋白质组成与结构的学科。

01.043 功能基因组学 functional genomics，function genomics
利用结构基因组学研究所得的各种信息在基因组水平上研究编码序列及非编码序列生物学功能的学科。

01.044 表观基因组学 epigenomics
在基因组的水平上研究不改变基因组序列而通过表观遗传修饰调控基因或基因组表达的学科。

01.045 化学基因组学 chemical genomics
利用小分子化合物作为探针，研究基因组的功能以及发现新的药物作用靶标、途径和网络的学科。

01.046 药物基因组学 pharmacogenomics
在基因组水平上研究不同个体及人群对药物反应的差异，并探讨用药个性化和以特殊人群为对象的新药开发的学科。

01.047 环境基因组学 environmental genomics
研究参与或介导环境因子对机体生物表型产生影响的相关基因的识别、鉴定与功能的学科。

01.048 进化基因组学 evolution genomics
研究生物进化过程中基因组的动态变化和基因的变异，揭示生物类群的亲缘关系和进化规律的学科。

01.049 计算基因组学 computational genomics
运用计算机技术和信息技术对基因组研究数据进行计算分析和建模的学科。

01.050 比较基因组学 comparative genomics
对不同物种的同源基因在基因组水平上进行比较分析，以揭示其功能与进化规律的学科。也可泛指不同基因组之间的比较分析。

01.051 转录物组学 transcriptomics
研究基因组转录产生的全部转录物的种类、结构和功能的学科。

01.052 蛋白质组学 proteomics
研究细胞内全部蛋白质的组成、结构与功能的学科。

01.053 计算蛋白质组学 computational proteomics
利用计算机技术和信息技术对蛋白质组学的数据进行分析和建模，形成生物学知识的学科。

01.054 表型组学 phenomics
研究生物个体形态发生和生理特征的发育等过程中，基因组和环境因子相互作用而产生生物表型多样性的学科。

01.055 生物信息学 bioinformatics

运用计算机技术和信息技术开发新的算法和统计方法,对生物实验数据进行分析,确定数据所含的生物学意义,并开发新的数据分析工具以实现对各种信息的获取和管理的学科。

01.056 遗传的染色体学说 chromosome theory of inheritance

萨顿(W. S. Sutton)和博韦里(T. Boveri)于1902年提出的一种学说。认为染色体是基因的载体,染色体在减数分裂过程中的行为与基因的遗传行为是一致的。

01.057 基因学说 gene theory

关于基因和性状之间存在确定的因果关系的学说。

01.058 多基因学说 polygenic theory

由尼尔松·埃勒(H. Nilson-Ehle)于1908年提出的阐明数量性状遗传的基因学说。认为数量性状受一系列微效基因的控制,效应可累加,不存在显隐性,且对环境敏感。

01.059 突变[学]说 mutation theory

德·弗里斯(H. de Vries)等人于1901年提出的一种进化学说。认为生物进化是由于基因突变造成的。

01.060 断裂愈合假说 breakage and reunion hypothesis

麦克林托克(B. McClintock)于1951年提出的,用于解释玉米中的一个突变品系在细胞分裂中反复出现的染色体断裂-桥-融合和双着丝粒染色体现象的假说。

01.061 交叉型假说 chiasmatype hypothesis

让森斯(F. A. Janssens)于1909年提出的减数分裂中染色体交叉的一种学说。认为细胞学上可以观察到的交叉结是同源染色体的非姐妹染色单体间发生交换的结果。

01.062 模板选择假说 copy choice hypothesis

贝林(Belling)于1931年提出的一种DNA重组机制的假说。认为来自母本和来自父本的染色体在复制时更换模板是染色体交换的原因。

01.063 念珠理论 bead theory

认为基因在结构和功能上是相对独立的,不等位的基因在染色体上作念珠状线性排列的假设。

01.064 一基因一酶假说 one-gene one-enzyme hypothesis

比德尔(G. Beadle)和塔特姆(E. Tatum)于1941年提出的一个基因控制一种酶的合成,催化一种生化反应的假说。

01.065 一基因一多肽假说 one-gene one-polypeptide hypothesis

一个基因决定一条多肽链合成的假说。该假说已替代了一基因一酶假说。

01.066 泛生说 theory of pangenesis

达尔文(C. R. Darwin)于1866年提出的解释生物遗传的一种学说。认为遗传性状的载体是组成生物体的各种细胞都携有的,且能独立繁殖的"微芽"。在生殖细胞形成过程中,生物体各系统的"微芽"汇集于生殖细胞而传递给后代,并认为"微芽"会随环境的改变而变化,所以获得性状是可以遗传的。大量科学事实已否定了泛生说。

01.067 种质学说 germplasm theory

又称"魏斯曼学说(Weismannism)"。由魏斯曼(A. Weismann)于1883年提出。认为生物体由专司生殖的种质和由种质分化而来的体质组成,并认为种质是稳定而连续的,能世代相传,体质则会随着个体的死亡而消亡,所以获得性状不能遗传。

01.068 先成说 preformation theory

关于胚胎发育的一种假说,认为成体由预先

存在于生殖细胞中的雏形放大发展而成。先成说又分为主张雏形存在于精子的"精原说"和主张雏形存在于卵细胞的"卵原说"。这个学说已被科学发展所否定。

01.069　后成说　epigenesis
关于胚胎发育的一种假说,认为无论卵细胞还是精子中都不存在生物体发育的雏形,生物体的各种组织和器官都是在个体发育过程中逐渐形成的。

01.070　生源说　biogenesis
认为生物体不能从无生命物质产生,而必须来自另一个生物体,与自然发生说相对立。

01.071　自然发生说　abiogenesis, spontaneous generation
又称"无生源说"。主张生物体可自发地由非生命物质产生,在巴斯德著名的灭菌实验后不再流行。

01.072　起源中心学说　theory of center of origin
物种形成地域的一种假设,认为给定的生物类群均有其起源地和扩散中心。

01.073　拉马克学说　Lamarckism
拉马克(J. B. Lamarck)于1809年提出的一种生物进化思想。认为生物有一种内在的由低等向高等发展的动力,通过适应环境来改变自身,所以环境可使生物体发生顺应环境的变化,这种变化是可以遗传的。

01.074　新拉马克学说　neo-Lamarckism
19世纪末到20世纪初,拉马克学说追随者虽已抛弃了"内在动力"假设,但仍坚持生物在环境作用下能定向地变异,获得性状能够遗传,这种观点被称为新拉马克学说。

01.075　达尔文学说　Darwinism
达尔文于1859年提出的。认为地球上所有的生物都是从一个或几个不同的原始生物进化而来的,指出生物变异的自然选择是生物进化的根本动力。

01.076　新达尔文学说　neo-Darwinism
将达尔文的进化学说与孟德尔遗传理论综合起来,把进化视为一个群体中基因频率在时间分布上的变化,进化是群体遗传组成的变化,而进化的机制就是群体遗传学研究的对象。

01.077　进化论　evolutionary theory
研究生物界发展变化规律的理论。认为生物最初从非生物演化而来,现存的各种生物是从共同祖先通过变异、遗传和自然选择等演化而来。

01.078　分子进化中性学说　neutral theory of molecular evolution
简称"中性学说(neutral theory)"。木村资生(M. Kimura)于20世纪60年代提出的分子进化理论。认为生物在分子层次上的大多数进化改变是选择中性或非常接近中性的突变,在群体中的命运主要取决于随机遗传漂变而不是自然选择。

01.079　动态平衡说　shifting balance theory
赖特(S. Wright)于19世纪30年代提出的一个进化理论,指处于适应平衡状态的群体,个别亚群体在随机遗传漂变的作用下可以跨越适应性低谷而达到新的适应性平衡状态,新平衡下的亚群体通过个体扩散而使其他亚群体也平移到新的平衡状态。这个过程最终可使一个物种的所有群体平移到新的适应平衡状态。

01.080　间断平衡　punctuated equilibrium
一种有关生物进化模式的学说。即一个系谱长期所处的静止或平衡状态被短期的、爆发性的大进化所打破,伴随着产生大量新物种。

01.081　纯系学说　pure line theory
约翰森(W. Johannsen)于1930年提出的一

种学说。认为同一纯合亲本自体受精而得到的后代,或由长期连续近交得到的动物或植物的高度自交系,具有相同的基因型,它的每一个基因座都是纯合的,所以不会发生分离。

01.082　种质　germ plasm
(1)又称"生殖质"。含有染色体的胚芽细胞的原生质。(2)一个物种的基因库。(3)通过性细胞向子代传递的遗传物质。

01.083　遗传　(1)heredity (2)inheritance
(1)性状由亲代向子代传递的现象。(2)性状由亲代向子代传递的过程。

01.084　双亲遗传　biparental inheritance
后代遗传性状来自两个亲本的遗传现象。

01.085　获得性状遗传　inheritance of acquired character
生物在个体发育过程中源于对环境作用的反应所形成的性状向子代传递的现象。

01.086　变异　variation
亲代与子代间或群体内不同个体间基因型或表型的差异。

01.087　彷徨变异　fluctuating variation
变异的随机性。

01.088　遗传重组　genetic recombination
导致基因间或基因内新的连锁关系形成的过程。

01.089　遗传背景　genetic background
研究某一特定性状的基因座时,基因组中其余的 DNA 组成即为该基因的遗传背景。

01.090　遗传惰性　genetic inertia
生物体维持基因组相对平衡自动调节的机制。

01.091　遗传体系　genetic system
一个物种的遗传物质的结构以及其传递方式。

01.092　遗传指纹　genetic fingerprint
每个个体基因组所特有的遗传标记构成的图谱。

01.093　遗传异质性　genetic heterogeneity
不同基因型决定相同表型的现象。

01.094　遗传紊乱　genetic disorder
由于基因或染色体的结构异常造成的功能缺陷。

01.095　遗传多态性　genetic polymorphism
同一群体的不同个体或同一物种的不同群体存在不同基因型的现象。

01.096　遗传多样性　genetic diversity
由于选择、遗传漂变、基因流动或非随机交配等生物进化相关因子的作用而导致物种内不同隔离群体,或半隔离群体之间等位基因频率变化的积累所造成的群体间遗传结构多样性的现象。

01.097　遗传拯救　genetic rescue
将野生型基因转入该基因为缺陷型的基因组,使突变型生物后代的缺陷获得代偿。

01.098　遗传筛选　genetic screening
从一个群体中鉴别和选择出某种所需的基因或基因型的过程。

01.099　遗传咨询　genetic counseling
为患者或其家属提供与遗传疾病相关的知识或信息的服务。

01.100　持续饰变　persisting modification, dauermodification
由环境条件所诱发的性状变异在没有诱导刺激的情况下仍可在子代中保持一段时间,随后便逐渐减弱以致消失的现象。

01.101　遗传病　genetic disease, hereditary disease, inherited disease

由于生殖细胞中的基因或染色体结构变异突变导致的遗传性疾病。

01.102 染色体病 chromosomal disease
由于染色体数目或结构异常而引起的临床综合征。

01.103 遗传信息 genetic information
储存在 DNA 或 RNA 分子中的指导细胞内所有独特活动的指令的总和。

01.104 遗传单位 genetic unit, hereditary unit
含特定遗传信息的一段核苷酸序列。

01.105 基因 gene
遗传信息的基本单位。一般指位于染色体上编码一个特定功能产物(如蛋白质或

RNA 分子等)的一段核苷酸序列。

01.106 人类基因组计划 Human Genome Project, HGP
1990 年由美国能源部(DOE)和国立健康研究院(NIH)资助的一个研究计划。目的是：① 鉴定出人类的所有基因；② 确定构成人类基因组的约 30 亿个碱基对的序列；③ 将上述信息储存于专门的数据库中,并开发出相应的分析工具；④ 研究由此而产生的伦理、法律和社会问题并提出相应对策。

01.107 克隆 clone
(1)又称"无性[繁殖]系"。遗传组成完全相同的分子、细胞或个体及其组成的一个群体。(2)利用体外重组技术将某特定的基因或 DNA 序列插入载体分子的操作过程。

02. 经典遗传学

02.001 孟德尔遗传定律 Mendel's laws of inheritance
孟德尔根据豌豆杂交实验所提出的遗传学定律,包括分离定律和自由组合定律。

02.002 分离定律 law of segregation
又称"孟德尔第一定律(Mendel's first law)"。一对基因在杂合状态各自保持其独立性,在配子形成时,彼此分离到不同的配子中去,在一般情况下,F_1 配子分离比是 $1:1$,F_2 表型分离比是 $3:1$,F_2 基因型分离比是 $1:2:1$。

02.003 自由组合定律 law of independent assortment
又称"独立分配定律","孟德尔第二定律(Mendel's second law)"。位于不同染色体上的两对或两对以上非等位基因,当配子形成时,同一对基因各自独立地分离,分别进入不同的配子,不同对的基因可自由组合。

02.004 颗粒遗传 particulate inheritance
遗传因子在子代的遗传传递过程中各自独立,不相混合的遗传方式。

02.005 混合遗传 blending inheritance
又称"融合遗传"。子代呈现双亲的中间类型,在以后的世代中也不出现性状的分离。现代遗传学发展的事实证明混合遗传观点是错误的。

02.006 核外遗传 extranuclear inheritance
又称"染色体外遗传(extrachromosomal inheritance)","细胞质遗传(cytoplasmic inheritance)","非孟德尔式遗传(non-Mendelian inheritance)"。细胞核以外的遗传物质所决定的遗传现象。

02.007 遗传命名法 genetic nomenclature
用符号表示基因及其产物的规则与方法。

02.008 表型 phenotype

一个生物体(或细胞)可以观察到的性状或特征,是特定的基因型和环境相互作用的结果。

02.009　拟表型　phenocopy
环境改变所引起的表型改变,有时与由某基因引起的表型变化很相似的现象。

02.010　基因型　genotype
一个生物体或细胞的遗传组成。

02.011　拟基因型　genocopy
不同等位基因组成的类似的基因型产生不同的表型。

02.012　自主表型　autophene
由本身基因型决定的表型。自主表型的突变细胞移植到野生型受体中去后,仍表现为突变型表型。

02.013　非自主表型　allophene
非本身基因型决定的表型。非自主表型的组织移植到野生型受体中,则出现野生型表型。

02.014　野生型　wild type
基因或生物体在自然界中常见的或非突变型的形式。

02.015　生物型　biotype
基因型相同个体的总称。

02.016　性状　character
生物体(或细胞)的任何可以鉴别的表型特征。

02.017　孟德尔性状　Mendelian character
符合孟德尔遗传定律的性状。

02.018　单基因性状　monogenic character
单个基因所控制的性状。

02.019　单位性状　unit character
一对等位基因所控制的性状差异。

02.020　相对性状　relative character
由一对等位基因所决定并有明显差异的性状。如豌豆的形状呈圆形或皱缩。

02.021　隐性性状　recessive character
杂合子中被显性等位基因掩盖而未呈现的性状。

02.022　显性性状　dominant character
显性等位基因支配的性状。

02.023　突变性状　mutant character
基因突变产生的新性状。

02.024　镰形细胞性状　sickle cell trait
人的血红蛋白 β 链的氨基酸置换使红细胞变为镰刀形细胞。

02.025　显性　dominance
由显性等位基因决定的,在杂合状态下性状得以表现的现象。

02.026　隐性　recessiveness, recessive
在杂合状态下,隐性等位基因支配的性状不表现的现象。

02.027　共显性　codominance
杂合子中不同的等位基因同时同等表现出相应表型的现象。

02.028　不完全显性　incomplete dominance
杂合子表现出的性状介于相应的两种纯合子性状之间的现象。

02.029　延迟显性　delayed dominance
杂合子在生命的早期,显性致病基因并不表达,达到一定年龄以后,其作用才能表达出来的现象。

02.030　不规则显性　irregular dominance
显隐性关系因所定标准、环境条件、生理因素等的不同所呈现出的不稳定性。

02.031　镶嵌显性　mosaic dominance
由于等位基因的相互作用,双亲的性状表现

在同一子代个体的不同部位而造成的镶嵌图式。

02.032　基因座　locus
基因组中任何一个已确定的位置上的基因或基因的一部分或具有调控作用的 DNA 序列。

02.033　孟德尔基因座　Mendelian locus
决定特定性状的基因在染色体上的特定位置。

02.034　显性基因　dominant gene
二倍体生物中在杂合状态下表现出相关性状的基因。

02.035　隐性基因　recessive gene
二倍体生物中在杂合状态下不表现,只在纯合状态下表现出相关性状的基因。

02.036　等位基因　allele
在一对同源染色体的同一基因座上的两个不同形式的基因。

02.037　非等位基因　non-allele
不同基因座上的基因。

02.038　复等位基因　multiple allele
二倍体群体中同一基因座上具有两个以上突变状态的基因。

02.039　对立等位基因　oppositional allele
表型效应相对的等位基因。如显性和隐性等位基因。

02.040　显性等位基因　dominant allele
杂合子中,支配所表现出性状的等位基因。

02.041　半显性等位基因　semi-dominant allele
决定不完全显性的等位基因。

02.042　共显性等位基因　codominant allele
决定共显性性状的等位基因。

02.043　致死等位基因　lethal allele
导致个体在不同发育时期死亡的等位基因。

02.044　致死基因　lethal gene
导致个体或细胞死亡的基因。

02.045　半致死基因　semilethal gene
导致死亡率在 10% ~ 50% 之间的致死基因。

02.046　亚致死基因　sublethal gene
导致死亡率在 50% ~ 90% 之间的致死基因。

02.047　平衡致死基因　balanced lethal gene
一对同源染色体上的两个非等位的隐性致死基因之间,由于倒位或紧密连锁而不能重组在同一条染色体上,其后代中只有杂合子可以存活,这两个基因称为平衡致死基因。

02.048　修饰基因　modifier gene
通过相互作用而影响到其他基因表型效应的基因。

02.049　基因相互作用　gene interaction
非等位基因对同一性状起作用的遗传效应。

02.050　等位基因间相互作用　interallelic interaction
一对等位基因决定同一性状时出现显隐性关系不完全显性、镶嵌显性或共显性时,孟德尔比率被修饰为 1 : 2 : 1 的现象。

02.051　非等位基因间相互作用　non-allelic interaction
两个或几个非等位基因决定同一性状时的相互作用。

02.052　互补基因　complementary gene
若干非等位基因只有同时存在时才出现某一性状,其中任何一个基因发生突变时都会导致同一突变型性状,这些基因称为互补基因。

02.053　背景基因型　background genotype
与决定某一表型性状直接相关的基因以外的全部基因的组成。

02.054　自效基因　autarchic gene
不受周围不同基因型组织的影响,仍能表达其自身表型的基因。

02.055　着丝粒基因　centrogene
位于染色体着丝粒区域的基因。

02.056　不联会基因　asynaptic gene
在减数分裂中不发生同源配对的基因。

02.057　半合子基因　hemizygous gene
在二倍体生物中只有一份单拷贝的基因。

02.058　等位基因取代　allele replacement
基因内不同位点发生改变使一个等位基因被另一个等位基因置换。

02.059　等位[基因]异质性　allelic heterogeneity
一个基因有多种突变,产生多种异常表型的现象。

02.060　等位系列　allelic series
位于同一基因座并影响同一性状的所有等位基因。

02.061　庞纳特方格法　Punnett square method
又称"棋盘法"。庞纳特(R. C. Punnett)首创的一种棋盘格,用于计算杂交后代的基因型比率和表型比率的方法。

02.062　自由组合　independent assortment
非同源染色体及其所携带的基因分离后独立分配形成的组合。

02.063　孟德尔比率　Mendelian ratio
由于杂合体在形成配子时等位基因分离和非等位基因自由组合而产生的特定的配子分离比、基因型分离比和表型分离比。

02.064　配子[分离]比　gametic ratio
杂合体在形成配子时,由于等位基因的分离而产生的携带不同等位基因的配子的比例。一对等位基因的配子比为 1:1,两对等位基因的配子比为1:1:1:1。

02.065　非孟德尔比率　non-Mendelian ratio
表型分离比例不符合孟德尔分离规律。

02.066　分离　segregation
杂合体中成对的等位基因保持独立,在形成配子时相互分开,随机进入不同的配子的遗传现象。

02.067　不分离　nondisjunction
减数分裂中同源染色体互不分开的现象。

02.068　共分离　cosegregation
不同标记基因由于紧密连锁一起分离的行为。

02.069　分离变相　segregation distortion, SD
在雄性果蝇中由于染色体内变异使杂合子中存在的两个等位基因不等分离,使其后代表型分离比不符合1:1的现象。

02.070　分离指数　segregation index
杂合体的后代中不同基因型或表型的比值。

02.071　分离比率　segregation ratio
一对等位基因的杂合体的配子分离比为1:1,F_2 代的基因型分离比为 1:2:1。在完全显性的情况下,表型分离比为3:1。

02.072　基因剂量　gene dosage
基因组中一个特定基因的拷贝数。

02.073　剂量效应　dosage effect
由于基因数目的不同,而表现的不同表型差异的现象。

02.074　等位性　allelism, allelomorphism
等位基因之间的相互关系。

02.075　多效性　pleiotropy, pleiotropism

一个基因对多种遗传性状产生影响的现象。

02.076　上位效应　epistatic effect

影响同一性状的两对非等位基因,其中一对基因(显性或隐性的)抑制(或掩盖)另一对显性基因的作用时所表现的遗传效应。

02.077　上位基因　epistatic gene

在上位效应中,起抑制(或掩盖)作用的基因。

02.078　下位基因　hypostatic gene

在上位效应中,被抑制(或被掩盖)的基因。

02.079　显性上位　dominance epistasis

在上位效应中,起抑制作用的是一个显性基因,孟德尔比率被修饰为 12:3:1 的现象。

02.080　隐性上位　recessive epistasis

在上位效应中,起抑制(或掩盖)作用的是一对隐性基因,孟德尔比率被修饰为 9:3:4 的现象。

02.081　抑制基因　inhibitor, suppressor gene

影响同一性状的两对非等位基因,一对显性基因抑制另一对显性基因的表现,但前者自身无表型效应,该基因称为抑制基因。孟德尔比率被修饰为 13:3。

02.082　互补效应　complementary effect

影响同一性状的两对非等位基因中的两个显性基因同时存在并决定某一新性状,其中任何一个基因发生突变时,都会导致同一突变性状的产生。这类两个显性基因的互作称为互补效应。孟德尔比率被修饰为 9:7。

02.083　叠加效应　duplicate effect

影响同一性状的两对非等位基因,其中显性基因共同决定某一性状,两对隐性基因共同决定另一性状,这类基因的相互作用称为叠加效应。孟德尔比率被修饰为 15:1。

02.084　反应规范　reaction norm

基因型对环境反应的幅度,即在一定的环境条件下,特定的基因型所产生的表型的变动范围。

02.085　表现度　expressivity

具相同基因型的个体间基因表达的变化程度。

02.086　外显率　penetrance

在特定环境中,某一基因型显示预期表型的个体比率。一般用 % 表示。

02.087　不完全外显率　incomplete penetrance

在特定环境中,某一基因型中的部分个体显示预期表型的比率。

02.088　显性致死　dominant lethal

在杂合体中一个等位基因即可导致的致死。

02.089　隐性致死　recessive lethal

只有在纯合体中才能表达的致死。

02.090　条件致死　conditional lethal

在特定条件下基因表达的致死。

02.091　性连锁致死　sex-linked lethal

又称"伴性致死"。在性染色体上的基因导致的死亡。

02.092　平衡致死　balanced lethal

位于一对同源染色体上的两个不同的致死基因,其中之一纯合时或顺式排列时表现出致死的现象。

02.093　合子　zygote

雌雄配子经受精形成的二倍体细胞。

02.094　纯合子　homozygote

又称"纯合体"。在二倍体生物中,一对同源染色体上特定的基因座上有两个相同的等位基因的个体或细胞。

02.095　无效纯合子　nullizygote

一个基因座上的两个等位基因均缺失或失活的个体。

02.096 全合子 holozygote
二倍体真核生物受精时,两个单倍体配子形成含两个完整染色体组的二倍体细胞。

02.097 半合子 hemizygote
只存在于一条同源染色体上,而不是成对出现的基因称为半合子。如 X-Y 系统的雄性即为半合子。

02.098 同合子 autozygote
来自同一祖先的雌雄配子上的等位基因所组成的合子。

02.099 杂合子 heterozygote
又称"杂合体"。在二倍体生物中,一对同源染色体上特定的基因座上有两个不同的等位基因的个体或细胞。

02.100 双亲合子 biparental zygote
雌雄配子结合形成的合子。

02.101 复合杂合子 compound heterozygote
在两条同源染色体的相同基因座上有两个突变等位基因的杂合基因型细胞称为复合杂合子。复合杂合子上的杂合基因与野生型等位基因一起组成一个复等位基因系列。

02.102 纯育 breeding true
又称"真实遗传"。子代性状永远与亲代性状相同的遗传方式。

02.103 纯系 pure line
通过同一纯合亲本自花授粉而得到的后代或由长期连续近交得到的动植物的高度自交系。

02.104 自交系 selfing line
通过多代自花授粉或多代近交后所得到的纯系。

02.105 单雌系 isofemale line
由一个受孕的雌性个体所产生的后代。

02.106 杂交 cross, hybridization
(1)不同基因型的个体之间交配,取得双亲基因重新组合的个体的方法。(2)互补的核苷酸序列通过沃森–克里克碱基配对而形成稳定的双链体。

02.107 正交 direct cross
两个品系 A 和 B。若以 A 为母本 B 为父本的杂交称为正交,以 B 为母本 A 为父本的杂交则称为"反交(reciprocal cross)"。

02.108 正反交 reciprocal crosses
在两个品系间既做正交又做反交的一类杂交。

02.109 二元杂种杂交 dihybrid cross
两个基因座不同的两个亲本间的杂交。如:*AABB×aabb*。

02.110 三元杂种杂交 trihybrid cross
三个基因座都不同的两个亲本间的杂交。如:*AABBCC × aabbcc* 或 *AAbbCC × aaBBcc*。

02.111 杂交性 crossability
不同性别的个体之间相互杂交的可能性。

02.112 杂交亲和性 cross-compatibility
由于物种间亲缘关系远近的不同所造成的杂交难易程度的不同。

02.113 顶交 top cross
一个自交系与一个天然授粉品系间的杂交。

02.114 测交 test cross
杂交产生的子一代个体再与其隐性(或双隐性)亲本的交配方式,用以测验子代个体基因型的一种回交。

02.115 回交 backcross, back crossing
子一代杂种与双亲之一的杂交。

02.116 相互回交 reciprocal backcross
子一代杂种分别与双亲所做的回交。

02.117 有性杂交 sexual hybridization
通过雌雄配子结合的杂交。

02.118 无性杂交 asexual hybridization
不同个体的营养器官接合产生杂种的一种方法。如植物的嫁接。

02.119 杂种 hybrid
基因型不同的个体间杂交产生的后代。

02.120 单杂种 monohybrid
杂交的双亲只有一对等位基因不同。如 *AA* × *aa* 杂交产生的后代。

02.121 子代 filial generation
亲代所产生的后代。包括子一代、子二代、子三代等。

02.122 子一代 first filial generation，F_1
又称"杂种一代"。由亲本杂交所产生的第一代杂种。

02.123 子二代 second filial generation，F_2
又称"杂种二代"。由 F_1 自交或杂交所产生的下一代。

02.124 杂种不育 hybrid dysgenesis
杂种丧失生育后代的能力。

02.125 直感现象 xenia
又称"种子直感"。在当代的胚和胚乳中直接表现出花粉基因的表型特征。

02.126 果实直感 metaxenia
在种皮或果皮母本组织中表现出花粉基因的影响。

02.127 亲本组合 parental combination
杂交后代的基因型与亲本基因型相同的组合。

02.128 无显性组合 nulliplex
一个多倍体的所有同源染色体均携带某一隐性基因。如同源四倍体的 *aaaa*。

02.129 单显性组合 simplex
一个多倍体的所有同源染色体中只有一条染色体携带某一显性基因。如同源四倍体的 *Aaaa*。

02.130 二显性组合 duplex
多倍体或三体在一个基因座上有两个显性等位基因，而该基因座上的其他等位基因都是隐性的。

02.131 四显性组合 quadriplex
在一个多倍体的所有同源染色体中携带四个显性基因。如同源四倍体的 *AAAA*。

02.132 系谱 pedigree
又称"家谱"。一个家族各世代成员数目、亲缘关系、特定基因和遗传标记在该家族内的传递、表达和分布的记载。

02.133 系谱图 pedigree diagram
用来描述系谱的示意图。

02.134 系谱分析 pedigree analysis
又称"家谱分析"。分析家系中各成员的表型来推断某一性状或某一疾病在该家系中的遗传方式。

02.135 基因跟踪 gene tracking
用连锁标记物进行系谱分析的方法。以发现子代是否从父母中获得了与特定表型相关的染色体片段。

02.136 亲权认定 paternity test
确定个体间血缘关系的生物学方法。

02.137 先证者 propositus，proband
在家族中最先发现具有某一特定性状或疾病的个体。

02.138 携带者 carrier
携带某一特定隐性基因的杂合子。

02.139 后代测验 progeny testing
将一个个体与基因型已知的个体交配，分析后代表型以推断该个体基因型的方法。

02.140 世代 generation
有世代交替的生物体从一个生殖期到下一

个生殖期为一个世代。

02.141　连锁定律　law of linkage
又称"遗传第三定律"。摩尔根(T. H. Morgen)根据黑腹果蝇的研究于1910年提出的遗传学定律。认为位于同一染色体上的两个或两个以上基因遗传时,联合在一起的频率大于重新组合的定律。重组类型的产生是由于配子形成过程中,同源染色体的非姐妹染色单体间发生了局部交换的结果。

02.142　连锁　linkage
位于同一条染色体上的基因一起遗传的现象。

02.143　完全连锁　complete linkage
位于同一条染色体上的基因不会因重组而分开的现象。

02.144　不完全连锁　incomplete linkage
位于同一条染色体上的基因会因重组而分开的现象。

02.145　性连锁　sex linkage
位于性染色体上的基因的遗传现象。

02.146　X连锁　X linkage
位于X染色体上的基因的遗传现象。

02.147　Y连锁　Y linkage
位于Y染色体上的基因的遗传现象。

02.148　连锁相　linkage phase
两个连锁基因在杂合体中的排列方式。

02.149　互引相　coupling phase
一个显性基因与另一基因座的显性基因连锁时其杂合体的排列方式。如:*AB//ab*。

02.150　互斥相　repulsion phase
一个显性基因与另一基因座的隐性基因连锁时其杂合体的排列方式。如:*Ab//aB*。

02.151　反式杂合子　trans-heterozygote
处于互斥相的杂合子。

02.152　交换　crossover, crossing over
在减数分裂过程中同源染色体因断裂和重接产生遗传物质间的局部互换。

02.153　相互交换　reciprocal interchange
二倍体生物的同源染色体间的对等互换。

02.154　单交换　single crossing over, single exchange
两个连锁基因间只发生一次交换。

02.155　双交换　double crossing over, double exchange
两个连锁基因间发生两次交换。

02.156　四线双交换　four strand double crossing over
两个连锁基因间发生的两次交换涉及所有四条染色单体,每次交换各涉及两条非姐妹染色单体。

02.157　多次交换　multiple crossovers
两个连锁基因间发生两次以上的交换。

02.158　姐妹染色单体交换　sister chromatid exchange, SCE
发生在姐妹染色单体之间的交换。

02.159　体细胞[染色体]交换　somatic crossing over
又称"有丝分裂交换(mitotic crossover)","有丝分裂重组(mitotic recombination)"。在体细胞的有丝分裂中发生的姐妹染色单体间的互换。可导致杂合等位基因纯合化。

02.160　着丝粒交换　centromeric exchange, CME
细胞分裂过程中染色体着丝粒与相邻基因间发生的交换。

02.161　不等交换　unequal crossover, unequal exchange
同源染色体间未准确配对的部分间发生交换,导致一条染色单体出现重复而另一条染色单体具有缺失。

02.162　交换固定　crossover fixation
由不等交换导致的基因组中的重复序列的形成。

02.163　交换值　crossing-over value
两个连锁基因间的交换频率。

02.164　重组　recombination
由于基因的自由组合或交换产生新的基因组合的过程。

02.165　重组值　recombination value
又称"重组[频]率(recombination frequency)"。测交后代中重组类型所占的比率。用于表示基因座或突变位点间的相对距离。

02.166　连锁值　linkage value
两个连锁基因之间的重组值。重组值越小，连锁越紧密。

02.167　基因间重组　intergenic recombination
不同顺反子间的重组,在顺反测验中反式排列表现出野生型表型。

02.168　等位基因间重组　interallelic recombination
同一顺反子内不同突变位点间的重组。

02.169　染色体内重组　intrachromosomal recombination
非姐妹染色单体间交换形成的重组。

02.170　染色体间重组　interchromosomal recombination
非同源染色体间自由组合而产生的重组。

02.171　染色体图　chromosome map
又称"连锁图(linkage map)","遗传图(genetic map)","细胞学图(cytological map)"。依据测交实验所得重组值及其他方法确定连锁基因或遗传标记在染色体上相对位置的线性图。

02.172　基因定位　gene mapping, gene localization
确定基因在染色体上的位置和排列顺序的过程。

02.173　染色体作图　chromosome mapping
利用多种方法进行染色体上基因定位的过程。

02.174　连锁作图　linkage mapping
根据基因间的重组值确定基因在染色体上的相对位置的过程。

02.175　缺失作图　deletion mapping
又称"缺失定位"。通过与一组重叠缺失突变系进行重组测验,测定相应突变位点在染色体上位置的过程。

02.176　性别平均[连锁]图　sex-average map
利用两种性别染色体的基因或遗传标记之间的不同图距的平均值构建的连锁图。

02.177　图距　map distance
表示两个基因之间在染色体上的相对距离。

02.178　图距单位　map unit
又称"厘摩(centimorgan, cM)"。1%重组值去掉其百分率的数值为一个图距单位。即1cM＝1%重组值去掉%的数值。

02.179　作图函数　mapping function
又称"定位函数"。用于校正大图距的不准确性的函数。

02.180　外祖父法　grandfather method
根据外祖父的表型来确定母亲X染色体的基因组成是否为双重杂合体,从而判断其儿子是否为重组体来估计重组值,进行人类基因定位的方法。

02.181　干涉　interference
全称"染色体干涉(chromosomal interference)"。连锁的基因间发生一次单交换后影响其邻近位置上发生第二次单交换的现象。

02.182 正干涉 positive interference
连锁的基因间发生的一个交换降低另一个交换发生概率的现象。

02.183 负干涉 negative interference
连锁的基因间发生的一个交换增加另一个交换发生概率的现象。

02.184 染色单体干涉 chromatid interference
一对同源染色体的四条染色单体非随机地参与多线交换的现象。

02.185 着丝粒干涉 centromere interference
着丝粒抑制邻近的染色体区段发生交换的现象。

02.186 并发系数 coefficient of coincidence
实际双交换值与理论双交换值的比率。

02.187 复合基因座 complex locus
通过重组分析鉴别出的一组功能相关的假基因的基因座。

02.188 基因座连锁分析 locus linkage analysis
确定基因座在染色体上位置关系的分析方法。

02.189 等位基因连锁分析 allele linkage analysis
判断等位基因间在染色体上的排列顺序和相互之间距离的分析方法。

02.190 基因座异质性 locus heterogeneity
群体中同一基因座间的差异。

02.191 连锁基因 linked gene
位于同一条染色体上的基因。

02.192 性连锁基因 sex-linked gene
又称"伴性基因"。位于性染色体上的基因。

02.193 不完全连锁基因 incompletely linked gene
位于同一条染色体上但可因交换重组而分开的基因。

02.194 连锁群 linkage group
位于同一染色体上的基因群。

02.195 保守连锁性 conserved linkage
两个或两个以上物种的染色体同源区的多个同源基因排列顺序相同性。

02.196 连锁分析 linkage analysis
研究某一基因与其他基因连锁关系的方法。

02.197 二点测交 two-point test
通过包含每两个基因的测交,对测交后代的分析确定该两个基因座间的图距。

02.198 三点测交 three-point test
通过包含每三个基因的一次测交,对测交后代的分析确定三个基因座在同一染色体上的排序及其图距。

02.199 亲代双型 parental ditype, PD
又称"亲二型"。子代四分子含有两种减数分裂的产物,两种基因型与亲代一样。

02.200 非亲双型 non-parental ditype, NPD
又称"非亲二型"。子代四分子含有两种减数分裂的产物,两种都是不同于亲本的重组型。

02.201 四型 tetratype, T
子代四分子的 4 种基因型中,除有两种亲本基因型外,还有两种重组型。

02.202 顺序四分子 ordered tetrad
又称"线性四分子(linear tetrad)"。脉孢菌减数分裂产生的四分子以线性方式保留在狭长的子囊内按顺序排列,称为顺序四分子。

02.203 非顺序四分子 unordered tetrad
脉孢菌减数分裂产生的四分子在子囊内不按顺序排列,称为非顺序四分子。

02.204 四分子分析 tetrad analysis
对真菌的四分子进行遗传分析,判断基因座之间的连锁关系的方法。

02.205 顺序四分子分析 ordered tetrad analysis
对顺序四分子所做的遗传分析。

02.206 着丝粒作图 centromere mapping
将着丝粒作为一个基因座,根据脉孢菌顺序四分子的基因型计算出某一基因座和着丝粒间的重组值,确定基因座与着丝粒之间的图距。

02.207 第一次分裂分离 first division segregation
一对等位基因在细胞减数分裂Ⅰ时就分离,分配到不同的子细胞中的现象。

02.208 第二次分裂分离 second division segregation
一对等位基因在细胞减数分裂Ⅱ时才分离,分配到不同的子细胞中去的现象。

02.209 交叉遗传 criss-cross inheritance
性连锁基因特有的遗传现象。在雄性异配生物中,一个隐性突变基因纯合母本和一个野生型父本杂交,F₁中出现雄性子代像母本,雌性子代像父本的遗传现象。

02.210 单亲遗传 monolepsis
后代性状由单一亲本传递而来的遗传现象。

02.211 偏父遗传 patroclinal inheritance
X 染色体不分开的雌性果蝇的雄性子代其性连锁基因的表型与父本一样的遗传现象。

02.212 限雄遗传 holandric inheritance
又称"Y 连锁遗传(Y-linked inheritance)"。位于雄性个体性染色体上的基因,不遗传给雌性;或位于常染色体上的基因,只在雄性中表达的遗传现象。

02.213 限雌遗传 hologynic inheritance
从雌性亲本传给所有雌性子代的遗传现象。

02.214 偏母遗传 matroclinal inheritance
子代表型偏向于母本的遗传现象。

02.215 常染色体遗传 autosomal inheritance
由常染色体上的基因所决定的遗传现象,与性别无关。

02.216 从性遗传 sex-influenced inheritance
决定性状的基因在常染色体上,在雌、雄性别中有不同表型的遗传现象。

02.217 限性遗传 sex-limited inheritance
某一特定表型只限于在一种性别中表现的遗传现象。

02.218 性连锁遗传 sex-linked inheritance
真核生物中,位于性染色体上的基因所决定的性状与性别相联系的遗传现象。

02.219 X 连锁遗传 X-linked inheritance
X 染色体与 Y 染色体非同源区段上的基因所表现出的遗传方式。

02.220 伴性显性遗传 sex-linked dominant inheritance, XD
决定某些性状或遗传病的显性基因在 X 染色体上的遗传方式。

02.221 伴性隐性遗传 sex-linked recessive inheritance, XR
由 X 染色体携带的隐性基因决定的遗传方式。

02.222 性连锁性状 sex-linked character
又称"伴性性状"。性染色体上的基因决定的性状。

02.223 从性性状 sex-influenced character, sex-conditioned character
由常染色体上的多基因决定的性状,表现程度与性别有关。

02.224 孪生斑 twin spot

在果蝇中,由于体细胞有丝分裂过程中同源染色体交换,导致某些表型为野生型的个体中出现位置靠近,面积大小相当的隐性纯合体表型的一对斑块。

02.225 同[接]合性 autozygosity
一个基因座上的两个等位基因由同一祖先的一个等位基因通过 DNA 复制而产生的现象。

02.226 嵌合性 chimerism
不同来源的分子拼接成一个重组体的现象。如不同染色体片段重组成新的染色体片段或不同物种的 DNA 分子拼接成重组 DNA 分子。

02.227 直接同胞法 direct sib method
在人类遗传学研究中,为了矫正调查数据的偏倚,而采用的一种矫正方法。

02.228 血友病 hemophilia
缺乏凝血因子引起血浆凝结时间延长的遗传病。

02.229 葡萄糖–6–磷酸脱氢酶缺乏症 glucose-6-phoshate dehydrogenase deficiency, G-6-PD
俗称"蚕豆病"。由于缺乏葡萄糖–6–磷酸脱氢酶引起老红细胞死亡的贫血症。

02.230 亨廷顿病 Huntington's disease, HD
人类常染色体上的 HD 基因 5′端 CAG 重复序列的拷贝数增加而导致的神经退行性遗传病。

02.231 同源性 homology
两种核酸分子的核苷酸序列之间,或两种蛋白质分子的氨基酸序列之间相同的程度。

02.232 同线性 synteny
体细胞杂交产生的杂种细胞中,特定标记基因与特定染色体间平行存在的现象。

02.233 同源模块 synteny
不同物种间,若干个同源基因按相同顺序排列的一段染色体。

02.234 同线检测 syntenic test
利用体细胞杂种中的同线性,推断特定标记基因位于特定染色体上的体细胞遗传学方法。

02.235 性比 sex ratio
同种生物中雌雄个体数的比率。一般用相对于 100 个雌性个体的雄性个体数来表示。

02.236 初级性比 primary sex ratio
合子形成时的性比为初级性比。

02.237 次级性比 secondary sex ratio
出生时的性比为次级性比。

02.238 性别决定 sex determination
在有性生殖生物中决定雌、雄性别分化的机制。

02.239 相对性别 relative sexuality
一个配子在与其他配子结合时,可以作为雌性配子或雄性配子的现象。

02.240 同配性别 homogametic sex
带有一对相同性染色体(XX, ZZ)只产生一种类型配子的性别。

02.241 异配性别 heterogametic sex
带有一对不同性染色体(XY, ZW)产生不同配子的性别。

02.242 两性现象 bisexuality
生物体兼具雌、雄两性生殖器官,能在同一个体内产生雄配子和雌配子的现象。

02.243 性二态性 sex dimorphism
生物体的雌、雄性具有明显不同的性别特征的现象。

02.244 单态性 monomorphism
只有一种基因型的现象。

02.245 性别自体鉴定 autosexing
利用具有明显表型的性连锁基因来鉴别未成熟的生物的性别。

02.246 超雄[性] super-male
具有 1 条 X 染色体和三套常染色体(1X/3A=0.33)的果蝇个体。

02.247 超雌[性] super-female
具有 3 条 X 染色体和二套常染色体(3X/2A=1.5)的果蝇个体。

02.248 雌雄间体 intersex
又称"间性"。在两性生殖的物种中,性征居于雌性与雄性之间。

02.249 雌雄同体 hermaphroditism, androgynism
具有雌雄两性生殖器官和功能的生物。

02.250 雌雄异体 bisexualism
雌雄生殖器官分别在不同个体内产生雌雄配子的生物。

02.251 [同源]嵌合体 mosaic
在遗传上不同的细胞类型或组织所组成的生物体。

02.252 [异源]嵌合体 chimera
由来自不同基因型的合子演变而来的两个或多个不同的细胞系混合构成的个体。也指源自不同物种的 DNA 序列重组的 DNA 分子。

02.253 雌雄嵌合体 gynandromorph, gynandromorphism
同时具有雄性和雌性特征的生物体。

02.254 细胞[异源]嵌合体 cytochimera
在同一个体中,不同组织或其组成部分含有不同染色体组成的细胞。

02.255 隐蔽嵌合体 cryptochimera
仅在再生后可以识别的嵌合体。

02.256 隐蔽结构杂种 cryptic structural hybrid
不能依据非正常减数分裂中染色体配对的构型来鉴别的结构杂合个体。

02.257 莱昂假说 Lyon hypothesis
莱昂(M. Lyon)于 1961 年提出的关于剂量补偿效应的假说。认为在哺乳动物中,雌性个体在胚胎发育早期通过体细胞内 X 染色体的随机失活而得到剂量补偿的结果。

02.258 剂量补偿效应 dosage compensation effect
在 XY 性别决定机制的生物中,使性连锁基因在雌、雄性别中有相等或近乎相等的有效剂量的遗传效应。

02.259 莱昂作用 Lyonization
X 染色体在遗传上失活的过程。

02.260 X 染色体失活 X chromosome inactivation
雌性哺乳动物胚胎发育早期的两条 X 染色体之一在遗传性状的表达上丧失功能的现象。

02.261 X 失活中心 X inactivation center, XIC
位于 X 染色体上 680～1200kb 的区段内,导致 X 染色体特异性失活的位点。

02.262 X 染色体失活特异转录因子 X inactive specific transcripts, XIST
在雌性哺乳动物体细胞中表达,位于 X 染色体失活中心,编码导致 X 染色体上大部分基因失活的特异转录因子。

02.263 X 小体 X body
又称"性染色质体(sex chromatin body)","X 染色质(X chromatin)","巴氏小体(Barr body)"。哺乳动物体细胞间期核内失活的 X 染色体经异固缩形成的浓缩的异染色质化的小体,其数目与 X 染色体数目有关。

M. L. Barr 首先在雌猫神经细胞核中发现。

02.264　Y小体　Y body
又称"荧光小体（fluorescence body, F body）"。哺乳动物间期核中 Y 染色体长臂末端可见的一个荧光斑。每一个小体代表一个 Y 染色体。

02.265　埃姆斯实验　Ames test
由埃姆斯（Ames）发明的用鼠伤寒沙门氏菌的 his⁻ 回复突变为 his⁺ 检测环境中的诱变剂的实验方法。

02.266　赫尔希-蔡斯实验　Hershey-Chase experiment
赫尔希（A. D. Hershey）和蔡斯（M. Chase）等人于 1952 年利用放射性同位素标记大肠杆菌 T2 噬菌体的捣碎实验证明了遗传物质是 DNA，而不是蛋白质。

02.267　母体遗传　maternal inheritance
由非染色体遗传因子控制的遗传现象。

02.268　母体影响　maternal influence
又称"延迟遗传（delay inheritance）"。卵细胞质中来自母体核基因的产物，支配了子代的表型，不由子代的基因型所决定而与雌亲相同的遗传现象。父方的显性基因延迟一代（F_3）才出现分离。

02.269　部分二倍体　partial diploid, mero-diploid
又称"部分合子（merozygote）"。只接受一部分供体染色体的 F⁻ 受体细胞。

02.270　外基因子　exogenote
在部分二倍体中，供体提供的那部分基因组。

02.271　内基因子　endogenote
在部分二倍体中，受体提供的完整基因组。

02.272　中断杂交　interrupted mating
一种用来研究细菌接合生殖的实验方法。让两种菌株在培养液中混合通气培养，互相接触，形成接合管，每隔一定时间搅拌，中断接合管取样，可得到接收了不同长度的供体染色体片段的受体细菌。

02.273　超感染　superinfection
一个细菌被几个噬菌体同时感染的现象。

02.274　镶嵌现象　mosaicism
同一个体的细胞有不同的遗传组成、染色体结构或染色体数目的现象。

02.275　多体遗传　polysomic inheritance
当多体（非整倍体）及多倍体在进行减数分裂时，一条染色体可以和一条以上的配偶染色体配对的遗传方式。

02.276　单体型　haplotype
又称"单倍型"，"单元型"。一条同源染色体上的等位基因或遗传标记所构成的组合。

02.277　基因型分型　genotyping
又称"单体型分型（haplotyping）"。研究确定染色体上一些基因或遗传标记的单体型。

02.278　假显性　pseudodominance
又称"拟显性"。杂合子的一条同源染色体上的显性等位基因缺失，导致另一条同源染色体上的隐性等位基因得以表达的现象。

02.279　突变距离　mutation distance
使 DNA 中的一个核苷酸序列变为另一个核苷酸序列时，所需要的最少数量的突变性改变。

02.280　自发畸变　spontaneous aberration
非人为产生的遗传物质的改变。

02.281　限制性温度　restrictive temperature
使某些突变表现出相应表型的温度。

02.282　致敏细胞　sensitized cell
接触抗原而呈现免疫活性的细胞或吸附了相应的抗体而对补体呈反应状态的细胞。

02.283 突变 mutation
基因的结构发生改变而导致细胞、病毒或微生物的基因型发生稳定的、可遗传的变化的过程。

02.284 突变热点 mutation hotspot
突变发生频率较高的位点。

02.285 功能获得突变 gain-of-function mutation
导致获得原先没有的功能的基因突变。

02.286 功能失去突变 loss-of-function mutation
导致丢失原有功能的基因突变。

02.287 变异丢失突变 loss of variation mutation
使一对杂合等位基因变成纯合状态的突变。

02.288 突变延迟 mutational lag
细胞接触诱变剂一段时间后才发生表型改变的现象。

02.289 可突变性 mutability
遗传物质产生变异的潜力。

02.290 自发突变 spontaneous mutation
自然状态下发生的突变。

02.291 诱发突变 induced mutation
经诱变剂处理发生的突变。

02.292 正向突变 forward mutation
由野生型变为突变型的基因突变。

02.293 回复突变 back mutation, reverse mutation
又称"反突变"。突变基因转变为野生型基因的过程。

02.294 抑制基因突变 suppressor mutation
能部分或全部地恢复由于另一突变而丧失的表型效应。

02.295 基因内抑制突变 intragenic suppressor mutation
可抑制同一基因内另一次突变的表型效应。

02.296 基因间抑制突变 intergenic suppressor mutation
可抑制其他基因中的突变的表型效应。

02.297 可见突变 visible mutation
可检测其表型的突变。

02.298 拟回复突变 pseudoreversion
非遗传的表型回复突变。

02.299 副突变 paramutation
一个等位基因导致杂合子中的另一等位基因出现的可遗传变化。

02.300 致死突变 lethal mutation
导致细胞或个体死亡的突变。

02.301 条件致死突变 conditional lethal mutation
在特定条件下才能表现出致死效应的突变。

02.302 抗性突变 resistant mutation
能耐受某些抑制物或毒物(如抗生素或重金属)的突变。

02.303 限制性突变 restrictive mutation
导致限制酶基因改变的突变。

02.304 显性突变 dominant mutation
一个等位基因的突变即可显现其表型效应。

02.305 肿瘤启动突变 tumor promoting mutation
导致肿瘤基因表达的突变。

02.306 突变率 mutation rate
在一定时间内,每一世代发生的基因突变总数或特定基因座上的突变数。

02.307 突变频率 mutation frequency
在某一群体中,某些突变体占总数的百分

率。

02.308 微突变 micromutation
由单个碱基改变所产生的突变。

02.309 突变固定 mutation fixation
DNA 核苷酸序列经用诱变剂处理后,使 DNA 损伤发展为永久性改变。

02.310 突变谱 mutational spectrum
基因的各种突变的总汇。

02.311 突变协同作用 mutational synergism
诱发突变过程中不同诱变剂之间的相互作用。

02.312 芽变 bud mutation, bud sport
植物的芽或分枝中发生的体细胞突变。

02.313 突变体 mutant
又称"突变型"。携带突变基因的细胞或个体。

02.314 自发突变体 spontaneous mutant
在自然状态下产生突变的细胞或个体。

02.315 模拟突变体 mimic mutant
基因型不同而表型相同的突变体。

02.316 诱发突变体 induced mutant
人工诱发的突变体。

02.317 条件突变体 conditional mutant
在特定条件下发生突变的细胞或个体。

02.318 生化突变体 biochemical mutant
代谢过程发生改变的突变体。

02.319 组成性突变体 constitutive mutant
能恒定地产生突变效应的突变体。

02.320 渗漏突变体 leaky mutant
突变性状表现得不完全的突变体。

02.321 温度敏感突变体 temperature sensitive mutant
只在某一温度范围内才呈现突变性状的突变体。

02.322 无义突变体 nonsense mutant
带有发生无义突变基因的细胞和生物个体或发生无义突变产生的蛋白质产物。

02.323 回复[突变]体 revertant
恢复野生型表型的突变体。

02.324 雌性不育突变体 female-sterile mutant
雌性个体由于突变而丧失生育能力的突变体。

02.325 重棒眼 double bar
又称"双棒眼","超棒眼"。黑腹果蝇 X 染色体上 $16A_{1-6}$ 区段重复所造成的小眼数减少、复眼变窄小的一种显性突变表型。

02.326 ClB 技术 ClB technique
检测果蝇 X 染色体上新发生的致死突变的一种技术。C 代表 X 染色体上的交换抑制因子,l 代表 X 染色体的隐性致死基因,B 代表 X 染色体的显性棒眼基因。

02.327 新效[等位]基因 neomorph
产生新性状的突变基因。

02.328 亚效等位基因 hypomorphic allele, hypomorph
表型效应在程度上次于野生型的突变基因。

02.329 超效等位基因 hypermorph
表型效应超过野生型等位基因的突变基因。

02.330 无效等位基因 null allele, amorph
完全失去活性的突变基因。

02.331 反效等位基因 antimorph
作用和野生型等位基因相对抗的突变基因。

02.332 突变体等位基因 mutant allele
由野生型基因突变产生的基因。

02.333 异点等位基因 heteroallele
突变位点不同的等位基因突变型,基因内重组可得到野生型。

02.334 同点等位基因 homoallelic gene
突变位点相同的等位基因突变型,基因内重组得不到野生型。

02.335 等效异位基因 polymeric gene
个别效应相等而作用相互强化的基因。

02.336 阶梯等位基因 step allele, step allelomorph
表型效应递增或递减的一系列等位基因。

02.337 易变基因 mutable gene
任何不稳定的或突变频率高的基因。

02.338 抗性基因 resistant gene
对某些抗生素、毒物或恶劣环境表现出抗性功能的基因。

02.339 致畸剂 teratogen
能够导致胚胎畸变的物理、化学或生物因子。

02.340 卡巴粒[子] kappa particle
草履虫细胞质内的一类共生生物,可以释放杀死同类敏感细胞的物质。

02.341 质体基因 plastogene
位于质体中的基因,有相对的独立性,可自我复制。

02.342 细胞质基因 plasmagene, cytogene
存在于细胞核之外的基因。如线粒体基因和叶绿体基因。

02.343 育性恢复基因 restoring gene
在核-质互作型雄性不育系统中,可使雄性不育系后代恢复育性的基因。

02.344 自体不育基因 self-sterility gene
在雌雄同株异花植物中,通过控制花粉管在花柱中生长速度而阻止产生自交的一类基因。

02.345 保持系 maintainer line
在雄性不育三系法杂交育种体系中,正常自交系与雄性不育系母本杂交,能使母本结实,其子代又能保持母本雄性不育特性的品系。

02.346 恢复系 restorer
在雄性不育三系法杂交育种体系中,具有恢复能力的自交系,其花粉可使雄性不育母本后代恢复正常育性的雄性亲本品系。

02.347 雄性不育系 male sterility line
雄性的花粉败育,但雌花发育正常,自花授粉不结实,但授予其他品系的花粉则可结实的品系。

02.348 自交不亲和性 self-incompatibility
植株可产生功能正常的配子,但自花授粉不能产生种子。

02.349 不育性 sterility
在特定环境条件下某生物个体全部或部分地丧失产生有功能配子的能力,可分为雄性不育、雌性不育及雌雄不育。

02.350 雄性不育 male sterility
正常植株的变异体,其花粉败育,雌花发育正常,自花授粉不能结实,但授予另一正常植株的花粉则可正常结实的现象。

02.351 自交不育性 self-infertility
自交不能产生后代的现象。

02.352 内共生学说 endosymbiont theory
关于真核细胞中线粒体和叶绿体起源的一种假说。认为线粒体和叶绿体最初为自主生物,入侵真核生物的祖先后,由寄生变为共生。

02.353 遗传印记 genetic imprinting
又称"基因组印记(genomic imprinting)","亲本印记(parental imprinting)"。由不同

性别的亲本传给子代的同源染色体中的一条染色体上的基因因甲基化失活引起不同表型的现象。

02.354　配子印记　gametic imprinting
哺乳类动物中发现的一种特殊的遗传现象。亲代发生的配子专一的修饰,有时可使子代二倍体细胞中的父源和母源染色体产生功能上的差别。

02.355　印记基因　imprinted gene
在性系细胞中打上印记的基因,表明该基因是父源的还是母源的,在发育胚胎中不同亲缘的印记基因有不同的表达。

02.356　印记失活　imprinting off
已打上印记的基因处于失活状态。

02.357　表观遗传变异　epigenetic variation
基因的核苷酸序列不发生改变的情况下,但由于基因的修饰如 DNA 甲基化、组蛋白的乙酰化等导致基因的活性发生了改变,使基因决定的表型出现变化,且可传递少数世代,但这种变化是可逆的。

02.358　表观遗传信息　epigenetic information
又称"外基因信息"。细胞或生物体中与 DNA 序列本身无关的,但可以传递给后代的信息。

02.359　遗传早现　anticipation, genetic anticipation
某种遗传病的症状一代比一代严重,而发病时间一代早于一代的现象。

02.360　动态突变　dynamic mutation
基因组内一些简单串联重复序列的拷贝数在每次减数分裂或体细胞有丝分裂过程中发生的改变。

02.361　前突变　premutation
当脆性 X 基因的 CGG 三核苷酸串联重复序列的拷贝数处在 60 至 200 时不致病的动态

突变阶段。

02.362　全突变　full mutation
当脆性 X 基因的 CGG 三核苷酸串联重复序列的拷贝数扩展到大于 230 时,伴有异常甲基化而致病的动态突变阶段。

02.363　等位[基因]排斥　allelic exclusion
免疫球蛋白的杂合体只表达一对等位基因中的一个的现象。

02.364　组织相容性抗原　histocompatibility antigen, H antigen
导致移植物排斥反应的抗原。

02.365　主要组织相容性抗原　major histocompatibility antigen
引起移植物快而强的排斥反应的抗原。

02.366　次要组织相容性抗原　minor histocompatibility antigen
引起移植物慢而弱的排斥反应的抗原。

02.367　人类白细胞抗原　human leucocyte antigen, HLA
集中在人类白细胞膜上的主要组织相容性抗原。

02.368　H-Y 抗原　histocompatibility-Y antigen, H-Y antigen
雄性个体细胞表面的一种组织相容性抗原,编码基因位于 Y 染色体短臂上,决定性腺向雄性方向发育。

02.369　Rh 抗原　Rh antigen
一种来源于罗猴(*Rhesus*)的红细胞表面抗原。具有 Rh 抗原的个体称为 Rh 阳性,没有 Rh 抗原的个体称为 Rh 阴性。

02.370　组织相容性基因　histocompatibility gene
调控组织相容性抗原免疫特性的基因。

02.371　主要组织相容性复合体　major histo-

compatibility complex，MHC
在脊椎动物中决定主要组织相容性抗原的一组紧密连锁的基因群。

02.372　HLA 基因座　HLA locus
人类主要组织相容性复合体，为 6 号染色体上的一个基因簇。这些基因编码抗原提呈蛋白质、细胞因子和补体。

02.373　血型系统　blood group system
由红细胞表面抗原所决定的血液抗原类型，包括 ABO 血型系统、MN 血型系统及 Rh 血型系统等。

02.374　孟买型　Bombay phenotype
1952 年首次在印度孟买发现的 ABO 血型系统中的一种特殊血型。

02.375　互补作用　complementation
在一个二倍体细胞里，两个亲本的基因组各自补足另一个基因组所缺失功能的过程。

02.376　互补分析　complementation analysis
利用顺反测验判定两个突变位点属于同一顺反子还是不同顺反子的方法。

02.377　互补群　complementation group
一个顺反子中的突变群。

02.378　互补图　complementation map
表示一系列拟等位基因间的互补关系的图，一般呈线状，并和连锁图相对应。

02.379　遗传互补　genetic complementation
野生型基因补偿突变型基因的缺陷使细胞表型恢复正常的现象。

02.380　负互补作用　negative complementation
又称"负基因互补"。突变型等位基因产生的亚基对其野生型寡聚蛋白质亚基活性的抑制作用。

02.381　基因置换　gene substitution
通过同源重组把基因转入染色体上其正常位置，从而替换了原先在那里的基因。

02.382　基因转变　gene conversion，conversion
又称"基因转换"。（1）同源重组时由于错配修复而生成非交互性重组链，将一个等位基因转换成另一个等位基因。（2）异源双链 DNA 错配的核苷酸对在修复校正过程中所发生的一个基因变为它的等位基因的现象。

02.383　染色单体转变　chromatid conversion
子囊菌减数分裂的四个产物中的一个发生了基因转变，出现 6∶2 或 2∶6 分离现象。

02.384　半染色单体转变　half-chromatid conversion
又称"减数后分离（postmeiotic segregation）"。子囊菌减数分裂的四个产物中的一个产物的一半或两个产物的各一半出现基因转变。因在 5∶3 或 3∶1∶1∶3 的分离中，基因转变只影响半个染色单体，分离一定发生在减数分裂后的有丝分裂中。

02.385　共转变　coconversion
两个或多个邻近等位基因同时发生改变。

02.386　基因内互补　intragenic complementation
又称"等位［基因］互补（allelic complementation）"。一对等位基因各有一个突变但出现正常的表型现象。

02.387　基因内回复　intragenic reversion
基因的突变恢复为野生型或该基因的另一突变使其突变性状恢复为野生型。

02.388　允许条件　permissive condition
条件致死突变细胞能够生存的条件。

02.389　非允许条件　nonpermissive condition
可导致条件致死突变细胞死亡的条件。

02.390　基因诊断　gene diagnosis

检测致病基因或疾病相关基因的改变,或患者体内病原体所特有的核苷酸序列,以此作为疾病诊断的指标。

02.391 基因治疗 gene therapy
将缺陷基因的野生型拷贝引入患者细胞内以治疗疾病的方法。

02.392 基因增强治疗 gene augmentation therapy
对于基因功能丧失所引起的疾病,通过导入正常基因以增加正常基因产物的表达,使表型恢复正常的方法。

02.393 位点 site
基因组内具有一定功能(如突变、重组及与其他分子相互作用等)的一个或若干个核苷酸突变的位置。

02.394 脆性位点 fragile site
染色体上可遗传的裂隙或不易着色的区域,在此区域可诱导产生染色体断裂。

02.395 位点专一重组系统 site-specific recombination system
在两个双链 DNA 分子的特定同源序列间实现重组的酶系统。

02.396 拟等位基因 pseudoalleles
又称"半等位基因(semi-alleles)"。表型相似、位置接近且可经重组而分开的基因。

02.397 同等位基因 iso-alleles
表型上难于区分的复等位基因。如许多编码同工酶的基因。

02.398 跳跃基因 jumping gene
又称"可移动基因(movable gene)"。可在染色体上移动的或能随时插入宿主细胞染色体的基因。

02.399 激活-解离系统 activator-dissociation system, Ac-Ds system
简称"Ac-Ds 系统"。引起玉米中转座的一

种双因子系统,激活因子编码解离酶,自主转座。解离因子是激活因子的缺失变异型,可被激活因子编码的转座酶激活而转座,转座的结果是产生花斑籽粒。

02.400 激活因子 activator, Ac
激活-解离系统中能自主转座的调节因子。

02.401 解离因子 dissociator, Ds
激活-解离系统中非自主转座的受体因子。

02.402 癌基因 oncogene
能诱导它所存在的细胞发生癌变的基因。

02.403 细胞癌基因 cellular oncogene
又称"原癌基因(proto-oncogene)"。真核细胞基因组中被激活后可引起癌变的一类基因。

02.404 病毒癌基因 viral oncogene
病毒基因组中能诱发宿主细胞癌变或转化的一类基因。

02.405 抗癌基因 antioncogene
在肿瘤发生过程中,能抑制细胞增殖、拮抗癌基因作用的一类基因。

02.406 肿瘤抑制基因 tumor suppressor gene
抑制肿瘤发生的一类基因。

02.407 结瘤基因 nodulation gene, *nod* gene
简称"*nod* 基因"。根瘤菌与豆科植物共生时宿主根部生结节所必需的基因。

02.408 代表性差别分析 representational difference analysis, RDA
在两种来源的 DNA 分子群体之间找出差别很小的 DNA 序列的一种实验方法。

02.409 生活力 vitality
生物体正常生长发育的能力。

02.410 生存力 viability
生物体生存和繁育后代的能力。

02.411 驯化 acclimatization
在人工选择条件下,生物体的性状向人类所要求的方向变化的过程。

03. 分子遗传学

03.001 脱氧核糖核酸 deoxyribonucleic acid, DNA
简称"DNA"。由四种脱氧核糖核苷酸经磷酸二酯键连接而成的长链聚合物,是遗传信息的载体。

03.002 核糖核酸 ribonucleic acid, RNA
简称"RNA"。由四种核糖核苷酸经磷酸二酯键连接而成的长链聚合物,是遗传信息的载体。

03.003 核糖核苷 ribonucleoside
由除胸腺嘧啶(T)外的嘌呤或嘧啶与核糖分子共价结合而成的化合物。

03.004 脱氧[核糖]核苷 deoxy[ribo]nucleoside
DNA 的组成成分,含有脱氧核糖的核苷。

03.005 寡核苷酸 oligonucleotide
由 20 个以下核苷酸通过 3′,5′-磷酸二酯键连接而成单体构成的短链 DNA 分子。

03.006 反义寡核苷酸 antisense oligonucleotide
与 DNA 正链序列互补的寡核苷酸。通常指反义寡脱氧核糖核酸。

03.007 反义肽核酸 antisense peptide nucleic acid, antisense PNA
一种由聚酰胺寡聚物组成的不含戊糖的核酸类似物,其骨架为肽键,可置换 DNA 双链中的一条 DNA 链。

03.008 核酶 ribozyme
又称"酶性核酸"。具有催化活性的核糖核酸。

03.009 中心法则 central dogma
克里克(F. Crick)于 1958 年提出的阐明遗传信息传递方向的法则,指遗传信息从 DNA 传递至 RNA,再传递至多肽。DNA 同 RNA 之间遗传信息的传递是双向的,而遗传信息只是单向地从核酸流向蛋白质。

03.010 夏格夫法则 Chargaff 's rules
又称"碱基配对法则(base pairing rule)"。DNA 分子中四种碱基含量的规律,指腺嘌呤(A)的分子数和胸腺嘧啶(T)的分子数相等,鸟嘌呤(G)和胞嘧啶(C)的分子数相等。

03.011 沃森-克里克模型 Watson-Crick model
又称"DNA 双螺旋模型(DNA double helix model)"。沃森(J. D. Watson)和克里克(F. Crick)于 1953 年提出的 DNA 立体结构模型,认为 DNA 为两股反向平行的多聚脱氧核糖核苷酸,由互补碱基的氢键连接,并呈右手螺旋方式围绕同一轴心盘绕。

03.012 沃森-克里克碱基配对 Watson-Crick base pairing
在 DNA 双螺旋链中,G 与 C、A 与 T 通过氢键进行配对的形式,是一种标准的 A-T 和 G-C 配对关系。

03.013 碱基配对 base pairing
通过碱基对,一个多聚核苷酸链结合到另一个多聚核苷酸链上,或者一个多聚核苷酸链的一部分结合到另一部分上。

03.014 碱基比 base ratio
碱基在核酸分子中的比例。

03.015 互补性 complementarity

两条 DNA 或 RNA 多核苷酸链之间,或一条 DNA 链和一条 RNA 链之间通过碱基间(A 与 T 或 U、G 与 C)的氢键彼此相配对的特性。

03.016 互补碱基 complementary base

在核酸分子中,可以通过氢键相互配对的碱基。

03.017 碱基对 base pair, bp

由两个互补的核苷酸通过氢键形成的结构,其缩写形式 bp 代表双链 DNA 分子长度的最小单位。

03.018 核苷酸对 nucleotide pair

一对互补配对的核苷酸。

03.019 双螺旋 double helix

双链 DNA 分子的两条链围绕着共同的假想轴旋转所形成的二级结构。

03.020 超螺旋 superhelix

由双螺旋 DNA 的进一步扭曲旋转所形成的三级结构。

03.021 A 型 DNA A-form DNA

又称"右手螺旋 DNA(right-handed DNA)"。DNA 双螺旋结构的一种构象。相邻碱基对之间相距 0.27nm,在 75% 相对湿度条件下,DNA 分子每匝螺旋有 11 个碱基对,碱基平面与螺旋成 20°角。

03.022 B 型 DNA B-form DNA

DNA 双螺旋结构的一种构象。是经典的沃森–克里克结构。相邻碱基对之间相距 0.34nm,在 92% 相对湿度条件下,DNA 分子每匝螺旋有 10 个碱基对,碱基平面与 DNA 主轴垂直。

03.023 Z 型 DNA Z-form DNA, zigzag DNA

又称"左手螺旋 DNA(left-handed DNA)"。DNA 双螺旋结构的一种构象。当单链中嘌呤和嘧啶交替排列时其磷酸核糖骨架呈 Z 字形走向。

03.024 反向平行[核苷酸]链 antiparallel strand, antiparallel [nucleotide] chain

DNA 双螺旋结构中相互平行、方向相反的两条链,其中一条链的 5′端对应于另一条链的 3′端。

03.025 发夹结构 hairpin structure

多核苷酸链中由茎区(双链区、螺旋区)和环区(单链区)组成的类似于发卡状的结构。

03.026 发夹环 hairpin loop

发夹结构中环的部分,为单链区。

03.027 十字形环 cruciform loop

单链 DNA 中的反向重复序列通过自行配对形成的十字形结构中的环区,一般只有几个核苷酸。

03.028 互补链 complementary chain, complementary strand

两条通过碱基配对相连接的 DNA 链。

03.029 回文序列 palindrome, palindromic sequence

又称"回文对称"。(1)单条核酸序列内以对称点为中心,两侧碱基互补的核心序列区域。含有该区域的双链 DNA 从不同方向阅读不同单链时其序列一致,常见于限制酶的作用位点。(2)具有对称结构的 DNA 片段,即双链 DNA 中似发夹的结构,每条链从 3′或 5′端方向阅读时其核苷酸序列均相同。

03.030 共有序列 consensus sequence

一些遗传元件(如启动子)中反复出现且很少有改变的 DNA 序列。不同种生物编码同一种蛋白质的基因也会有共有序列。通过序列比较发现相似但不一定完全相同的核苷酸序列或氨基酸序列。

03.031 环状结构域 loop domain

核苷酸序列盘绕成不规则环形的二级结构，可以由序列两端的碱基配对而产生，也可由与蛋白质结合而产生。

03.032 D 环 displacement loop, D loop
又称"替代环"。一个超螺旋 DNA 分子在正常条件下与一条短的、单链 DNA 片段一起保温，超螺旋 DNA 分子的一条链被 DNA 短片段替换而形成的环状结构。

03.033 滑卡 sliding clamp
大肠杆菌 DNA 聚合酶 Ⅲ β 亚基二聚体与 DNA 一起形成的特定二级结构。

03.034 无嘌呤嘧啶位点 apurinic apyrimidinic site, AP site
DNA 分子中核糖–磷酸骨架完整但嘌呤或嘧啶碱基的位点已丢失。

03.035 双链体 duplex
双链核酸分子或单链分子中的一个双链区。

03.036 同源双链体 homoduplex
物种中原有的双链 DNA，或经变性复性后完全互补的双链 DNA。

03.037 异源双链体 heteroduplex
不同来源的单链 DNA 分子杂交形成的 DNA 双链。

03.038 环状 DNA circular DNA
空间结构呈环状的 DNA 分子。

03.039 共价闭合环状 DNA covalently closed circular DNA, cccDNA
通过共价键结合形成的封闭环状 DNA 分子。

03.040 线状 DNA linear DNA
DNA 的一种构象。同时具有游离 3′端和 5′端的线性长链 DNA 分子。

03.041 单链 DNA single-stranded DNA, ssDNA
只含有一条链的 DNA 分子。

03.042 双链 DNA double-stranded DNA, dsDNA
由两条 DNA 单链通过碱基互补作用而构成的 DNA 分子。

03.043 双链 RNA double-stranded RNA, dsRNA
具有抑制基因表达作用的双链的 RNA。

03.044 常居 DNA resident DNA
同一细胞内不同类型 DNA 的总称。包括细胞核 DNA、质粒 DNA 和噬菌体 DNA。

03.045 叶绿体 DNA chloroplast DNA, ctDNA
植物细胞叶绿体中的 DNA。

03.046 线粒体 DNA mitochondrial DNA, mtDNA
存在于线粒体基因组的 DNA。

03.047 质体 DNA plastid DNA
真核生物细胞器质体中的 DNA。

03.048 染色体外 DNA exchromosomal DNA
存在于核外细胞器（染色体外）的 DNA。

03.049 松弛 DNA relaxed DNA
呈非超螺旋状态的环状 DNA 分子。

03.050 丰余 DNA redundant DNA
又称"冗余 DNA"。在基因组中含有多份拷贝的 DNA 序列及重复序列。

03.051 间隔 DNA spacer DNA
基因内或基因间的非编码 DNA 序列。

03.052 核糖体 DNA ribosomal DNA, rDNA
编码核糖体 RNA（rRNA）的 DNA 序列。

03.053 自在 DNA selfish DNA
又称"自私 DNA"。基因组中能复制但功能尚不明确的 DNA 序列。

03.054 匿名DNA anonymous DNA

功能尚不明确的DNA序列。

03.055 无用DNA junk DNA

基因组中不表达的因而功能不明的DNA。但已有证据表明这些无用DNA是有其各种不同功能的。

03.056 变性DNA denatured DNA

由于物理(如加热)或化学(如尿素)等因素的影响使之失去生物活性的、由双链变成单链的DNA分子。

03.057 互补DNA complementary DNA, cDNA

以mRNA为模板经反转录得到的DNA分子。

03.058 互补RNA complementary RNA

能与另一条核酸(DNA或RNA)链互补的RNA分子。

03.059 核心DNA core DNA

缠绕在核小体核心颗粒上的DNA。

03.060 DNA多态性 DNA polymorphism

染色体的某个基因座可能由两个或多个等位基因中的一个占据而造成的同种DNA分子的多样性。

03.061 变性 denaturation

蛋白质或核酸的二级或三级结构被破坏而丧失活性的过程。

03.062 复性 renaturation, annealing

又称"退火"。核酸变性后分开的互补链,重新形成碱基对而恢复双链结构的过程。

03.063 增色效应 hyperchromic effect

又称"增色性(hyperchromicity)"。由于溶液中的DNA或RNA在受热、碱等处理变性而增加紫外线吸收值的效应或性质。

03.064 减色效应 hypochromic effect

又称"减色性(hypochromicity)"。多核苷酸溶液中由于双链的形成而对紫外线吸收值减少的效应或性质。

03.065 顺反子 cistron

不同突变之间没有互补关系的功能区,即基因。

03.066 单顺反子 monocistron

只编码一条多肽链的顺反子。

03.067 多顺反子 polycistron

编码多条多肽链的顺反子。

03.068 顺反子内互补测验 intracistronic complementation test

检测一个顺反子的不同突变型在功能上是否互补的试验。

03.069 顺反测验 cis-trans test

又称"互补测验(complementation test)"。测定两个基因突变作用方式的遗传学试验。

03.070 顺式排列 cis arrangement

一个基因内的两个突变位点位于同一条染色体上的排列方式,功能可以互补。

03.071 反式排列 trans arrangement

一个基因内的两个突变位点分别位于一对同源染色体的不同成员上的排列方式,功能不可互补。

03.072 顺反位置效应 cis-trans position effect

由于两个突变基因在染色体上呈顺式排列时表型为野生型,反式排列表型为突变型,这种排列方式不同而表型不同的现象称为顺反位置效应。

03.073 顺式显性 cis-dominance

基因对同一染色体上基因表达的调控作用。

03.074 反式显性 trans-dominance

基因对另一染色体上基因表达的调控作用。

03.075 间插序列 intervening sequence，IVS
基因间或基因内的非编码序列。

03.076 核心序列 core sequence
重复序列共有的核苷酸序列。

03.077 基因丰余 gene redundancy
又称"基因冗余"。在基因组内有两个或更多个基因编码同一种或十分相似的蛋白质，这些基因可以在同一条染色体上或在不同染色体上。

03.078 基因簇 gene cluster
基因家族中来源相同、结构相似和功能相关的在染色体上彼此紧密连锁的一组基因。

03.079 基因家族 gene family
同一物种中结构与功能相似，进化起源上密切相关的一组基因。

03.080 超基因家族 supergene family
DNA 序列相似，但功能不一定相关的若干个单拷贝基因或若干组基因家族的总称。

03.081 多基因家族 multigene family
功能相似，进化上同源的一组基因。

03.082 基因重排 gene recombination
DNA 分子核苷酸序列的重新排列，可调节基因的表达或形成新基因。

03.083 基因拷贝 gene copy
编码一个基因的 DNA 序列在基因组内完整出现一次，称为该基因的一个拷贝。

03.084 基因重复 gene duplication
又称"基因倍增"。基因在基因组中增加拷贝的过程。

03.085 持家基因 housekeeping gene
又称"管家基因"。为维持细胞基本生命活动所需而时刻都在表达的基因。

03.086 调节基因 regulatory gene，regulator gene
(1)控制结构基因转录起始和产物合成速率的基因。(2)能影响其他基因活性的一类基因。

03.087 标记基因 marker gene
可作为遗传标记的基因。

03.088 重复基因 reiterated genes
基因组中拷贝数不止一份的基因。

03.089 重叠基因 overlapping gene
共有同一段 DNA 序列的两个或多个基因。

03.090 套叠基因 nested gene
重叠基因的一种形式，一个基因的 DNA 序列位于另一个基因的 DNA 序列中。

03.091 转移 RNA 基因 transfer RNA gene，tRNA gene
转录后可产生 tRNA 的基因。

03.092 超基因 supergene
真核生物基因组中紧密连锁的若干个基因座，它们作用于同一性状或一系列相关性状。

03.093 割裂基因 split gene，interrupted gene
又称"断裂基因"。真核生物基因的编码序列是不连续的而是被若干个非编码区(内含子)分割。这类结构断裂的基因称为割裂基因。

03.094 开关基因 switch gene
可控制其他基因启动转录的基因。

03.095 热激基因 heat shock gene
曾称"热休克基因"。在温度发生异常改变或其他应激条件下启动转录或转录效率增强的一类基因。

03.096 增变基因 mutator gene
可提高基因突变率的基因。

03.097 抗突变基因 antimutator

可抑制其他基因发生突变或降低其突变频率的基因。

03.098 假基因 pseudogene
不产生有功能产物的基因。

03.099 已加工假基因 processed pseudogene
mRNA 的反转录拷贝整合入基因组形成的假基因。

03.100 反转录假基因 retropseudogene
反转录形成的没有启动子而不能表达的 cDNA 片段。

03.101 即早期基因 immediate early gene
细胞受刺激或激活后立即转录的基因。

03.102 早期基因 early gene
细胞受刺激或激活后早期转录的基因。

03.103 晚期基因 late gene
细胞受刺激或激活后晚期转录的基因。

03.104 孤独基因 orphan, orphan gene
由串联重复序列衍生出来的分散的单个的基因或假基因。

03.105 基因内重组 intragenic recombination
同一顺反子内不同突变位点间的重组。

03.106 免疫应答基因 immune response gene, Ir gene
决定机体免疫反应的强度和程度的基因。

03.107 可变区 variable region, V
免疫球蛋白中氨基酸序列有变异的区域。不同来源的免疫球蛋白在此区域内氨基酸序列不同。

03.108 高变区 hypervariable region, HVR
免疫球蛋白可变区中氨基酸变化频率极高的区域,往往构成抗原的结合部位。

03.109 *V* 基因 variable gene, *V* gene
编码抗体或 T 细胞抗原受体可变区的基因。

03.110 *C* 基因 constant gene, *C* gene
编码抗体或 T 细胞抗原受体恒定区的基因。

03.111 *D* 基因 diversity gene, *D* gene
编码抗体或 T 细胞抗原受体 D 区的基因。

03.112 *J* 基因 joining gene, *J* gene
编码抗体或 T 细胞抗原受体 J 区的基因。

03.113 珠蛋白基因 globin gene
编码珠蛋白的基因。

03.114 赭石抑制基因 ochre suppressor
发生突变后可解除赭石突变从而使 mRNA 继续翻译的编码 tRNA 的基因。

03.115 融合基因 fusion gene
两个基因或其各自的一部分组合成一个新的能表达的基因。

03.116 奢侈基因 luxury gene
只在特定类型细胞中表达的基因。

03.117 结构基因 structural gene, structure gene
一般指编码蛋白质的基因。广义上也包括编码 RNA 的基因。

03.118 旁侧序列 flanking sequence
又称"侧翼序列"。结构基因两侧的核苷酸序列,对基因的表达及表达水平具有调控作用。

03.119 生长抑制基因 growth suppressor gene
抑制细胞生长的基因。

03.120 同源基因 homologous gene
具有共同的进化起源,序列结构和功能相似的基因。

03.121 内源基因 endogenous gene
生物体自身基因组内的基因。

03.122 外源基因 exogenous gene

经转基因步骤导入受体细胞的基因。

03.123　自杀基因　suicide gene
将一个外源基因导入癌细胞,该基因的产物与特定的化学物质接触后可产生有毒物质而将分裂中的癌细胞杀死,该基因即为自杀基因。

03.124　沉默等位基因　silent allele
通常不表达,但在肿瘤细胞中呈现转录活性的基因。

03.125　真核基因　eukaryotic gene
真核生物基因组的基因。

03.126　原核基因　prokaryotic gene
原核生物基因组的基因。

03.127　*cI* 基因　*cI* gene
λ 噬菌体基因组中编码 cI 阻遏蛋白质的基因。

03.128　*dna* 基因　*dna* gene
与细菌 DNA 复制直接相关的基因。

03.129　截短基因　truncated gene
一段序列被删除而变短的基因。

03.130　组成性基因　constitutive gene
在生物体内所有细胞中不断表达的基因。

03.131　末端丰余　terminal redundancy
又称"末端冗余"。DNA 分子末端多次出现相同序列。

03.132　部分丰余　partial redundancy
又称"部分冗余"。基因组中重复出现相同或类似碱基序列;也指一个基因有多个拷贝。

03.133　串联倒位　tandem inversion
DNA 分子中两个相邻区段相继发生倒位。

**03.134　着丝粒序列　centromeric sequence,
CEN sequence**
构成染色体着丝粒的 DNA 序列。

03.135　外显子　exon
真核基因中与成熟 mRNA、rRNA 或 tRNA 分子相对应的 DNA 序列,为编码序列。

03.136　外显子混编　exon shuffling
又称"外显子洗牌"。因加工位点和组合方式的改变,使同一基因有不同的外显子组合。

03.137　外显子捕获　exon trapping
快速识别和克隆基因外显子的一种技术。将待测 DNA 克隆在表达载体两个外显子之间的内含子中,转化细胞,经 RNA 剪接后从细胞中分离出 RNA,可鉴定出待测 DNA 中有无外显子。

03.138　外显子互换　exon exchange
通过交换外显子进行基因重排的方式。

03.139　外显子跳读　exon skipping
跳过一个或多个外显子剪接为成熟的 mRNA,是 mRNA 剪接多样性中的一种主要方式。

03.140　内含子　intron
初级转录物中无编码意义而被切除的序列。在前体 RNA 中的内含子也常被称作"间插序列"。

03.141　内含子归巢　intron homing
已被切除的内含子重新插入到两个外显子之间。

03.142　基因混编　gene shuffling
外显子和内含子重新组合获得新性状的过程。

03.143　基因剪接　gene splicing
真核基因初级转录物切除内含子、连接外显子的过程。

03.144　tRNA 剪接　tRNA splicing

切除前体 tRNA 中的内含子。

03.145　等位基因特异的寡核苷酸　allele specific oligonucleotide，ASO
与基因点突变热点区互补的人工合成的寡核苷酸序列。

03.146　突变子　muton
顺反子内发生突变的最小单位，即核苷酸对。

03.147　靶突变　target mutation
利用体外诱变的基因置换野生型基因，从而改变该基因的功能。

03.148　连读突变　readthrough mutation
将终止密码子突变为一个有意义的密码子从而合成比正常翻译产物更长的肽链的突变。

03.149　渗漏突变　leaky mutation
突变性状表现得不完全的突变。

03.150　三核苷酸扩展　trinucleotide expansion
基因组内一些三核苷酸串联重复序列的重复单元的拷贝数增多或减少的变化。

03.151　缺失突变　deletion mutation
由于删除了相邻的许多核苷酸对所造成的突变。

03.152　点突变　point mutation
基因内一个或少数几个核苷酸对的增加、缺失或置换所造成的结构改变。

03.153　同义突变　synonymous mutation
编码同一氨基酸的密码子的核苷酸改变但不改变编码的氨基酸，即不改变基因产物的突变。

03.154　非同义突变　nonsynonymous mutation
密码子的核苷酸改变导致编码另一种氨基酸。

03.155　无义突变　nonsense mutation
编码氨基酸的密码子突变为终止密码子，使肽链合成中断。

03.156　赭石突变　ochre mutation
突变为终止密码子 UAA，因而提前终止肽链合成。

03.157　错义突变　missense mutation
突变成编码另一种氨基酸的密码子。

03.158　琥珀突变　amber mutation
突变为终止密码子 UAG。

03.159　琥珀突变抑制基因　amber suppressor
为 tRNA 编码的突变基因，能把突变产生的终止密码子 UAG 解读为某种氨基酸。

03.160　移码突变　frameshift mutation
基因编码区内缺失或增加的核苷酸数目不是 3 的倍数而造成读框的移动。

03.161　整码突变　in-frame mutation
基因内的核苷酸数目为 3 的倍数而不造成读框改变的突变。

03.162　允许突变　permissive mutation
可生活在正常环境中而不表现出异常性状的微生物的一种突变。

03.163　条件突变　conditional mutation
在特定条件下呈现异常性状的突变。

03.164　无效突变　null mutation
导致基因产物完全失活的突变。

03.165　组成性突变　constitutive mutation
可导致在无诱导物的情况下大量合成诱导酶的突变。

03.166　插入　insertion
在 DNA 或 RNA 链中增加一个或多个额外

核苷酸的过程。

03.167 插入突变 insertion mutation
因外源核苷酸序列插入而引发的突变。

03.168 插入失活 insertional inactivation
因外源核苷酸序列插入而导致基因功能丧失。

03.169 碱基置换 base substitution
DNA 序列中一种碱基替换另一种碱基导致突变。

03.170 碱基插入 base insertion
DNA 序列中增加碱基对导致突变。

03.171 碱基缺失 base deletion
DNA 序列中缺少了碱基对导致突变。

03.172 核苷酸倒位 nucleotide inversion
DNA 序列中核苷酸的排列次序颠倒导致突变。

03.173 转换 transition
核酸序列中一种嘌呤(或嘧啶)被另一种嘌呤(或嘧啶)置换。

03.174 颠换 transversion
核酸序列中一种嘌呤(或嘧啶)被任何一种嘧啶(或嘌呤)置换。

03.175 脱嘌呤作用 depurination
从 DNA 分子中除去嘌呤碱基导致遗传密码错误。

03.176 移码抑制 frameshift suppression
消除移码突变的表型效应,是独立于突变的基因外的遗传修饰。

03.177 移码抑制因子 frameshift suppressor
可抑制移码突变的因子。

03.178 错义抑制 missense suppression
消除错义突变的表型效应。

03.179 错义抑制因子 missense suppressor
可抑制错义突变的因子。

03.180 无义抑制 nonsense suppression
越过终止密码子继续翻译,使终止密码子的肽链终止功能被阻抑,以致肽链合成超过正常末端。

03.181 无义抑制因子 nonsense suppressor
将氨基酸连接在终止密码子处的 tRNA 上可抑制无义突变的因子。

03.182 基因间抑制 intergenic suppression
一个基因的突变消除另一个基因突变表型的效应。

03.183 基因内抑制 intragenic suppression
同一基因内部在不同部位的第二次突变而使其恢复野生型表型。

03.184 抑制型 tRNA suppressor tRNA
反密码子发生突变的 tRNA 分子。可校正错义或无义突变。

03.185 营养缺陷体 auxotroph
由于遗传缺陷造成自身不能合成生存所必需的营养成分的细胞或微生物。

03.186 诱变 mutagenesis
用物理、化学和生物因子使基因发生突变的过程。

03.187 诱变剂 mutagen
能使细胞或生物个体的突变频率显著高于自发突变水平的物理或化学因子。

03.188 致癌剂 carcinogen
诱发细胞癌变的物理、化学和生物因子。

03.189 体外诱变 in vitro mutagenesis
在离体条件下用物理、化学或生物因子处理 DNA 使其发生突变。

03.190 局部随机诱变 localized random mutagenesis

一种在体外将克隆的基因专一性地突变后用于置换受体生物中该基因的野生型拷贝的实验技术。

03.191 位点专一诱变 site-specific mutagenesis, site-directed mutagenesis

使 DNA 分子中某一特定的核苷酸序列发生改变。

03.192 定向诱变 directed mutagenesis

诱发基因在指定位点发生特定突变。

03.193 寡核苷酸定点诱变[作用] oligonucleotide-directed mutagenesis

又称"寡核苷酸诱变（oligonucleotide mutagenesis）"。用人工合成的寡核苷酸在特定位点导致突变。

03.194 饱和诱变 saturation mutagenesis

最大限度地置换基因 DNA 某一序列的碱基组成。

03.195 盒式诱变 cassette mutagenesis

用人工合成的具有多种突变的双链寡核苷酸片段替换靶 DNA 的对应片段。

03.196 随机诱变 random mutagenesis

非定点地诱发基因产生突变。

03.197 碱基类似物 base analogue

又称"类碱基"。与碱基分子结构略有差异，但在 DNA 复制时可替代正常碱基掺入的化合物。

03.198 青霉素富集法 penicillin enrichment technique

在基本培养基中加入青霉素杀死能在其上生长的野生型菌株，富集不能在基本培养基上生长的营养缺陷型菌株的实验方法。

03.199 自杀法 suicide method

一种利用营养缺陷条件导致突变体死亡从而筛选营养缺陷突变体的方法。

03.200 标记获救 marker rescue

带突变标记的噬菌体和正常噬菌体感染宿主细胞，裂解产生的子代噬菌体中大多数为正常噬菌体，少数噬菌体则由于突变基因掺入了正常噬菌体的基因组而使突变标记得到保留，称为标记获救。

03.201 非选择性标记 unselected marker

不影响微生物在选择性培养基上生长的标记。

03.202 共线性 colinearity

细菌顺反子中突变位点的排列次序与其翻译产物中氨基酸突变位点的排列次序相一致。大多数真核基因中由于内含子的存在使得这一对应关系并不完全一致。

03.203 模板 template

DNA 复制或转录时，用来产生互补链的核苷酸序列。

03.204 模板链 template strand

又称"非编码链（non-coding strand）"，"负链（minus strand, negative strand）"，"反义链（antisense strand）"。在 DNA 复制或转录过程中，作为模板指导新核苷酸链合成的亲代核苷酸链。新链的碱基序列与模板链互补。

03.205 编码链 coding strand

又称"有义链（sense strand）"，"正链（plus strand, positive strand）"。与模板链互补的链，即基因中编码蛋白质的那条链。

03.206 前导链 leading strand

在 DNA 复制叉中，沿 $3'→5'$ 端的模板链以连续方式合成的 DNA 新链，因其合成较早，故称前导链。

03.207 冈崎片段 Okazaki fragment

DNA 不连续复制产生的长约 1~2kb 的片段，随后共价连接成完整的单链。这是以发现这种片段的日本科学家的名字命名的。

03.208　后随链　lagging strand

在 DNA 复制叉中,沿 5′→3′端的模板链以非连续方式合成的 DNA 新链。

03.209　复制　replication

以亲代 DNA 分子为模板合成子代 DNA 分子的过程。广义也指 DNA 或 RNA 基因组的扩增过程。

03.210　复制子　replicon

DNA 分子中能独立进行复制的最小功能单位。

03.211　多复制子　multireplicon

有多个复制起点的复制子。

03.212　共合体　cointegrant

由两个或更多的复制子通过共价键连接起来所形成的复制子。

03.213　附加体　episome

细菌染色体外的独立复制子,也可整合在宿主染色体中作为复制子的一部分的遗传单位。

03.214　复制叉　replication fork

DNA 复制开始部位的 Y 型结构。Y 型结构的双臂含有模板以及新合成的 DNA。

03.215　复制因子　replicator

有一个复制起始点并能促进 DNA 分子复制的 DNA 序列。

03.216　复制起点　origin of replication, replication origin

启动 DNA 复制所需的 DNA 序列。

03.217　复制起始识别复合体　origin recognition complex, ORC

又称"起点识别复合物"。识别并决定 DNA 复制起始过程的一组蛋白质复合物。

03.218　复制错误　replication error

DNA 复制时核苷酸配对出现差错。

03.219　复制倒位　duplicative inversion

位于中心区一侧的转座子随着中心区的倒位而改变其原来方向。

03.220　复制后错配修复　post-replicative mismatch repair

DNA 复制后对错误的碱基配对进行修复。

03.221　复制体　replisome

在复制叉处执行 DNA 复制功能的多种蛋白质的复合体。

03.222　复制型　replication form

病毒单链基因组在宿主细胞内复制形成的双链核酸。

03.223　半保留复制　semiconservative replication

沃森和克里克于 1953 年提出的 DNA 复制方式。DNA 复制时以双链中的每一条单链作为模板,分别合成一条互补新链,重新形成的双链中各保留一条原有 DNA 单链。

03.224　半不连续复制　semidiscontinuous replication

双链 DNA 合成时 5′→3′端是连续合成,而 3′→5′端则是不连续合成。

03.225　不连续复制　discontinuous replication

DNA 复制过程中后随链不连续合成的复制方式。

03.226　双向复制　bidirectional replication

DNA 的复制方式之一。从复制泡开始两个复制叉按相反方向推移完成复制。

03.227　单向复制　unidirectional replication

噬菌体和真核细胞线粒体 DNA 复制时朝单方向移动完成复制。

03.228　滚环复制　rolling circle replication

DNA 复制的一种方式。复制叉沿着环状模板链滚动,每一轮新合成的一圈 DNA 链取代上一轮合成的 DNA 链,由此产生线状多联体 DNA 分子。

03.229 散乱复制 dispersive replication
DNA 复制的一种错误的假说。认为 DNA 合成是随机散乱进行的。

03.230 共价延伸 covalent elongation, covalent extension
滚环复制时在一条断裂的亲本链 3′-羟基端上不断地发生 DNA 聚合作用。

03.231 链滑动 strand-slippage
DNA 复制时,从一个模板跳到另一个模板而引起的重组。

03.232 单链 DNA 结合蛋白 single-stranded DNA binding protein
结合在复制叉单链 DNA 上,防止单链重新复性结合的蛋白质。

03.233 引发体 primosome
由多种蛋白质及 DNA 模板形成的复合体。DNA 复制过程中可引发合成后随链 RNA 引物。

03.234 引发酶 primase
DNA 复制中催化合成引物 RNA 的酶。

03.235 引物 primer
含游离 3′-羟基并引发聚合反应的寡核苷酸序列。

03.236 随机引物 random primer, arbitrary primer
人工合成的,一般由 6～10 个各种随机排列的核苷酸组成,同 DNA 或 RNA 分子群体中一些序列互补的引物。

03.237 引物步查 primer walking
又称"引物步移"。一种 DNA 连续测序法。将待测 DNA 片段克隆进测序载体,进行测序电泳。当完成第一轮测定时,将引物与刚完成测序的 DNA 序列末端结合,进行第二轮测序电泳,如此重复直至完成。

03.238 引物 RNA primer RNA
DNA 合成的起始物。

03.239 克列诺片段 Klenow fragment
DNA 聚合酶的羧基大片段。已丧失 5′→3′端外切核酸酶活性,但仍保留 5′→3′端聚合酶活性和 3′→5′端外切酶活性。

03.240 许可因子 licensing factor
真核细胞核中为起始 DNA 复制所必需的一种蛋白因子,控制细胞 DNA 的再复制。

03.241 R 环 R loop
DNA 复制过程中,一段 RNA 引物加入 DNA 双链中启动 DNA 复制的一种环状结构。

03.242 R 环作图 R loop mapping
显示 DNA 中与其及相应的 mRNA 互补的区域的电子显微镜技术。

03.243 辅助病毒 helper virus
与复制缺陷病毒的基因组有互补作用可使其成为有复制能力的一种病毒。

03.244 反义 DNA antisense DNA
与 DNA 模板链互补的不参与转录的 DNA 分子。

03.245 上游表达序列 upstream expressing sequence, UES
酵母基因转录的调控元件之一,位于结构基因 5′端上游。

03.246 上游阻抑序列 upstream repressing sequence, URS
酵母基因转录的负调控元件,位于结构基因 5′端上游。

03.247 间隔区 space region, spacer region
两个转录单位之间的非转录序列,或两个 tRNA(或 rRNA)基因之间在转录后将被剪切的序列。

03.248 终止序列 terminator sequence

可终止转录的 DNA 序列。

03.249 链终止子 chain terminator

可使 DNA 复制链停止延伸的化合物。如 2′,3′-双脱氧核苷三磷酸为 2′-脱氧核苷三磷酸的类似物。

03.250 内在终止子 intrinsic terminator

原核生物核心转录酶在体外转录终止处所结合的核苷酸序列。

03.251 绝缘子 insulator

一种顺式作用元件。长约数百个核苷酸对，通常位于启动子正调控元件或负调控元件之间的一种调控序列。

03.252 启动子 promoter, P

决定 RNA 聚合酶转录起始位点的 DNA 序列。

03.253 核心启动子 core promoter

RNA 聚合酶正常起始转录所必需的最小 DNA 序列。

03.254 强启动子 strong promoter

能以较快速率转录生成 RNA 的启动子。

03.255 基因内启动子 intragenic promoter

被 RNA 聚合酶Ⅲ识别的基因内的一段 DNA 序列。

03.256 温控型启动子 temperature-regulated promoter

热激蛋白或热诱导蛋白基因的启动子。

03.257 启动子突变 promoter mutation

突变位点存在于启动子区域或调控基因的其他 DNA 序列上，可使启动子的启动转录功能增效或减效的一种突变。

03.258 启动子增效突变 up-promoter mutation

又称"启动子上调突变"。发生在启动子中使受控基因转录活性增强的突变。

03.259 启动子减效突变 down-promoter mutation

又称"启动子下调突变"。发生在启动子中使受控基因转录活性降低的突变。

03.260 启动子增强突变体 up-promoter mutant

在启动子序列中有一个可提高该启动子转录作用的突变的突变体。

03.261 启动子减弱突变体 down-promoter mutant

在启动子序列中有一个可降低该启动子转录作用的突变的突变体。

03.262 启动子近侧元件 promoter-proximal element

紧接启动子(200bp 内)的 DNA 序列。与蛋白质结合而调节基因转录的遗传序列。

03.263 启动子清除 promoter clearance

真核基因在转录起始后期,启动子上转录起始复合体离开启动子进入延伸反应的过程。

03.264 应答元件 response element

位于启动子或增强子序列中对特定因子做出反应的元件。

03.265 应答元件结合蛋白 response element binding protein

与基因调控区应答元件相结合的蛋白质。

03.266 热激应答元件 heat shock response element, HSE

可对环境温度变化做出反应,从而调控基因表达的 DNA 序列。

03.267 金属应答元件 metal response element, MRE

可对金属元素做出反应,从而调控基因表达的 DNA 序列。

03.268 糖皮质激素应答元件 glucocorticoid response element，GRE

可对甾类激素做出反应从而调控基因表达的 DNA 序列。

03.269 激素应答元件 hormone response element

基因的启动子或增强子中能与细胞核内的激素受体相结合的 DNA 序列。

03.270 血清应答元件 serum response element，SRE

血清及生长因子诱导基因表达时，基因启动子中的一段 DNA 序列。

03.271 转录因子 transcription factor

能识别启动子、增强子或特定序列而调控基因表达的蛋白质。

03.272 TATA 框 TATA box

又称"戈德堡-霍格内斯框（Goldberg-Hogness box）"。真核生物蛋白质编码基因启动子中的一段保守序列 TATAAAT，通常位于转录起点上游-10 ~ -35 碱基对处。它与普通转录因子 TF Ⅱ D 结合即形成包含 RNA 聚合酶的转录起始复合体。

03.273 CAAT 框 CAAT box

真核生物基因的启动子中含有 CAAT 的保守序列，与启动子的起始频率及启动子的强度相关。

03.274 普里布诺框 Pribnow box

原核基因-10 区的一段 DNA 序列，其共有序列为 TATAAT，与-35 区的 TTGACA 共同构成启动子。

03.275 增强体 enhancosome

基因转录时由特定的启动子与激活因子结合成的一种复合体，可使 DNA 形成弯曲的空间构象从而提高基因转录的效率。

03.276 增强子 enhancer，enhancer element

增强真核基因转录的一类调节序列。

03.277 沉默子序列 silencer sequence

又称"负增强子（negative enhancer）"。抑制基因转录的 DNA 序列。

03.278 去稳定元件 destabilizing element

真核生物 mRNA 中的一段序列，其功能是作为一种控制元件调节 mRNA 的稳定性。

03.279 近端序列元件 proximal sequence element，PSE

核内 snRNA 基因转录起始位点上游 55bp 处的高度保守的近侧序列。

03.280 反转录病毒 retrovirus

能编码反转录酶的 RNA 病毒。病毒 RNA 基因组可反转录为病毒 DNA，并整合在宿主染色体中一同复制。

03.281 转录 transcription

DNA 的遗传信息被拷贝成 RNA 的遗传信息的过程。

03.282 无细胞转录 cell-free transcription

细胞外完成的转录。

03.283 组织特异性转录 tissue-specific transcription

只在特定组织中进行的转录。

03.284 转录单位 transcription unit

从 RNA 聚合酶识别的转录起始位点至转录终止区这一段的核苷酸序列。

03.285 转录后成熟 post-transcriptional maturation

与结构基因相连锁的几个 rRNA 基因一起进行转录，在转录后或转录过程中分解为各个亚基的现象。

03.286 转录后调节 post-transcriptional regulation

基因转录后在 mRNA 加工、翻译等过程中的调节。

03.287 转录激活因子 transcription activator, activating transcription factor, ATF
与特定 DNA 序列结合以促进基因转录的因子。

03.288 转录提前终止 premature transcription termination
原核生物中通过转录弱化作用,使已经开始的转录在先导序列区提前终止的现象。

03.289 转录间隔区 transcribed spacer
(1)DNA 中转录间隔序列所在区域。(2)基因间不转录的 DNA 序列所在区域。

03.290 非转录间隔区 nontranscribed spacer
基因簇各转录单位之间的区段。

03.291 转录间隔序列 transcribed spacer sequence
基因间不被转录的 DNA 序列。

03.292 转录基因沉默 transcriptional gene silencing, TGS
在细胞核内阻断基因转录的起始,是基因表达调控的一种方式。

03.293 转录激活域 transcription activating domain
转录因子中能激活基因转录的功能结构域。

03.294 转录激活蛋白 transcription activating protein
能与启动子中特定 DNA 序列结合并激活基因转录反应的蛋白质分子。

03.295 转录弱化 transcription attenuation
新生成 RNA 链与 RNA 聚合酶的相互作用使转录水平降低并提前终止。

03.296 转录复合体 transcription complex
由启动子、RNA 聚合酶和其他各种转录因子构成的复合物。

03.297 转录延伸 transcription elongation
从转录起始,RNA 聚合酶沿 DNA 链移动使合成的 RNA 链不断延伸直至终止。

03.298 转录起点 transcriptional start point
转录时 RNA 聚合酶中 σ 因子识别 DNA 序列的第一个碱基,从该位点开始转录合成 RNA 分子的第一个核苷酸。

03.299 转录起始 transcription initiation
RNA 聚合酶与 DNA 结合并在转录起点启动基因转录的过程。

03.300 转录起始复合体 transcription initiation complex, TIC
由启动子、RNA 聚合酶和转录因子在转录起始区形成的启动基因转录的复合物。

03.301 转录起始因子 transcription initiation factor
参与转录起始作用的因子。

03.302 转录起始位点 transcription initiation site
DNA 分子中开始 RNA 转录的位置。

03.303 转录终止 transcription termination
DNA 转录遇到终止子而停止。

03.304 转录调节 transcription regulation
转录调控因子(如转录因子)直接结合或间接作用相应的顺式元件(如转录增强子或抑制子)产生增强或抑制基因启动子转录活性的作用。

03.305 转录阻遏 transcription repression
由于 DNA 甲基化、特殊结构或转录阻遏物的作用等导致基因转录受阻。

03.306 转录阻遏物 transcription repressor
阻止基因转录或使基因转录活性下降的各种因子。

03.307 转录沉默 transcription silencing

DNA 分子中胞嘧啶的甲基化使基因转录受阻。

03.308 转录终止因子 transcription termination factor
由于与 DNA 结合而终止 RNA 聚合酶转录作用的蛋白质。

03.309 转录终止子 transcription terminator
基因编码区下游使 RNA 聚合酶终止 mRNA 合成的密码子。

03.310 转录激活 transcriptional activation
转录因子同基因调节区中特定位点相结合而诱导 RNA 聚合酶进行转录的过程。

03.311 抗转录终止[作用] transcriptional antitermination
又称"抗终止作用(antitermination)"。使 RNA 聚合酶得以越过终止密码子而继续转录的过程。

03.312 抗终止子 anti-terminator
可使终止密码子失效而使转录继续进行的因子。如 λ 噬菌体 N 基因产物。

03.313 转录弱化子 transcriptional attenuator
DNA 中与转录提前终止有关的一段核苷酸序列。

03.314 转录辅激活物 transcriptional coactivator
增加序列特异性转录因子活性的蛋白质。

03.315 转录控制 transcriptional control
在转录水平上对蛋白质合成的控制。

03.316 转录延伸因子 transcriptional elongation factor
能够使基因转录不断进行的因子。如激活 RNA 聚合酶活性的蛋白质。

03.317 转录增强子 transcriptional enhancer
能提高基因转录效率的顺式调节序列。

03.318 转录开关 transcriptional switching
一种有效控制 λ 噬菌体溶源生长和裂解生长基因转录活性的机制。

03.319 选择性转录 alternative transcription
同一基因在不同组织中转录时,由于起始位点不同而生成不同的 mRNA,即在某种组织中只产生某种转录物。

03.320 选择性转录起始 alternative transcription initiation
不同的启动子对 RNA 聚合酶有不同的亲和力,可在不同的启动子上有选择地启动基因转录。

03.321 基础转录 basal transcription
由通用转录因子与 TATA 框结合而起始的转录作用。

03.322 通用转录因子 general transcription factor
帮助 RNA 聚合酶选择识别其启动子,并起始转录所必需的转录因子。

03.323 辅助转录因子 ancillary transcription factor
协助 RNA 聚合酶与启动子结合,并促进已结合的 RNA 聚合酶启动转录速率的转录因子。

03.324 基础转录因子 basal transcription factor
与 RNA 聚合酶协同作用形成基础转录复合物以起始转录的转录因子。

03.325 前起始复合体 preinitiation complex, PIC
RNA 聚合酶Ⅱ的通用转录因子与启动子核心序列相互作用,在核心序列上按顺序结合,并促进其他因子与之结合,从而形成有功能的复合体。

03.326 反转录 reverse transcription
又称"逆转录"。以 RNA 为模板,在反转录酶催化下转录为双链 DNA 的过程。

03.327 反转录子 retron
含有反转录酶编码基因,但不能进行转座或整合的序列。

03.328 转录后控制 post-transcriptional control
mRNA 在翻译成蛋白质之前受到的控制。

03.329 转录物 transcript
又称"转录本"。在 DNA 模板上由 RNA 聚合酶催化转录生成的 mRNA。

03.330 互补转录物 complementary transcript
与 mRNA 序列互补的 RNA 分子。

03.331 初级转录物 primary transcript
基因转录产生的未经剪接加工的 RNA。

03.332 共线性转录物 colinear transcript
与转录模板 DNA 序列一致的成熟 mRNA。

03.333 体外转录 in vitro transcription
在无细胞系统中进行的转录。

03.334 前信使 RNA pre-messenger RNA, pre-mRNA, precursor mRNA
又称"前[体]mRNA"。未经剪接加工的基因转录产物,即初级转录物。

03.335 核内异质 RNA heterogeneous nuclear RNA, hnRNA
真核细胞核内最初转录的 RNA,因其分子质量不一致,故又称"核不均一 RNA"。

03.336 稳态 mRNA steady-state mRNA
细胞核或细胞质中最后积累的 mRNA。

03.337 巨型 RNA giant RNA
细胞核内一种分子量很高的 RNA,与 DNA 很相似,在核内代表 mRNA 的前体。

03.338 核内小 RNA small nuclear RNA, snRNA
真核细胞核内参与剪接的富含 U 的小分子RNA。

03.339 核仁小 RNA small nucleolar RNA, snoRNA
存在于核仁的 snRNA,为 rRNA 前体加工所需。

03.340 [胞]质内小 RNA small cytoplasmic RNA, scRNA
真核细胞质中的小分子 RNA,可能在控制基因表达中起关键作用。

03.341 核小核糖核蛋白颗粒 small nuclear ribonucleoprotein particle, snRNP, snurp
存在于真核生物细胞核内的核内小 RNA 和蛋白质组成的核糖核蛋白颗粒。

03.342 套马索 RNA lariat RNA
前体 mRNA 剪接时生成的中间体 RNA。由于切下的内含子序列和剪接中间体的结构形状像一根套马索,即带有一条"尾巴"的环状结构,故称之套马索 RNA。

03.343 转录酶 transcriptase
以 DNA 为模板催化合成 RNA 反应的酶。

03.344 转录后加工 post-transcriptional processing
对初级转录物进行剪接、加工使之成为成熟的 mRNA、rRNA 或 tRNA。

03.345 RNA 加工 RNA processing
对初级转录物进行剪接使之成熟的过程。

03.346 RNA 剪接 RNA splicing
真核生物前体 mRNA 切除内含子,连接外显子形成成熟的 mRNA。

03.347 组成性剪接 constitutive splicing
真核细胞在正常生理条件下发生的常规的

RNA 剪接。

03.348　异常剪接　aberrant splicing
前体 mRNA 由于剪接识别序列突变而导致剪接错误，将引起外显子的插入和缺失，从而造成翻译产物的异常。

03.349　选择性剪接　alternative splicing
同一前体 mRNA 中的外显子通过不同组合形成不同的成熟 mRNA 分子。

03.350　剪接变体　splice variant
同一前体 mRNA 因不同剪接方式形成不同 mRNA，并翻译成不同蛋白质。

03.351　剪接位点　splice site
前体 mRNA 中去除内含子的剪接部位。

03.352　剪接供体　splice donor
内含子 5′端的剪接位点。

03.353　剪接受体　splice acceptor
内含子 3′端的剪接位点。

03.354　剪接供体位点　donor splicing site
位于内含子 5′端提供供体的部位。

03.355　剪接受体位点　acceptor splicing site
位于内含子 3′端接纳剪接供体的部位。

03.356　剪接前体　prespliceosome
形成功能剪接体之前的一种多组分的、由 RNA 和蛋白质组成的复合体。

03.357　剪接体　spliceosome
进行 RNA 剪接的多组分复合体。

03.358　剪接复合体　splicing complex
由前体 mRNA、核内小分子 RNA 和蛋白质组成的具有剪接功能的复合体。

03.359　剪接酶　splicing enzyme
催化前体 mRNA 中内含子剪接反应的 RNA 序列。

03.360　剪接前导序列　spliced leader sequence, spliced leader, SL
位于 mRNA 的 5′端剪接位点前方，由约 40 个核苷酸组成的序列。

03.361　剪接前导序列 RNA　spliced leader RNA
提供 5′端外显子进行反式剪接的 RNA。

03.362　剪接体周期　spliceosome cycle
从组装小分子核糖核蛋白到完成内含子剪接的完整阶段。

03.363　剪接因子　splicing factor
参与前体 mRNA 剪接反应的蛋白质因子。

03.364　隐蔽 mRNA　masked mRNA
在未受精卵等真核细胞中以失活状态存在的 mRNA。

03.365　RNA 编辑　RNA editing
RNA 分子加工时出现的修饰现象。mRNA 因核苷酸的插入、缺失或替换而改变了源自 DNA 模板的遗传信息，翻译出不同于基因编码的氨基酸序列。

03.366　自[我]切割　self-cleavage
具有酶活性的 RNA 分子进行自身切割的现象。

03.367　自[我]剪接　self-splicing, autosplicing
又称"自催化剪接(autocatalytic splicing)"。由 RNA 分子自身催化的剪接方式。

03.368　反向剪接　reverse splicing
已被切除的内含子重新插入原来的两个外显子之间。

03.369　顺式剪接　cis-splicing
分子内的剪接，即将一个前体 mRNA 中的内含子有序地剪除、把外显子连接的剪接方式。

03.370 反式剪接 trans-splicing
把分别位于不同前体 mRNA 中的外显子切下来而后拼接为成熟 mRNA。

03.371 自切割 RNA self-cleaving RNA
具有自身切割功能的 RNA 分子。

03.372 剪接[衔接]点 splice junction
位于内含子两端能被剪接体识别进行 RNA 剪接的核苷酸序列。

03.373 隐蔽剪接位点 cryptic splice site
与剪接位点序列相似,但一般不进行剪接的位置。

03.374 选择性剪接因子 alternative splicing factor, ASF
参与前体 mRNA 选择性剪接的辅助蛋白质因子。

03.375 GT-AG 法则 GT-AG rule
又称"尚邦法则(Chambon's rule)"。基因内含子 5′端和 3′端剪接位点的碱基排列规则,即 5′端都是 GT,3′端都是 AG。

03.376 摆动法则 wobble rule
tRNA 反密码子第一位核苷酸与 mRNA 密码子第三位核苷酸之间不遵循沃森–克里克碱基配对规则进行配对。

03.377 前核糖体 RNA pre-ribosomal RNA, pre-rRNA, precursor rRNA
真核细胞中 rRNA 基因转录的初级转录物。

03.378 核糖体 RNA ribosomal RNA, rRNA
在大、小核糖体亚单位中通过非共价键连接到核糖体蛋白上的 RNA。

03.379 核糖核酸酶 ribonuclease, RNase
催化 RNA 水解的内切酶。它剪切 RNA 中的 3′,5′-磷酸二酯键。

03.380 核糖体 RNA 基因 ribosomal RNA gene
编码核糖体 RNA 的基因。

03.381 核糖体结合序列 ribosome binding sequence, RBS
又称"核糖体识别位点(ribosome recognition site)","核糖体结合位点(ribosome binding site)","SD 序列(Shine-Dalgarno sequence)"。核糖体与 mRNA 分子结合并启动翻译的核苷酸序列。

03.382 核基质附着区 matrix attachment region, MAR
又称"支架附着区(scaffold attachment region, SAR)"。与核基质特异结合的 DNA 序列,属于非编码序列,富含 AT。

03.383 多[聚]核糖体 polysome
结合在一个 mRNA 分子上的多个核糖体,可同时合成多条肽链。

03.384 编码 coding
按照指令编排特定蛋白质的氨基酸残基序列的过程。

03.385 编码区 coding region
DNA 或 RNA 中对应于蛋白质中氨基酸序列的一段核苷酸序列。

03.386 编码容量 coding capacity
DNA 或 RNA 序列可编码蛋白质数量和种类的能力。

03.387 可读框 open reading frame, ORF
自起始密码子到终止密码子之间的核苷酸三联体序列。一般情况下,可读框即指某个基因的编码序列。

03.388 上游可读框 upstream open reading frame, uORF
mRNA 前导序列中的可读框,可作为顺式调节元件将 mRNA 的翻译速率与氨基酸水平相偶联。

03.389 阅读框 reading frame

以核苷酸三联体方式读取核酸序列的翻译信息。

03.390 遗传密码 genetic code
核苷酸序列所携带的遗传信息。编码 20 种氨基酸和多肽链起始及终止的一套 64 个三联体密码子。

03.391 密码子 codon
mRNA 分子中以三个核苷酸为一组,决定一种氨基酸以及多肽链合成起始与终止的信号。

03.392 反密码子 anticodon
tRNA 中与 mRNA 密码子反向互补的三核苷酸序列。

03.393 反密码子环 anticodon loop
tRNA 分子三叶草结构下端,携带反密码子的环状结构。

03.394 副密码子 paracodon
tRNA 上被氨酰 tRNA 合成酶识别的碱基。tRNA 的反密码子直接识别氨基酸,tRNA 的副密码子间接识别氨基酸。

03.395 调谐密码子 modulating codon
与稀有 tRNA 对应的密码子。与控制顺反子转录频率以及 mRNA 翻译频率相关。

03.396 三联体 triplet
由三个核苷酸组成的一个密码子。

03.397 简并 degeneracy
两种或多种核苷酸三联体决定同一种氨基酸。

03.398 简并密码子 degenerate codon
三联体第三位碱基不同而编码同一种氨基酸的遗传密码。

03.399 通用密码 universal code
生物界普遍采用的遗传密码。

03.400 密码比 coding ratio

mRNA 中的核苷酸数或 DNA 中的核苷酸对数除以相应的多肽链中的氨基酸数。用来推测组成每一遗传密码的核苷酸数。

03.401 起始密码子 start codon, initiation codon, initiator
翻译开始时决定多肽链第一个氨基酸的密码子。

03.402 终止密码子 termination codon, stop codon
又称"无义密码子(nonsense codon)","链终止密码子(chain-termination codon)"。mRNA 分子中终止蛋白质合成的密码子。

03.403 同义密码子 synonymous codon, synonym codon
决定同一种氨基酸的两个或多个简并密码子。

03.404 错义密码子 missense codon
编码一种氨基酸的密码子突变成编码另一种氨基酸的密码子。

03.405 异常密码子 altered codon
线粒体、叶绿体基因组或个别核基因中不同于通用密码的密码子。

03.406 有义密码子 sense codon
编码氨基酸的密码子。

03.407 多义密码子 ambiguous codon
编码不止一种氨基酸的密码子。

03.408 琥珀密码子 amber codon
即肽链合成终止信号 UAG 的特异性名称。

03.409 赭石密码子 ochre codon
又称"UAA 终止密码子"。即肽链合成终止信号 UAA 的特异性名称。

03.410 乳白密码子 opal codon
即肽链合成终止信号 UGA 的特异性名称。

03.411 [密码]错编 miscoding

遗传密码在翻译过程中出现的差错。

03.412 移码 frameshift
又称"读框移位(reading frame shift)"。在DNA编码区插入或缺失碱基导致下游密码子的可读框发生移动或改变框架的现象。

03.413 跳码 frame hopping
核糖体跳过 mRNA 一段序列进行翻译的过程。

03.414 读框重叠 frame overlapping
两个编码不同基因的读框利用同一段 DNA序列的现象。

03.415 译码 decoding
又称"解码"。解读核苷酸序列的遗传信息。

03.416 反义 RNA antisense RNA
可与 mRNA 或有义 DNA 链互补导致正常翻译终止的 RNA 分子。

03.417 同工 tRNA isoacceptor tRNA
被同一种氨酰基 tRNA 合成酶识别,并接受同一种氨基酸的几种 tRNA。

03.418 关联 tRNA cognate tRNA
由同一特异氨酰 tRNA 合成酶识别的所有tRNA。

03.419 嵌合蛋白 chimeric protein
即融合蛋白,由融合基因编码产生的蛋白质。

03.420 信使 RNA messenger RNA, mRNA
携带从 DNA 编码链得到的遗传信息,在核糖体上翻译产生多肽的 RNA。

03.421 双顺反子 mRNA bicistronic mRNA
翻译产生两种蛋白质的同一个 mRNA 分子。

03.422 多顺反子 mRNA polycistronic mRNA
一种巨大的 mRNA 分子。它决定与同一操纵子中的结构基因有关的几种蛋白质的氨基酸序列。

03.423 指导 RNA guide RNA, gRNA
带有编辑区的序列信息,在 RNA 编辑中介导编辑过程的小分子 RNA。

03.424 指导序列 guide sequence
同真核细胞 mRNA 杂交并帮助剪接内含子的一种 RNA 分子。

03.425 内部指导序列 internal guide sequence, IGS
内含子中可与剪接点边界序列互补配对的区段,可引导内含子剪接。

03.426 识别序列 recognition sequence
泛指蛋白质因子结合或作用的特定核苷酸序列。

03.427 信号序列 signal sequence
又称"信号肽(signal peptide)"。引导蛋白质进入细胞特定位置或分泌到细胞外的短肽(通常是 N 端的短肽)。

03.428 信号分子 signaling molecule
介导细胞与外部环境或细胞与细胞之间反应的胞内外分子的总称。

03.429 上游激活序列 upstream activating sequence, UAS
在酵母基因中首先发现的与调节蛋白相结合的 DNA 序列,其功能与高等真核生物的增强子或启动子相当。

03.430 chi 序列 chi sequence, χ sequence
大肠杆菌中与同源重组活性较高有关的一段序列,即 GCTGGTGG,既是 recBC 的识别序列,又是其激活序列。

03.431 CpG 岛 CpG island
位于多种脊椎动物已知基因转录起始位点周围、由胞嘧啶(C)和鸟嘧啶(G)组成的串联重复序列。

03.432 信使核糖核蛋白体 messenger ribo-
nucleoprotein，mRNP
由蛋白质、细胞质内 snRNA 和前体 mRNA
组成的复合体。

03.433 帽 cap
mRNA 分子 5′端的修饰结构。

03.434 加帽位点 cap site
mRNA 中加帽结构的部位,该位点在前体
mRNA 的 5′端。

03.435 加尾 tailing
前体 mRNA 在其 3′端加尾信号指导下加上
poly(A)的过程。

03.436 多腺苷酸化信号 polyadenylation
signal
又称"加 A 信号"。在前体 mRNA 其 3′端指
导添加 poly(A)尾巴的核苷酸序列。

03.437 内部核糖体进入位点 internal ribo-
some entry site，IRES
mRNA 分子内(而非 5′端)可被核糖体识别
并启动翻译的一种顺式元件。

03.438 体外翻译 in vitro translation
用含有核糖体亚基、必需的蛋白质因子、
tRNA分子和氨酰 tRNA 合成酶的细胞抽提
物,以纯化的 mRNA 分子在试管里合成蛋
白质。

03.439 翻译 translation
mRNA 在核糖体上合成多肽的过程。

03.440 翻译域 translation domain
mRNA 中被翻译为蛋白质序列的区域。

03.441 非翻译区 non-translational region，
untranslated region，UTR
成熟 mRNA 分子5′或3′端不被翻译的部分。

03.442 非翻译序列 non-translated sequence
基因或 cDNA 中不编码氨基酸的序列。

03.443 尾随序列 tailer sequence
mRNA 分子 3′端终止密码子后的非翻译序
列。

03.444 前导序列 leader sequence，leader
peptide
mRNA 5′端起始密码子之前的一段不翻译
的序列。

03.445 翻译因子 translation factor
在翻译过程中,对肽链合成的起始、延伸和
终止有重要作用的蛋白质因子。

03.446 翻译起始密码子 translation initia-
tion codon
与起始 tRNA 结合,指令 mRNA 启动翻译的
密码子。

03.447 起始因子 initiation factor
启动蛋白质的生物合成,促进核糖体和
mRNA结合的蛋白质因子。

03.448 翻译装置 translation machinery
以核糖体及其辅助因子为主组成的复合体,
实现以 mRNA 为模板合成蛋白质的功能。

03.449 翻译调节 translation regulation
在翻译水平上调节蛋白质的合成。

03.450 翻译阻遏 translation repression
mRNA 翻译产物过量而抑制了 mRNA 进一
步翻译的一种负调控方式。

03.451 翻译扩增 translational amplification
延长 mRNA 的寿命而提高其翻译产物生成
的速率和数量的正调控方式。

03.452 翻译控制 translational control
通过调节 mRNA 翻译速度而操纵蛋白质合
成的调控方式。

03.453 翻译增强子 translational enhancer
提高蛋白质合成效率的 DNA 序列。

03.454 翻译移码 translation frameshift，

translational frame shifting

mRNA 翻译过程中发生移码突变致使一种 mRNA 分子翻译成另外一种蛋白质分子。

03.455 翻译跳步 translational hop

翻译时越过某些密码子的现象。

03.456 翻译内含子 translational intron

翻译时,mRNA 中被跳过的部分编码序列。

03.457 翻译后加工 post-translational processing

蛋白质前体进行酶促的翻译后,修饰作用以形成成熟蛋白质。

03.458 翻译后切割 post-translational cleavage

蛋白质前体在酶的作用下切除某些肽段或氨基酸残基以形成活性蛋白质。

03.459 翻译后转运 post-translational transport

合成的蛋白质穿过生物膜的转移。

03.460 连读 readthrough

越过终止密码子而进行的转录或翻译。

03.461 解读 reading

蛋白质合成时密码子被译码为相应的氨基酸。

03.462 负载 charging

氨基酸与 tRNA 共价结合形成氨酰 tRNA 的过程。

03.463 转移 RNA transfer RNA, tRNA

通过反密码子识别 mRNA 密码,将特定氨基酸转运至核糖体以生成多肽链的 RNA 分子。

03.464 延伸因子 elongation factor

肽链合成延伸中起作用的蛋白质因子。

03.465 翻译后修饰 post-translational modification

对蛋白质前体进行氨基酸修饰和侧链加工以形成活性蛋白质的过程。

03.466 共翻译 cotranslation

(1)在基因操作中,将突变基因引入细胞并与野生型基因同时翻译产生蛋白质的过程。

(2)将融合基因引入细胞合成融合蛋白的过程。

03.467 共翻译分泌 cotranslational secretion

分泌型蛋白质边翻译、边通过内质网膜进行分泌的过程。

03.468 共翻译切割 cotranslational cleavage

蛋白质生成的同时进入内质网,其 N 端信号肽被同步切除。

03.469 信号识别颗粒 signal recognition particle, SRP

由小分子 RNA 和多种蛋白质组成的复合体。可与新生的分泌型蛋白的信号序列相互作用,辅助信号序列的识别与剪切。

03.470 信号肽酶 signal peptidase

可切除分泌型蛋白质 N 端信号肽的蛋白酶。

03.471 遗传极性 genetic polarity

上游基因转录、翻译的终止使下游基因表达下降的现象。

03.472 操纵子 operon

原核生物中由启动子、操纵基因和结构基因组成的一个转录功能单位。

03.473 共转录 cotranscription

多顺反子或操纵子中各个基因转录为一个共同的 mRNA。或通过基因操作使不同的基因同时在细胞(或组织)中一起转录。

03.474 共转录调节 cotranscriptional regulation

操纵子中各结构基因表达受同一操纵区的控制。

03.475 共转录物 cotranscript
操纵子中各结构基因的共同转录产物。

03.476 阿[拉伯]糖操纵子 *ara* operon
又称"*ara* 操纵子"。细菌中控制阿拉伯糖（戊糖）降解成为可利用碳源的遗传单位。

03.477 半乳糖操纵子 *gal* operon
大肠杆菌基因组中控制半乳糖降解为可利用碳源的遗传单位。

03.478 乳糖操纵子 *lac* operon, lactose operon
大肠杆菌中控制乳糖降解为可利用碳源的遗传单位。

03.479 组氨酸操纵子 *his* operon
细菌中控制组氨酸降解为可利用碳源和氮源的遗传单位

03.480 色氨酸操纵子 *trp* operon
细菌中负责多步骤合成色氨酸的遗传单位。是一种可调控的基因表达系统。

03.481 操纵子学说 operon theory
雅各布（F. Jacob）和莫诺（J. Monod）于1961年提出的关于原核生物基因结构及其表达调控的学说。

03.482 调节子 regulon
由一个调节基因和几个操纵基因构成的一个代谢调节系统。

03.483 全局调节子 global regulon
一种调节蛋白控制几个不同代谢途径的操纵子。

03.484 前导区 leader region
操纵子或单个基因内,从转录起始位点的核苷酸到结构基因起始密码子间的 DNA 区段。

03.485 操纵基因 operator, operator gene
操纵子中与一个或一组结构基因相邻并控制它们转录的基因。

03.486 全局调控 global regulation
大肠杆菌等微生物在环境中有葡萄糖作为碳源时,优先利用葡萄糖而抑制利用其他糖类的基因的调节方式。这是对外界环境刺激等做出全面反应的一种复杂的调控网络。

03.487 减量调节 down regulation
简称"下调",又称"负调控(negative regulation)"。阻遏物结合在操纵基因位置上阻止 RNA 聚合酶催化转录,从而使目的基因表达量减少的调节方式。

03.488 增量调节 up regulation
简称"上调",又称"正调控(positive regulation)"。由转录诱导物启动转录的一种使目的基因表达量上调的调节方式。

03.489 显性负调控 dominant negative regulation
突变基因的产物(RNA 或蛋白质)影响野生型基因产物的功能,进而以显性方式产生表型效应的调节方式。

03.490 邻近依赖性调节 context-dependent regulation
转录因子对转录的调节受到它同启动子上结合的其他转录因子的相对位置的影响,或受共同参与的转录因子丰度的影响。

03.491 弱化[作用] attenuation
又称"衰减作用"。降低细菌操纵子转录效率并提前终止转录的一种调控机制。

03.492 弱化子 attenuator
实现弱化作用的一段核苷酸序列。

03.493 盒式模型 cassette model
希克斯（J. B. Hicks）等人于 1977 年解释酵母交配型转换的一种模型。认为 MAT 是活性盒,可以是 α 型,也可以是 a 型。HML 和 HMR 是 MAT 左右两侧的同源区,为沉默盒。活性盒被沉默盒信息取代就产生交配型转换。

03.494　沉默盒　silent cassette
与酵母交配类型的转变相关的序列 HMLα 和 HMRa，它们位于 MAT 左右两侧的同源区，一般情况下，都不表达，故称为沉默盒。

03.495　活性盒　active cassette
在酵母交配型转换的盒式模型中 MAT 基因座上的等位基因 MATa 与 MATα 的中心序列，具有启动基因活跃表达与超敏感位点。

03.496　交配型　mating type，MAT
真菌中能相互接合产生有性孢子的类群为两个交配型。同一交配型不能接合。

03.497　交配型转换　mating type switching
啤酒酵母中 a 交配型的菌株中出现 α 型细胞，α 交配型菌株中出现 a 型细胞的现象。

03.498　沉默子　silencer
又称"沉默基因（silent gene）"。帮助降低或关闭邻近基因表达活性的一段 DNA 顺式元件序列。

03.499　σ 因子　σ-factor
原核生物中与 RNA 聚合酶核心酶相结合而特异性识别启动子选择转录起始点的一个蛋白质亚基。

03.500　ρ 因子　ρ-factor
原核生物中帮助 RNA 聚合酶在转录终止位点终止转录的蛋白质。

03.501　严紧因子　stringent factor
又称"应急因子"。原核生物中由 *recA* 编码的蛋白质，可结合于核糖体启动严紧控制，在氨基酸饥饿状态下可以终止基因转录。

03.502　严紧控制　stringent control
基因转录的一种调控。细菌在氨基酸饥饿时迅速停止生成 rRNA、tRNA 和核糖体蛋白质。

03.503　严紧反应　stringent response
细菌在贫养环境（如缺少氨基酸）中生长时，细胞的蛋白质合成及其他一些代谢活性被关闭的现象。

03.504　空载反应　idling reaction
氨基酸饥饿时，未装载氨基酸的 tRNA 位于核糖体 A 位时引起的应急性应答反应。

03.505　诱导交互作用　inductive interaction
诱导物与调节蛋白相互作用而启动基因转录。

03.506　诱导物　inducer
使基因进入转录状态的各种因子的总称。

03.507　协诱导物　coinducer
与诱导物结合促进诱导作用的物质。

03.508　诱导酶　inducible enzyme
诱导物存在时被大量合成的酶。

03.509　阻遏　repression
基因转录受阻。

03.510　阻遏蛋白-操纵基因相互作用　repressor-operator interaction
阻遏蛋白与操纵基因相结合阻止基因转录的过程。

03.511　阻遏物　repressor
阻止基因转录或翻译的物质。

03.512　协阻遏物　corepressor
又称"辅阻遏物"。与调节蛋白结合后可阻止转录的小分子化合物。

03.513　抗阻遏物　antirepressor
阻止合成阻遏蛋白的调节因子。

03.514　去阻遏作用　derepression
使阻遏物失活从而使原先受阻遏的基因得以表达。

03.515　反式阻遏[作用]　trans-repression

与顺式作用元件结合从而抑制基因的表达。

03.516 合子诱导 zygotic induction
重组在大肠杆菌高频重组菌株染色体中或质粒中的原噬菌体,通过接合而使非溶源性 F^- 受体菌产生噬菌体。

03.517 DNA 甲基化 DNA methylation
DNA 上添入甲基基团的化学修饰现象。在原核和真核生物的基因表达中有多种调控功能。

03.518 顺式作用 cis-acting
同一染色体上的 DNA 序列直接调控其他邻近基因的表达。

03.519 反式作用 trans-acting
DNA 通过其产物(mRNA 或蛋白质)间接调节基因的表达。

03.520 顺式作用元件 cis-acting element
起顺式作用的 DNA 序列。

03.521 富含 AU 的元件 AU-rich element, ARE
天然不稳定 mRNA 3'端非翻译区的 AUUUA 重复序列,是顺式调控元件。

03.522 反式作用因子 trans-acting factor
起反式作用的调控元件。其本身对基因表达没有调控作用,只是阻断来自上、下游的调控效应。

03.523 GC 框 GC box
真核生物结构基因上游的顺式作用元件,其共有序列为 GGGCGG 和 CCGCCC。

03.524 cDNA 克隆化 cDNA cloning
从基因的 mRNA 转录物开始,将基因的编码序列克隆化的一种方法。通常用来克隆真核类 mRNA 的 DNA 拷贝。

03.525 印记框 imprinting box
与印记基因单亲表达有关的碱基甲基化修饰的区域。

03.526 整合抑制 integrative suppression
外源 DNA 插入受体基因组而抑制基因组复制或表达。

03.527 共抑制 cosuppression
转入的外源基因使相应的内源基因发生可逆失活。

03.528 松弛控制 relaxed control
质粒的复制不受宿主染色体复制过程的严格控制。

03.529 RNA 干扰 RNA interference, RNAi
双链 RNA 有效地阻断靶基因表达的现象。

03.530 微 RNA microRNA
可调节基因表达的极短小的 RNA 分子。

03.531 RNA 重组 RNA recombination
RNA 分子内或分子间发生的共价重新组合。

03.532 RNA 复制 RNA replication
某些 RNA 病毒侵入宿主细胞后借助于复制酶合成出子代 RNA 分子的过程。

03.533 RNA 沉默 RNA silencing
在植物中发现的一种由 RNA 介导的转录后基因沉默现象。

03.534 基因表达 gene expression
基因通过转录和翻译呈现表型效应的过程。

03.535 拷贝数依赖型基因表达 copy-number dependent gene expression
基因产物的多少同基因的拷贝数呈正相关。

03.536 超表达 overexpression
由于过度激活内源基因或导入外源基因造成某个基因的表达量超过体内正常生理水平的现象。

03.537 调谐子 modulator

调节基因表达能力与水平的核苷酸序列。

03.538　基因失活　gene inactivation
由于调控元件的突变,基因移位至异染色质部位或编码序列突变、移框等因素,导致基因不能正常表达的现象。

03.539　基因沉默　gene silencing
在转录或翻译水平上基因处于不表达状态。

03.540　同源依赖基因沉默　homology-dependent gene silencing
转入的外源基因抑制其相应的内源基因的表达。

03.541　基因调节　gene regulation
对基因表达活性进行调控。

03.542　基因座控制区　locus control region, LCR
发育中的哺乳动物红细胞 α 珠蛋白及 β 珠蛋白基因表达所必需的上游调控元件序列。

03.543　组成型表达　constitutive expression
无需诱导即可实现的基因表达。

03.544　诱导型表达　inducible expression
由诱导物与调节蛋白相互作用启动基因转录的表达。

03.545　瞬时表达　transient expression
外源基因进入受体细胞后,未整合进受体细胞基因组而立即转录,出现基因产物。

03.546　整合表达　integrant expression
基因整合到基因组中发生的表达。

03.547　自体控制　autogenous control
一个基因的产物抑制或激活该基因自身的表达。

03.548　反式调节蛋白　trans-regulator
与顺式作用元件结合以调节基因表达的转录因子。

03.549　反式阻遏蛋白　trans-repressor
与顺式作用元件结合对基因表达起抑制作用的转录因子。

03.550　反向调节　retroregulation
下游基因对上游基因活性的反馈调节作用。

03.551　调节位点　regulatory site
变构酶上结合效应物以调节酶活性的部位。

03.552　反馈抑制　feedback suppression
酶促反应的末端产物可抑制在该产物合成过程中起作用的酶的活性,是一种控制机制。

03.553　重组子　recon
重组的最小遗传单位。

03.554　重组体　recombinant
不同来源的 DNA 组合成的分子。

03.555　同源重组　homologous recombination
两个 DNA 分子在同源序列之间发生的相互交换和重组。

03.556　位点专一重组　site-specific recombination
两条 DNA 分子在特定序列上发生的重组。

03.557　异常重组　illegitimate recombination
同源性很低或非同源 DNA 分子之间的重组。

03.558　霍利迪模型　Holliday model
霍利迪(R. Holliday)于 1964 年提出的解释同源重组的分子模型。

03.559　霍利迪结构　Holliday structure
又称"霍利迪连接体(Holliday junction)"。同源重组的两条 DNA 双链由于自由旋转而在一个平面上形成四条链时在连接点呈现出的十字形结构。因提出者为 Holliday 而命名。

03.560　分支迁移　branch migration

DNA 双链体中部分配对的 DNA 链,通过顶替它的同源链而扩展其配对的过程。

03.561　接合　conjugation
细菌与细菌接触后细菌 DNA 转移和重组。

03.562　整合　integration
一段 DNA 分子插入基因组 DNA 的重组过程。

03.563　异位整合　ectopic integration
外源基因没有插入受体基因组的靶位点。

03.564　遗传整合　genetic integration
借助同源重组等方式将一个 DNA 片段插入到基因组中的过程。

03.565　整合酶　integrase
催化 DNA 序列切离、整合及位点专一重组的酶。

03.566　FLP 重组酶　flippase recombinase, FLP recombinase
酿酒酵母的一种重组酶,能介导位点专一 DNA 重组,其靶序列为 FLP 重组酶靶位点。

03.567　FLP 重组酶靶位点　FLP recombinase target site, FRTs
酿酒酵母 FLP 重组酶的 DNA 识别序列,由两个 13 bp 的反向重复序列和 8 bp 的中间间隔序列组成。

03.568　末端反向重复　inverted terminal repeat
DNA 分子两端核苷酸排列次序相反的序列。常出现于某些转座子的末端。

03.569　长末端重复[序列]　long terminal repeat, LTR
RNA 病毒基因组 DNA 两端的结构,长 250～1200bp,包括启动子和增强子等序列,其两端由特有序列 U5、U3 和重复序列 R 组成。

03.570　插入序列　insertion sequence, IS
含转座酶编码序列的一种最小的细菌转座因子。

03.571　解离位点　resolution site, res
TnpR 蛋白质拆分共合体时,解离酶与转座子 DNA 结合的位置。

03.572　内部分解位点　internal resolution site
转座元件发生专一性交换的位置。

03.573　转座因子　transposable element
可移动位置的遗传因子的总称。

03.574　转座子　transposon, Tn
转座因子中的一种。除含与转座有关的基因外,还含抗药基因、抗重金属基因和接合转移基因等,可赋予受体细胞一定的表型特征。

03.575　复合转座子　composite transposon
含有两侧的插入序列,内部具有一个或多个基因的可转座的 DNA 片段。

03.576　反转录转座子　retrotransposon
又称"逆转座子(retroposon)"。先转录为 RNA 再反转录成 DNA 而进行转座的遗传元件。

03.577　转座子沉默　transposon silencing
宿主积累了转座子的多个拷贝从而阻遏转座发生。

03.578　*copia* 转座子　*copia* element
果蝇的一种反转录转座子,因在基因组中有大量的相似序列而得名。长约 5kb,末端约有 300bp 的正向重复序列,每个正向重复序列的两端还各有一个反向重复序列。

03.579　P 因子　P element
黑腹果蝇的一种转座子。长约 2.9kb,两端各有 31bp 的反向重复序列,中央有 4 个编码区。

03.580　Ty 转座子　Ty transposon
酵母菌的一种转座子,长约 6300bp,两端各有约 300bp 的正向重复序列。

03.581　δ 序列　δ sequence
Ty 转座子两端长约 300bp 的正向重复序列。

03.582　核外遗传因子　extranuclear genetic element
核外细胞器(如线粒体、叶绿体或质粒)中的可遗传元件。

03.583　FB 因子　fold-back element, FB element
又称"折回因子"。果蝇中能通过其两端的反向重复序列回折成发卡状结构的一种可移动遗传因子。

03.584　装配因子　assembly factor
在前起始复合物形成早期与 DNA 结合的一种转录因子,可帮助其他转录因子装配形成转录复合物。

03.585　自主元件　autonomous element
又称"自主因子"。一种自主控制元件,是玉米中的一类转座子,具有特定的核苷酸序列和识别系统,可以独立地在基因组中转座引起插入突变,还可以活化对应的非自主因子使其转座。

03.586　抗性转移因子　resistant transfer factor, RTF, R factor
细菌的一种附加体,带有抗性转移因子和抗药基因,可转移给受体菌。

03.587　致育因子　fertility factor
又称"F 因子","性因子"。细菌中决定其性别的一种小型环状双链 DNA。

03.588　抗生素抗性基因筛选　antibiotics resistant gene screening
凡能在含某种抗生素的培养液中正常生长的细胞,一定带有该抗生素具抗性的基因。基于该原理可筛选对抗生素具有抵抗作用的基因。

03.589　转座　transposition
转座因子改变其在 DNA 分子上位置的过程。

03.590　复制型转座　replicative transposition
转座子以复制生成的一份拷贝进行转座的方式。

03.591　非复制型转座　nonreplicative transposition
转座因子不经复制而直接进行转座的方式。

03.592　保守型转座　conservative transposition
转座因子的 DNA 序列不发生改变而进行的转座方式。

03.593　协同转座　cooperative transposition
两个或多个转座因子需相互协同才能进行的转座方式。

03.594　逆向转座　inverse transposition
转座因子在原位转录生成 RNA,再通过反转录生成 DNA 进行的转座方式。

03.595　转座免疫　transposition immunity
当受体 DNA 中已有一份转座因子拷贝时,不再接受该转座因子的另一份拷贝的转座。

03.596　转座酶　transposase
识别并切割转座因子末端使转座因子转座的酶。

03.597　反转录转座[作用]　retrotransposition
RNA 反转录成 cDNA 后进行转座。

03.598　切离　excision
噬菌体 DNA、转座因子或其他 DNA 序列从宿主 DNA 分子上切割呈游离状态释放出来。

03.599 整合-切离区域 integration-excision region, I/E region
DNA 插入宿主染色体或从宿主染色体切离反应发生的位置。

03.600 复制后修复 post-replication repair
DNA 复制后,对 DNA 损伤的修复。包括错配修复和切除修复等。

03.601 切除修复 excision repair
切除 DNA 一条链上受损伤片段,以其互补链为模板合成正常 DNA 片段修复 DNA 损伤。

03.602 缺口修复 gap repair
DNA 双链中一条链上丢失的一个或多个核苷酸得以恢复正常的修复方式。

03.603 错配修复 mismatch repair
核酸外切酶切除 DNA 复制时掺入的错误核苷酸,代之以正确的核苷酸。是一种纠正 DNA 复制过程中错配碱基的体系。

03.604 修复缺陷 repair deficiency
DNA 修复系统失去功能。

03.605 易错修复 error-prone repair
在 DNA 损伤时,缺乏校对功能的 DNA 聚合酶常在受损部位进行 DNA 复制以避免细胞死亡,但同时又导致较高的差错率的修复方式。

03.606 重组修复 recombination repair
DNA 复制后修复。必须通过 DNA 复制过程中两条 DNA 链的重组交换而完成 DNA 的修复。

03.607 暗修复 dark repair
在黑暗条件下通过酶促修复由紫外线引起的 DNA 损伤。

03.608 SOS 途径 SOS pathway

DNA 的应急修复途径。

03.609 SOS 诱导物 SOS inducer
造成 DNA 损伤引起严紧反应的各种因子。

03.610 SOS 诱导测验 SOS induce test, SOS inductest
用化合物处理 λ 溶源性细菌后,根据是否释放噬菌体来测定能否引起 SOS 反应。

03.611 SOS 应答 SOS response
在 DNA 损伤或 DNA 复制被抑制的情况下产生的反应。

03.612 DNA 损伤 DNA damage
泛指 DNA 结构遭到破坏。

03.613 DNA 修复 DNA repair
对受损伤的 DNA 进行纠正结构和功能的过程。

03.614 DNA 修饰 DNA modification
DNA 合成后,通过一系列化学加工使其结构发生某些改变。如 DNA 的甲基化等。

03.615 DNA 重组 DNA recombination
发生在 DNA 分子内或分子间的遗传信息的重新共价组合过程。

03.616 酶错配切割 enzyme mismatch cleavage
用酶切反应来检测突变造成的碱基错配位置。

03.617 期外 DNA 合成 unscheduled DNA synthesis
在细胞有丝分裂周期 DNA 合成期(S 期)以外,由于修复 DNA 损伤而出现的 DNA 合成。

03.618 嵌合 DNA chimeric DNA
来源不同的 DNA 分子经过重组以后形成的杂合 DNA 分子。

03.619 多联[体]DNA concatemeric DNA

又称"连环 DNA"。在黏粒或 λ 噬菌体克隆化实验中构建的重组分子,可作为体外包装的底物。

03.620 接头 DNA linker DNA
(1)包含特定限制性核酸内切酶识别位点的寡聚脱氧核糖核苷酸,用于基因操作中平端或黏端 DNA 连接。(2)真核生物相邻核小体之间的 DNA 片段。

03.621 外源 DNA foreign DNA
通过基因工程技术或病毒感染等途径引入靶细胞中的 DNA 序列。

03.622 过客 DNA passenger DNA
重组在克隆载体中的外源 DNA 序列。

03.623 平端 blunt end
DNA 双链末端平齐而无突出单链。

03.624 平端连接 blunt end ligation
利用 DNA 连接酶将平端 DNA 片段之间进行连接。

03.625 扩增子 amplicon
聚合酶链式反应获得的双链核苷酸产物。

03.626 连接 ligation
单链核酸分子间的共价连接反应。尤指双链 DNA 的一条链上切口两端的两个紧邻碱基间形成磷酸二酯键的反应。

03.627 连接扩增 ligation amplification
通过连接一对与 DNA 模板上特定紧邻互补的寡核苷酸,而使 DNA 片段得到线性或指数扩增的体外方法。

03.628 DNA 扩增 DNA amplification
通过复制增加一段特定的 DNA 序列的拷贝数的过程。

03.629 cDNA 末端快速扩增法 rapid amplification of cDNA end, RACE
从低丰度转录物中快速扩增 cDNA 片段,以获得具 5′和 3′端的全长 cDNA 的一种方法。

03.630 聚合酶链式反应 polymerase chain reaction, PCR
由穆利斯(K. B. Mullis)于 1988 年首创的一种在体外模拟发生于细胞内的 DNA 快速扩增特定基因或 DNA 序列的复制过程的技术。

03.631 扩增受阻突变系统 amplification refractory mutation system, ARMS
一种改进的 PCR 方法。主要是用 4 个引物,其中一个是针对突变位点的引物扩增突变位点一侧的序列,另外 3 个引物扩增另一侧序列,根据有无扩增片段及片段长度判定是否有点突变。

03.632 背景效应 background effect
宿主基因组与外源基因相互作用,对转基因个体性状产生的影响。

03.633 同源区段 homology segment
不同蛋白质或核苷酸分子间具有相似序列的片段,一般有共同的进化起源或相似的生物学功能。

03.634 整合序列 integration sequence
重组载体中负责使外源 DNA 与载体断开并掺入宿主染色体的 DNA 序列。

03.635 自主复制序列 autonomously replicating sequence, ARS
具有 DNA 复制起点,可启动质粒在酵母细胞中独立复制的 DNA 序列。

03.636 插入片段 insert
插入载体分子或基因组中的一段外源 DNA 序列。

03.637 噬粒 phasmid, phagemid
一种能按照质粒或者细菌噬菌体方式进行复制的克隆载体。

03.638 质粒 plasmid

细菌细胞内能在染色体外独立复制的遗传因子。

03.639 严紧型质粒 stringent plasmid
细菌内复制受到严格控制的质粒。

03.640 松弛型质粒 relaxed plasmid
细菌内复制不受严格控制的质粒。

03.641 隐蔽性质粒 cryptic plasmid
不显示或尚未发现其表型效应的质粒。

03.642 共整合质粒 cointegrating plasmid
由标准的大肠杆菌质粒和土壤农杆菌 Ti 质粒的 T-DNA 区段重组改造而成的,按共整合方法将外源基因转移到宿主植物的一类专用载体。

03.643 泛主质粒 promiscuous plasmid
可在多种宿主间传递的质粒。

03.644 黏粒 cosmid
又称"黏端质粒"。携有 λ 噬菌体染色体黏性末端的质粒。

03.645 R 质粒 R plasmid
带抗性基因的质粒。

03.646 Ti 质粒 Ti-plasmid
根瘤农杆菌染色体外的环状双链 DNA 质粒,能诱导植物产生异常氨基酸和冠瘿碱或二者之一,并诱生冠瘿瘤。

03.647 Ri 质粒 root inducing plasmid, Ri-plasmid
又称"毛根诱导质粒"。来自农杆菌的接合型质粒,其 T-DNA 上的基因可诱发形成多毛状根。

03.648 同源辅助质粒 homologous helper plasmid
可帮助同源质粒转入宿主细胞并稳定复制的一类质粒。

03.649 开环 open circle
环状双链 DNA 分子在其一条或两条链上发生一处或多处断裂。

03.650 转移 DNA transfer DNA, T-DNA
转入植物基因组的 Ti 质粒片段。

03.651 噬菌体 phage, bacteriophage
感染细菌的病毒。

03.652 温和噬菌体 temperate phage
又称"溶源性噬菌体(lysogenic phage)"。感染细菌后能使宿主细菌溶源化而不裂解的一种非烈性噬菌体。

03.653 烈性噬菌体 virulence phage
感染细菌后能使宿主细菌裂解死亡的一种噬菌体。

03.654 M13 噬菌体 M13 phage
一种丝状噬菌体,可感染含 F 因子的大肠杆菌细胞。

03.655 λ 噬菌体 λ phage
一种温和的诱导性噬菌体,其基因组除在 5′ 端有 12 个可互补的碱基外均为线性双链 DNA,感染时 DNA 形成环状。

03.656 P1 噬菌体 P1 phage
一种温和噬菌体,不整合到细菌的染色体上,而是独立地存在细菌的细胞内。

03.657 原噬菌体 prophage
整合到溶源性细菌染色体中的温和噬菌体 DNA,与细菌染色体一起复制,诱导后能增殖和裂解细菌。

03.658 填充片段 stuffer fragment
λ 噬菌体置换载体中可被外源 DNA 所替换的部分。

03.659 质粒不相容性 plasmid incompatibility
又称"质粒不亲和性"。同一类型质粒不能在同一细胞中并存的现象。

03.660 质粒获救 plasmid rescue
同源质粒与外来质粒重组后使外来质粒免遭破坏的过程。

03.661 质粒迁移作用 plasmid mobilization
质粒将外源 DNA 从供体转移至受体细胞的过程。

03.662 识别位点 recognition site
限制性内切酶特异结合的核苷酸序列。

03.663 克隆位点 cloning site
载体 DNA 分子中惟一可插入外源 DNA 片段的限制性内切酶位点。也指插入序列转座元件的整合位点。

03.664 致死接合 lethal zygosis
细菌接合后因质粒转入而引起的致死效应。

03.665 性导 sexduction
通过 F 因子将供体细菌的基因导入受体菌，形成部分二倍体。

03.666 转导 transduction
通过噬菌体感染将 DNA 转入宿主细胞并产生新性状的过程。

03.667 普遍性转导 generalized transduction
通过噬菌体将供体菌的任何一种遗传标记转入受体菌的过程。

03.668 局限性转导 restricted transduction, specialized transduction
噬菌体只转导供体菌的某些基因。

03.669 共转导 cotransduction
一个噬菌体同时转导两个宿主基因。

03.670 转化 transformation
体外培养的真核细胞转变为生长失控状态，类似于肿瘤细胞的生长。

03.671 同型转化 autogenic transformation
在受体细菌中出现与供体细菌相同性状的转化。

03.672 异型转化 allogenic transformation
在受体细菌中出现与供体细菌不同性状的转化。

03.673 共转化 cotransformation
两个或多个 DNA 分子同时转化受体细胞。

03.674 转化体 transformant
被异源 DNA 转化的受体细胞。

03.675 感受态 competence
受体细胞处于易接受异源 DNA 转化时的生理状态。

03.676 转染 transfection
通过病毒核酸进入细胞而实现的遗传转化。

03.677 稳定转染 stable transfection
外源 DNA 整合进宿主基因组得以传递给子代并表达。

03.678 不稳定转染 unstable transfection
外源基因被引入细胞，未与宿主染色体整合，仅为瞬时表达。

03.679 共转染 cotransfection
两个或多个 DNA 片段同时转染靶细胞。

03.680 转导子 transductant
通过转导而表达外源基因的受体细胞。

03.681 转染子 transfectant
通过转染而表达外源基因的受体细胞。

03.682 基因转移 gene transfer
基因从一个细胞转入另一个细胞的过程。

03.683 转基因组 transgenome
转入了外源基因的基因组。

03.684 基因克隆 gene cloning
从基因组或 DNA 中分离单个基因，并在细胞中复制拷贝的过程。

03.685 基因扩增 gene amplification

增加基因拷贝数的过程。

03.686 报道基因 reporter gene
基因表达调控研究中所采用的用以反映基因表达效率的可编码易于检测的蛋白质或酶的基因。

03.687 氯霉素乙酰转移酶 chloramphenicol acetyltransferase, CAT
通过乙酰化作用使氯霉素失活的酶。现已广泛用作报道基因。

03.688 遗传工程 genetic engineering
又称"基因工程"。运用体外重组 DNA 技术获取含有基因或其他序列全新组合的 DNA 分子。

03.689 重组 DNA recombinant DNA
不同来源的 DNA 重新组合产生的 DNA 分子。

03.690 随机扩增多态 DNA randomly amplified polymorphic DNA, RAPD
用同一套 PCR 随机引物去扩增群体中不同个体的基因组 DNA 得到大小和数量有差异的产物。

03.691 重组 DNA 技术 recombinant DNA technology
通过体外操作将不同来源的 DNA 重新组合以获得新功能分子的技术。

03.692 重组 RNA recombinant RNA
由 T4 RNA 连接酶在体外连接成的 RNA 分子。

03.693 重组蛋白 recombinant protein
通过重组 DNA（或 RNA）技术获得的蛋白质。

03.694 遗传操作 genetic manipulation
又称"基因操作（gene manipulation）"。在体外将 DNA 连接到载体上，形成重组 DNA，并将其转入宿主细胞进行表达或干预宿主细胞活性的过程。

03.695 TA[克隆]法 T's and A's method
可将任意含有 3′-A 末端的 DNA 片段与含有 3′-T 末端的载体通过 T-A 碱基互补配对原则将外源 DNA 片段克隆进载体的方法。

03.696 基因融合 gene fusion
两个基因或两个基因的各自一部分（或全部）的序列融合成一个新的基因的过程。

03.697 亚克隆 sub-clone
将已克隆在载体中的 DNA 进行二次克隆。

03.698 接头片段 linker fragment
含有某一限制性内切酶位点的一段人工合成的双链寡核苷酸序列。

03.699 限制性等位片段 restriction allele
同一种限制性内切酶作用于同一物种不同个体的基因组 DNA 生成长度不同的同源等位片段。

03.700 交错切割 staggered cut
限制性内切酶在 DNA 双链分子的单链的不同位置上酶解 DNA 链。

03.701 切口 nick
双链核酸分子中一条链上出现的断裂或切割部位。

03.702 黏性末端 sticky end, cohesive end, cohesive terminus
简称"黏端"。Ⅱ型限制酶在限制性片段上留下的单链末端，可与对应的单链末端互补结合。

03.703 突出末端 protruding terminus
由限制性内切酶作用于 DNA 产生的黏性末端的突出单链部分。有 5′端突出和 3′端突出两种情况。

03.704 黏性位点 cos site

λ 噬菌体线性双链 DNA 分子两端各由 12 个核苷酸组成的彼此完全互补的 5′端碱基突出序列。

03.705　连接酶　ligase
催化相邻核苷酸的游离 5′-磷酸基团和 3′-羟基形成二酯键的酶。

03.706　DNA 连接酶　DNA ligase
在 DNA 复制、修复和重组过程中发挥作用的催化磷酸二酯键合成的酶。

03.707　DNA 标记　DNA marker
以两种或多种易于区别的形式存在的 DNA 序列,可在遗传图、物理图或整合图谱中用作位置标记。

03.708　DNA 聚合酶　DNA polymerase
又称"依赖于 DNA 的 DNA 聚合酶(deoxyribonucleic acid-dependent DNA polymerase)"。以一条 DNA 链作为模板合成一条新的 DNA 链时所需要的酶。

03.709　DNA 聚合酶Ⅰ　DNA polymerase Ⅰ
细菌 DNA 复制中负责合成冈崎片段的酶。

03.710　DNA 聚合酶Ⅱ　DNA polymerase Ⅱ
负责细菌 DNA 修复的一种 DNA 聚合酶。

03.711　DNA 聚合酶Ⅲ　DNA polymerase Ⅲ
细菌中主要的 DNA 复制酶。

03.712　DNA 聚合酶 α　DNA polymerase α
真核生物中 DNA 复制时的引物合成酶。

03.713　DNA 聚合酶 δ　DNA polymerase δ
真核生物中主要的 DNA 复制酶。

03.714　DNA 聚合酶 γ　DNA polymerase γ
负责复制线粒体基因组的酶。

03.715　反转录酶　reverse transcriptase
又称"依赖于 RNA 的 DNA 聚合酶(RNA-dependent DNA polymerase)"。以 RNA 为模板催化合成 DNA 的酶。

03.716　端粒酶　telomerase
催化端粒中重复单元合成的一种核糖核蛋白酶。

03.717　复制酶　replicase
又称"依赖于 RNA 的 RNA 聚合酶(RNA-dependent RNA polymerase)","RNA 复制酶(RNA replicase)"。以 RNA 为模板,催化核苷-5′-三磷酸合成 RNA 的酶。

03.718　RNA 聚合酶　RNA polymerase
以 DNA 或 RNA 为模板合成 RNA 的酶。

03.719　RNA 聚合酶Ⅰ　RNA polymerase Ⅰ
负责核糖体 RNA 转录的真核 RNA 聚合酶。

03.720　RNA 聚合酶Ⅱ　RNA polymerase Ⅱ
负责蛋白质编码基因和 hnRNA 转录的真核 RNA 聚合酶。

03.721　RNA 聚合酶Ⅲ　RNA polymerase Ⅲ
负责 tRNA 和其他小基因转录的真核 RNA 聚合酶。

03.722　切除酶　excisionase
在 DNA 重组修复过程中控制切除的方向并抑制 DNA 整合的一种酶。

03.723　外切核酸酶　exonuclease
从核酸分子末端相继消化降解多核苷酸的酶。

03.724　内切核酸酶　endonuclease
从核酸分子内部切割磷酸二酯键而生成 DNA 片段的酶。

03.725　限制性内切核酸酶　restriction endonuclease, restriction nuclease
简称"限制酶(restriction enzyme)"。特异性识别短的 DNA 序列并且切割靶位点或别处的 DNA 双链酶。主要分Ⅰ型、Ⅱ型、Ⅲ型等三类:Ⅰ型限制酶结合在特定的识别序列上,但在近乎随机的位置上切割 DNA;Ⅱ型限制酶的结合和切割都在同一识别序列内;

Ⅲ型限制酶的结合识别序列是专一的,但并不总是对称序列,在离开识别序列一定数目的碱基处切割。

03.726 限制[酶切]位点 restriction site
DNA 分子中被限制性内切核酸酶识别的碱基序列。

03.727 限制性宿主 restrictive host
对某一噬菌体有限制作用的宿主菌株。

03.728 载体 vector, vehicle
在分子克隆中携带外源 DNA 的质粒、噬菌体或重组体。

03.729 克隆载体 cloning vector, cloning vehicle
装接外源 DNA 片段后在宿主细胞中能自主复制的载体。

03.730 表达载体 expression vector
携带外源 DNA 并使之在宿主细胞中表达的载体。

03.731 分泌型载体 excretion vector
在克隆位点旁有信号肽编码序列的载体。可使克隆外源 DNA 的蛋白质产物分泌到宿主细胞外。

03.732 穿梭载体 shuttle vector
能在两种或多种宿主之间进行复制的克隆载体。

03.733 置换型载体 replacement vector
部分内源 DNA 序列可被外源 DNA 序列替换的克隆载体。

03.734 挽回载体 retriever vector
携有野生型基因旁侧序列的穿梭质粒,可用于克隆相应的突变基因。

03.735 μ取向 μ orientation, mu orientation
外源 DNA 片段插入载体时,两者在遗传图上的取向相反。

03.736 η取向 η orientation, eta orientation
外源 DNA 片段插入载体时,两者在遗传图上的取向一致。

03.737 基因文库 gene library
单个基因组的 DNA 片段克隆集合体。

03.738 基因组文库 genomic library
含一种生物体的全部基因组 DNA 片段的克隆群。

03.739 cDNA 文库 cDNA library
含一种生物体所有基因编码的 cDNA 分子的克隆群。

03.740 均一化 cDNA 文库 normolized cDNA library
减少冗余转录物的拷贝而增加低丰度转录物的拷贝而构建的 cDNA 文库。

03.741 单一染色体基因文库 unichromosomal gene library
由一条染色体的 DNA 构成的基因文库。

03.742 消减[基因]文库 subtractive library
以两种类型的细胞或不同生理状态下的两种细胞的 DNA 作消减杂交后,将目标 DNA 克隆而构成的基因文库。

03.743 消减 cDNA 文库 subtractive cDNA library
将不同类型的细胞或不同生理状态下的同种细胞的 mRNA 反转录成 cDNA 后,作消减杂交,将不同于驱动 cDNA 的所有目标 cDNA 克隆在载体中构建的 cDNA 文库。

03.744 染色体跳查文库 chromosome jumping library
基因文库的一种,其特点是每一个克隆含有原先在染色体上相隔很远(如几百个碱基对)的 DNA 片段。

03.745 染色体步查 chromosome walking
又称"染色体步移"。从染色体上某一位置

（某一 DNA 克隆）出发,在基因组文库中筛查出与该 DNA 末端序列有互补序列的 DNA 克隆,亦即与该 DNA 一端相邻接的 DNA 片段一步一步地达到靶 DNA 序列。

03.746　染色体着陆　chromosome landing
无需遗传图谱或染色体步查直接产生足够高密度的区域特异性标记,鉴定出互相重叠的含有靶基因的克隆。

03.747　分子克隆　molecular cloning
携带外源 DNA 的载体在宿主细胞内大量复制的过程。

03.748　限制修饰系统　restriction-modification system
原核细胞的限制酶和修饰酶选择性地降解外源 DNA 的系统。是原核细胞的一种保护机制。

03.749　酵母单杂交系统　yeast-one-hybrid system
用酵母细胞检测蛋白质与 DNA 之间相互作用的一种系统。

03.750　原位杂交　in situ hybridization
用标记的单链 DNA 或 RNA 探针显示出与其互补的核苷酸序列在组织或细胞中的位置。

03.751　染色体原位抑制杂交　chromosomal in situ suppression hybridization, CISS hybridization
染色体原位杂交的一种。用未标记的非特异重复序列与标记的 DNA 探针预杂交,以封闭探针中的非特异重复序列,从而保证探针与染色体上的靶序列特异性杂交。

03.752　荧光原位杂交　fluorescence in situ hybridization, FISH
用特定荧光如生物素等标记探针,与靶 DNA 进行杂交,通过免疫细胞化学过程连接上荧光素标记物,在荧光显微镜下观察探针标记

或位点的技术。

03.753　纤维荧光原位杂交　fiber fluorescence in situ hybridization, fiber FISH
制备细胞间期染色质纤维标本后进行荧光原位杂交染色的技术。

03.754　DNA 杂交　DNA hybridization
用已标记的单链 DNA 为探针,同它的互补单链 DNA 发生复性反应。

03.755　分子杂交　molecular hybridization
又称"核酸分子杂交(nucleic acid hybridization)"。一条 DNA 单链或 RNA 单链与另一条单链通过碱基互补形成双链分子的过程。

03.756　放射自显影术　autoradiography
用放射性化合物标记生物大分子,再检测放射性化合物在细胞和组织中定位分布的技术。

03.757　探针　probe
在分子杂交中用来检测互补序列的带有标记的单链 DNA 或 RNA 片段。

03.758　杂交探针　hybridization probe
利用标记核酸分子作为探针鉴定与其互补或同源分子的技术。

03.759　RNA 印迹法　Northern blotting
RNA 从电泳凝胶转移到固相介质(如尼龙膜等)上,然后与互补的核苷酸序列杂交的操作过程。

03.760　DNA 印迹法　Southern blotting
由萨慎(E. M. Southern)于 1975 年建立。变性 DNA 从电泳凝胶通过毛细管作用转移到纤维素膜等固相介质上,然后进行 DNA 杂交的操作过程。

03.761　蛋白质印迹法　Western blotting
蛋白质分子从电泳凝胶转移到固相介质,然后用抗体进行免疫检测。

03.762 点渍法 dotting blotting
结合在固相介质上的变性 DNA 或 RNA 的斑点通过分子杂交进行检测。

03.763 足迹法 footprinting
鉴定蛋白质在 DNA 上的结合位置的一种方法。被结合的 DNA 序列受到结合蛋白质的保护而不受核酸酶的作用。

03.764 DNA 指纹 DNA fingerprint
DNA 经限制酶酶切后,以重复序列中的核心序列为探针进行 DNA 印迹杂交所形成的杂交带型。

03.765 体内足迹法 in vivo footprinting
应用硫酸二甲酯的甲基化保护作用,检测细胞内 DNA–蛋白质相互作用或蛋白质结合位点中碱基突变效应的实验方法。

03.766 末端标记 end labeling
在 DNA 或 RNA 链末端(3′或 5′端)添加放射性或其他可检测的标记。

03.767 遗传标记 genetic marker
可示踪染色体、染色体片段、基因等传递轨迹的一种遗传特性。

03.768 遗传寄生 genetic colonization
发生在农杆菌与宿主植物之间的寄生关系。农杆菌将遗传物质注入宿主植物诱导植物合成只有农杆菌可以利用的物质。

03.769 普里昂 prion
又称"朊粒","感染性蛋白质粒子(proteinaceous infectious particle)"。一种不含核酸分子只由蛋白质分子构成的病原体,能引起哺乳类动物中枢神经系统疾病。

04. 细胞遗传学

04.001 染色质 chromatin
真核细胞分裂间期的细胞核内由 DNA、组蛋白、非组蛋白及少量 RNA 组成的线性复合结构。

04.002 常染色质 euchromatin
间期核内染色质丝折叠压缩程度低,处于伸展状态,着色浅的那部分染色质。富含单拷贝 DNA 序列,有转录活性。

04.003 异染色质 heterochromatin
间期核内染色质丝折叠压缩程度高,处于凝聚状态,染料着色深的那部分染色质。富含重复 DNA 序列、复制延迟,一般无转录活性。

04.004 组成性异染色质 constitutive heterochromatin
又称"结构性异染色质"。在细胞周期或生物个体发育过程中在染色体上有固定位置

的永久性的异染色质。

04.005 兼性异染色质 facultative heterochromatin
又称"功能性异染色质"。在个体发育的特定阶段,由原来的常染色质凝缩并丧失基因转录活性而转变成的异染色质。

04.006 异染色质化 heterochromatinization
常染色质转变为异染色质的过程。

04.007 Y 染色质 Y chromatin
决定雄性性别的染色质。

04.008 凝聚染色质 condensed chromatin
处于凝缩状态的染色质。

04.009 染色质凝聚 chromatin condensation, chromatin agglutination
染色质凝缩进一步形成染色体的过程。

04.010 核小体 nucleosome

真核生物染色质的基本组成单位,呈珠状结构,由 160～200bp 的 DNA 链缠绕在组蛋白八聚体分子的一个核心上。核小体通过 DNA 连接形成染色质的一级结构。

04.011 核小体核心 nucleosome core
由 4 种组蛋白各两分子组成的八聚体结构。

04.012 核小体核心颗粒 nucleosome core particle
真核生物核小体中,160～200bp 的 DNA 链与组蛋白八聚体组成的核心结构。

04.013 染色体螺旋 chromosome coiling
由染色质丝组装为染色体时的包装形式。

04.014 染色线 chromonema
前期或间期核内的染色质细线,代表一条染色单体。

04.015 染色粒 chromomere
由染色质丝局部凝缩形成的串珠状结构,排列在伸展的染色体上的大小可变的染色质颗粒。

04.016 染色体结 chromosome knob
植物染色体上比染色粒大的染色质颗粒。

04.017 包装率 packaging ratio
又称"包装比"。染色体形成中,DNA 分子的长度与包装后的染色体长轴长度之比。

04.018 核质 nucleoplasm
细胞核内除染色质之外的物质。

04.019 核基质 nuclear matrix
又称"核骨架"。在细胞核内主要由非组蛋白纤维组成的网架结构。DNA 以祥环形式锚定在基质纤维上,DNA 的复制、转录和 RNA 加工均与核基质有关。

04.020 胞质环流 cyclosis
细胞质绕液泡的环形流动形式。

04.021 染色体 chromosome

遗传信息的载体,由 DNA、RNA 和蛋白质构成的,其形态和数目具有种系的特性。在细胞间期核中,以染色质丝形式存在。在细胞分裂时,染色质丝经过螺旋化、折叠、包装成为染色体,为显微镜下可见的具不同形状的小体。

04.022 常染色体 autosome
染色体组中除性染色体外的所有染色体。

04.023 异染色体 allosome, heterochromosome
大小、形状或行为上与常染色体不同的一种染色体。

04.024 A 染色体 A chromosome
正常染色体组中的染色体。

04.025 B 染色体 B chromosome
同一物种的不同个体的细胞中,数目不恒定的、由异染色质构成的一类小染色体。

04.026 性染色体 sex chromosome, idiochromosome
与性别决定有关的染色体。

04.027 X 染色体 X chromosome
性染色体之一。在 XY 性别决定的物种中,雌性和雄性细胞中都存在的性染色体。

04.028 Y 染色体 Y chromosome
性染色体之一。在 XY 性别决定的物种中,只在异配性别即雄性细胞中存在的性染色体。

04.029 Y 染色体性别决定区 sex-determining region of Y, SRY
又称"SRY 基因(SRY gene)"。位于 Y 染色体短臂,与假常染色体区段相邻的约 35kb 的 DNA 序列,被认为是睾丸决定因子或男性性别决定基因。

04.030 假常染色体区段 pseudoautosomal region segment

在人类的 X 和 Y 染色体的长臂端部及短臂远端有高度同源的 DNA 序列的区段,在这个区域内发生减数分裂配对和染色体互换。

04.031　迟复制 X 染色体　late replicating X chromosome
在细胞分裂间期失活并发生异固缩的 X 染色体,需经解螺旋后才能进行复制,故其复制迟于其他染色体。

04.032　W 染色体　W chromosome
性染色体之一。在 ZW 性别决定的物种中,只在异配性别即雌性细胞中出现的性染色体。

04.033　Z 染色体　Z chromosome
性染色体之一。在 ZW 性别决定的物种中,在雌性、雄性细胞中都出现的性染色体。

04.034　限雄染色体　androsome
只出现在雄性种系细胞核中的染色体。

04.035　祖先染色体片段　ancestral chromosomal segment
染色体上来自于物种祖先的区段。

04.036　同形染色体　homomorphic chromosome
形态、大小相同的染色体。

04.037　异形染色体　heteromorphic chromosome
形态、大小不同的染色体。

04.038　单体[染色体]生物　monosome
具有单独存在、不与其他染色体配对的染色体的生物体。如 XO 个体。

04.039　染色体臂　chromosome arm
位于染色体着丝粒两侧的部分。较长的部分为长臂(q),较短的部分为短臂(p)。

04.040　[染色体]臂比　arm ratio
染色体长臂与短臂长度之比。

04.041　染色单体　chromatid
染色体复制后仍由同一着丝粒连在一起的两条子染色体。

04.042　端粒　telomere
真核染色体两臂末端由特定的 DNA 重复序列构成的结构,使正常染色体端部间不发生融合,保证每条染色体的完整性。

04.043　着丝粒　centromere
一般位于染色体的主缢痕或染色体端部,使姐妹染色单体连在一起,在其两侧各有一由蛋白质构成的动粒。

04.044　动粒　kinetochore
纺锤体微管在着丝粒两侧的附着处,与染色体分离密切相关。典型的动粒是三层板状结构。

04.045　弥散着丝粒　holocentromere
以分散状态存在于染色体上的着丝粒。

04.046　多着丝粒　polycentromere
一条染色体上的着丝粒不止一个。

04.047　新着丝粒　neocentromere
在某些染色体的端部区的一种结构。在分裂期间似着丝粒一样可受纺锤体牵引而移动,导致染色体末端在分裂后期中首先移动,故称新着丝粒。

04.048　着丝粒错分　centromere misdivision
在染色体着丝粒区,不正常的横分裂取代了纵分裂的现象。

04.049　着丝粒分裂　centric split
细胞分裂后期,两条姐妹染色单体着丝粒一分为二,使两条染色单体分离。

04.050　无着丝粒环　acentric ring
染色体的一个臂上发生二次断裂产生的断片,其两端相互连接形成的不含着丝粒的环状结构,在细胞分裂中将被丢失。

04.051 着丝粒元件 centromere element
指构成着丝粒的动粒结构域、中央结构域和配对结构域。

04.052 着丝粒指数 centromere index
染色体的短臂长度与染色体全长之比。

04.053 着丝粒 DNA centromeric DNA, CEN DNA
构成着丝粒的 DNA 序列,富含 AT 重复序列。

04.054 无着丝粒染色体 acentric chromosome, akinetic chromosome
没有着丝粒的染色体。实际上是没有功能的染色体。

04.055 单着丝粒染色体 monocentric chromosome
有一个着丝粒的染色体。

04.056 非单着丝粒染色体 aneucentric chromosome
着丝粒不止一个的染色体。如双着丝粒染色体、三着丝粒染色体。

04.057 双着丝粒染色体 dicentric chromosome
染色体通过结构变异后,形成的含有两个着丝粒结构的染色体。

04.058 多着丝粒染色体 polycentric chromosome
具有两个以上着丝粒的染色体。由多条染色体发生断裂后,具着丝粒断端相互连接而成,常见于肿瘤细胞。

04.059 端着丝粒染色体 telocentric chromosome
着丝粒位于染色体臂末端的染色体。

04.060 非端着丝粒染色体 atelocentric chromosome
着丝粒不位于染色体臂端部的染色体。

04.061 亚端着丝粒染色体 subtelocentric chromosome
着丝粒位于染色体的 7/8 以远区段的染色体。

04.062 近端着丝粒染色体 acrocentric chromosome
着丝粒位于接近染色体臂端部的染色体。

04.063 中着丝粒染色体 metacentric chromosome
着丝粒位于染色体中部的染色体。即长、短臂相等或接近相等的染色体。

04.064 近中着丝粒染色体 submetacentric chromosome
又称"亚中着丝粒染色体"。着丝粒的位置介于中部和端部之间的染色体。

04.065 并联 X 染色体 attached X chromosome
果蝇的两条近端着丝粒 X 染色体相连形成的一条等臂染色体。

04.066 中心粒 centriole
由排列成中空圆筒形的 9 组微管构成的具有自我复制能力的细胞器。

04.067 中心体 centrosome
由一对中心粒组成的细胞结构,是动物细胞的主要微管形成中心。

04.068 缢痕 constriction
一些中期染色体染色很浅且呈狭细的部位,此处染色质呈非螺旋化。

04.069 主缢痕 primary constriction
染色体上着丝粒所处的凹缩区域,染色体以此为界线分为两条臂。

04.070 次缢痕 secondary constriction
一些染色体(如人的第 1,9,16 染色体)上除着丝粒所处的主缢痕外的其他缢痕区。

04.071 核仁组织区 nucleolus organizing region, nucleolus organizer region, NOR
位于一些染色体的次缢痕,是与核仁形成有关的染色体区段,含有控制 rRNA 合成的基因。

04.072 核仁组织者 nucleolus organizer
能转录合成 rRNA 的 DNA 序列所在的部位,可组织形成核仁。

04.073 随体 satellite
一些端着丝粒染色体短臂远端的球形或圆柱形染色体节段。

04.074 随体区 satellite zone, SAT-zone
有随体的染色体上宽阔的次缢痕。

04.075 费城染色体 Philadelphia chromosome, Ph chromosome
人体 22 号染色体长臂大部分易位至 9 号染色体长臂而变成一个很小的染色体。此染色体首先在美国费城一例慢性粒细胞白血病患者中发现,故称费城染色体。它是慢性粒细胞白血病的标记染色体。

04.076 染色单体粒 chromatid grain
染色单体的染色质纤维局部盘曲增厚的部分。

04.077 随体染色体 satellite chromosome, SAT-chromosome
具有随体的染色体的统称。

04.078 环状染色体 ring chromosome
呈环状的染色体。在有些原核生物中,环状染色体为正常现象。在真核生物中,环状染色体是一种染色体畸变。

04.079 标记染色体 marker chromosome
有特殊的形态,而便于识别的染色体。如费城染色体。

04.080 类染色体 chromosomoid
一些低等生物中,与染色体的功能和组成相

近,但没有完整结构的遗传物质。

04.081 大型染色体 megachromosome
由于染色体易位等原因形成的体积较大的染色体。

04.082 微型染色体 mini-chromosome
染色体结构变异形成的小型染色体。也指某些病毒 DNA 与宿主的组蛋白结合,而形成的类似染色体的一种结构。

04.083 微小染色体 minute chromosome
体积很小的染色体。

04.084 巨大染色体 giant chromosome
在某些生物(如双翅目昆虫)的细胞中,特别是在发育的某些阶段观察到的一些特殊的、体积很大的染色体。包括多线染色体和灯刷染色体。

04.085 灯刷染色体 lampbrush chromosome
某些鱼类、两栖类、爬行类和某些鸟类的卵母细胞减数分裂前期中的巨大染色体,由一条纤细的脱氧核糖核酸中轴和许多成对的脱氧核糖核酸侧襻组成,因形状似灯刷而得名。

04.086 多线染色体 polytenic chromosome, polytene chromosome
又称"唾腺染色体(salivary gland chromosome)","巴尔比亚尼染色体(Balbiani chromosome)"。果蝇等双翅目昆虫幼虫的唾液腺、消化道细胞的有丝分裂间期核中的一种像电缆样的、具有染色带纹的巨大染色体,由核内 DNA 多次复制的染色质线平行排列而成。1881 年巴尔比亚尼(Balbiani)首先在双翅目摇蚊幼虫的唾腺中发现。

04.087 染色体疏松 chromosome puff
由于 DNA 或 RNA 的合成,多线染色体特异的带纹区局部疏松形成的泡状结构。

04.088 巴尔比亚尼环 Balbiani ring

摇蚊多线染色体的一个大的 RNA 疏松区，由于 RNA 大量合成而显示的特别膨大的疏松部分,形成独特的环状结构。

04.089　染色中心　chromosome center, chromocenter

多线染色体中同源染色体紧密联合在一起，各染色体的着丝粒区相互聚集而形成的结构。

04.090　染色粒间区　interchromomere

又称"间带区"。多线染色体中相邻染色粒的中间连接区。

04.091　染色体裂隙　chromosome gap

射线等诱因引起染色体上出现未着色的狭缝区。

04.092　裂隙相　gap phase

在一条染色单体或两条染色单体相同位置上同时出现不染色的狭缝区。

04.093　超前凝聚染色体　prematurely condensed chromosome, PCC

有丝分裂中期与间期细胞融合后,间期核内诱导产生的浓缩染色体。

04.094　染色体不平衡　chromosome imbalance

基本染色体组中缺少或增加一条或多条染色体或染色体片段。

04.095　染色体涂染　chromosome painting

将一些染色体区带特异的探针用荧光标记后用原位杂交技术将待查染色体上相应的染色体区域显示出来的方法。

04.096　染色体多态性　chromosomal polymorphism

在同一交配群体中,一条或几条染色体具有不止两种结构形态的现象。

04.097　染色体融合　chromosome fusion

由于染色体构造的改变,而使两条染色体结

合形成一条单独的染色体的现象。

04.098　染色体粉碎　chromosome pulverization

染色体结构被破坏成各种不同程度碎片的现象。

04.099　染色体介导的基因转移　chromosome-mediated gene transfer

以染色体为载体在细胞间转移遗传物质的操作。

04.100　染色质重塑　chromatin remodeling

核小体在真核细胞 DNA 上重新定位的过程。

04.101　染色体重建　chromosome reconstitution

染色体连续断裂后经修复而重新复原。

04.102　染色体支架　chromosome scaffold

中期染色体去除组蛋白后,可用电子显微镜观察到与正常染色体大小相似的一个丝网状的、支持和维系染色体的骨架结构。

04.103　染色体消减　chromosomal elimination

又称"染色体丢失"。在体细胞杂种中染色体逐条消失的现象。常常优先丢失某一生物类型的染色体。

04.104　固缩　pycnosis, pyknosis

细胞死亡时细胞核的内含物凝聚成致密状态。

04.105　异固缩　heteropycnosis, heteropyknosis

染色质丝螺旋折叠的时期和程度与一般染色体或染色体区段不相同的现象。

04.106　正异固缩　positive heteropycnosis

染色体或染色体区段前期螺旋化的程度高于正常,而后期解螺旋的速度则慢于正常。

04.107　负异固缩　negative heteropycnosis

染色体或染色体区段前期螺旋化的程度低于正常,而后期解螺旋的速度则快于正常。

04.108 异周性 allocycly
染色体或染色体区段形态的周期性变化不同于其他大多数染色体的现象。

04.109 染色体组 genome
单倍体细胞所含有的整套染色体。

04.110 染色体基数 chromosome basic number
在包含若干个祖先种染色体组的物种中,每一个祖先种染色体组的染色体数,称为染色体基数。符号为 X。如小麦是异源六倍体 ($2n=42$),共有 3 个基本染色体组(A、B 和 D),染色体基数 $X=7$。

04.111 染色体数 chromosome number
体细胞中全套染色体的数目,是物种的特征性标志之一。

04.112 配子染色体数 gametic chromosome number
生殖细胞所有的染色体数。符号为 n。

04.113 性指数 sex index
果蝇细胞中 X 染色体数目与常染色体组数的比值。与性别决定有关。

04.114 核型 karyotype, caryotype
又称"染色体组型"。细胞分裂中期染色体的数目、大小和形态特征的总汇。

04.115 核型图 karyogram, caryogram
将细胞中期成对染色体的大小、形状等形态特征依次排列,反映染色体组成特征的图像。

04.116 核型模式图 ideogram
在核型图的基础上,人工绘制的某一物种核型特征的标准图。

04.117 核型分析 karyotype analysis, karyo-

typing
在对染色体进行测量计算的基础上,分组、排队、配对并进行形态分析的过程。

04.118 染色体显带技术 chromosome banding technique
借助特殊的处理程序,使染色体的一定部位显示出深浅不同的染色体带纹。这些带纹具有物种及染色体的特异性,可更有效地鉴别染色体和研究染色体的结构和功能。常见有 G 带、Q 带、C 带和 N 带。

04.119 染色体显带 chromosome banding
使染色体不同部位显示特异带纹的实验过程。

04.120 Q 显带 Q-banding
用芥子喹吖因处理显示染色体带型的技术。

04.121 Ag 显带 Ag-banding
用硝酸银溶液染色后,使近端着丝粒染色体短臂的核仁组织区特异性浓染的技术。

04.122 高分辨显带 high resolution chromosome banding
将培养细胞同步化后,用秋水仙碱短暂处理,获得大量晚前期和早中期分裂相,使染色后在较细长的染色体上可显示 550 多条带纹以上的显带技术。

04.123 C 显带 C-banding
显示染色体中结构异染色质或高度重复的 DNA 序列的技术。

04.124 T 显带 terminal banding
末端分带法,主要显示染色体的末端结构。

04.125 [染色体]带型 banding pattern
经过显带技术处理后的染色体,显示出特征性的带纹。

04.126 染色体带 chromosomal band
中期染色体经过实验处理后产生的差别染色区或荧光区。

04.127 C 带 C-band

又称"组成性异染色质带","着丝粒异染色质带(centromeric heterochromatic band)"。中期染色体经酸处理后再用吉姆萨染料染色后出现的深浅不同的带纹。包括着丝粒附近的组成性异染色质区和高度重复序列的 DNA 区。

04.128 N 带 N-band

又称"核仁组织区带"。经热磷酸处理后显示核仁组织区酸性蛋白质的带纹。

04.129 Q 带 Q-band

用荧光染料芥子喹吖因染色,在荧光显微镜下使染色体上显示明暗相间的带纹。

04.130 G 带 G-band

又称"吉姆萨带(Giemsa band)"。真核生物染色体经胰酶前处理后通过吉姆萨染色产生的带纹。每一条同源染色体都具有独特的带纹,可用于识别特异染色体。

04.131 R 带 R-band

又称"反带(reverse band)"。中期染色体经磷酸盐缓冲液保温处理,以吖啶橙或吉姆萨染色后所显示的带纹。和 G 带明暗相间带型正好相反。

04.132 T 带 T-band

又称"端粒带"。中期染色体端粒部位经吖啶橙染色后显现的带纹。

04.133 间带 interband

唾腺染色体上相邻两条带纹之间的区域。

04.134 细胞周期 cell cycle

细胞从一次分裂结束到下一次分裂结束为止的一个过程。

04.135 间期 interphase

细胞周期从一次有丝分裂结束至下次有丝分裂开始间的时期,分为 G_1 期、S 期和 G_2 期。

04.136 G_1 期 presynthetic phase, presynthetic gap$_1$ period, G_1 phase

又称"合成前期"。细胞周期中 DNA 合成前的间隙期,此时期没有 DNA 合成,但有 RNA 和蛋白质合成。

04.137 S 期 S phase

又称"合成期"。细胞周期间期中 DNA 合成的时期,使 DNA 总量增加一倍。

04.138 G_2 期 postsynthetic phase, postsynthetic gap$_2$ period, G_2 phase

又称"合成后期"。细胞周期中 DNA 合成后的间隙期。

04.139 M 期 mitotic phase, M phase

又称"有丝分裂期"。染色体真正开始分离时期。

04.140 染色体周期 chromosome cycle

在细胞周期中染色体数目倍增与减半的过程。

04.141 无丝分裂 amitosis

在细胞分裂形成两个子细胞的过程中,染色体形态不发生改变也不出现纺锤体的细胞分裂类型。

04.142 有丝分裂 mitosis

真核细胞的细胞核分裂涉及 DNA 浓缩成可见的染色体和出现纺锤体的一种细胞分裂类型。

04.143 核分裂 karyokinesis

真核细胞胞质分裂完成之前的核内出现染色体和纺锤体,以及将染色体平均分配给子细胞等过程。

04.144 胞质分裂 cytokinesis

真核细胞核分裂后,细胞质一分为二分配到两个子细胞中的现象。

04.145 前期 prophase

细胞有丝分裂或减数分裂的第一个阶段。在此期间,染色质浓缩,出现早期染色体,核仁和核膜逐渐消失。

04.146 中期 metaphase
细胞有丝分裂或减数分裂时的一个时期。染色体充分凝聚，核膜破裂后，纺锤体与着丝粒连接，染色体逐渐排列在赤道板上。

04.147 赤道板 metaphase plate
细胞有丝分裂或减数分裂时期，中期染色体排列所处的平面，即纺锤体中部垂直于两极连线的平面。

04.148 后期 anaphase
细胞有丝分裂或减数分裂过程中，子染色体被纺锤体牵向两极的阶段。

04.149 末期 telophase
细胞有丝分裂或减数分裂过程中子染色体到达两极至完成胞质分裂的阶段。

04.150 后期滞后 anaphase lag
在细胞分裂后期，某条（或几条）子染色体比其他染色体移动缓慢或停留在细胞质中不能分向两极的现象。

04.151 后期促进复合物 anaphase-promoting complex，APC
调控细胞分裂由中期向后期转化的一种蛋白复合体，包括 APC1 ~ APC8 等蛋白成分。通过降解分裂期的细胞周期蛋白使 M 期激酶失活等调节方式促进细胞分裂由中期向后期转化。

04.152 检查点 checkpoint
又称"关卡"。细胞内的一系列监控机制，鉴别细胞周期进程中的错误，并诱导产生特异的抑制因子，阻止细胞周期进一步运行，这些监控机制称为检查点。

04.153 细胞周期蛋白 cyclin
一类与细胞周期功能状态密切相关的蛋白质家族，其表达水平随着细胞周期发生涨落，可通过与特定蛋白激酶结合并激活其活性，从而在细胞周期的不同阶段发挥调控作用。

04.154 促成熟因子 maturation-promoting factor，MPF
又称"有丝分裂促进因子（mitosis-promoting factor）"，"M 期促进因子（M phase-promoting factor）"。促进细胞由间期进入分裂期的一种蛋白因子，包括细胞周期依赖性蛋白激酶和细胞周期蛋白两个亚单位。

04.155 同步化 synchronization
自然地或经人为地使培养细胞都处于细胞分裂周期中的同一阶段。分"自然同步化（natural synchronization）"和"人工同步化（artificial synchronization）"。

04.156 促分裂原 mitogen
诱导细胞发生有丝分裂的物质。如植物血凝素可诱导外周血 T 淋巴细胞分化、分裂增殖。

04.157 有丝分裂不分离 mitotic nondisjunction
有丝分裂过程中，一条染色体复制形成的两条子染色体未分离，而一起进入一个子细胞的现象。结果一子细胞多一条染色体，而另一子细胞少一条染色体。

04.158 收缩环 contractile ring
在细胞分裂过程中，由肌动蛋白构成的微丝在胞质分裂间期形成的动态环状结构。

04.159 配子 gamete
生物进行有性生殖时产生的生殖细胞（性细胞）。正常的配子是单倍体的。

04.160 配子体 gametophyte
有世代交替生物的生活史中以单倍体状态生长的组织或细胞。

04.161 孢子体 sporophyte
有世代交替生物的生活史中产生孢子的二倍体个体。

04.162 减数分裂 meiosis，reduction division

又称"成熟分裂（maturation division）"。性细胞连续进行两次核分裂，而染色体只复制一次，由此产生四个单倍体细胞（配子），染色体数目减半（$2n \rightarrow n$）的特殊细胞分裂方式。

04.163 减数分裂I meiosis I
又称"前减数分裂（prereductional division）"，"异型分裂（heterotypic division）"。在配子形成过程中，性细胞减数分裂的相继两次分裂中的第一次。同源染色体分离，产生的两个细胞的染色体已减半（每个细胞只获得一对同源染色体中的一条）。

04.164 细线期 leptotene, leptonema
减数分裂I开始时，染色质浓缩为细线的时期。

04.165 偶线期 zygotene, zygonema
又称"合线期"。细线期之后，同源染色体开始配对的时期。

04.166 粗线期 pachytene, pachynema
偶线期后，同源染色体配对完毕，染色体变短变粗的时期。

04.167 双线期 diplotene, diplonema
粗线期后，同源染色体开始分开的时期。

04.168 终变期 diakinesis, synizesis
又称"浓缩期"。双线期后，染色体螺旋化程度更高，变得更加粗而短的时期。此后减数分裂进入中期I。

04.169 减数分裂II meiosis II
又称"后减数分裂（postmeiotic division）"，"同型分裂（homotypic division）"，"均等分裂（equational division）"。在配子形成过程中，性细胞减数分裂的相继两次分裂中的第二次。姐妹染色单体分离，类似于有丝分裂，形成4个单倍体（n）子细胞，即性细胞（高等动物的卵细胞形成时，4个分裂产物中的3个形成不参与受精的极体）。

04.170 减数分裂驱动 meiotic drive
减数分裂中由于同源染色体的不等分离而影响一个群体遗传结构发生变化的综合机制。

04.171 中期停顿 metaphase arrest
经秋水仙碱等纺锤体形成抑制剂的处理后，使分裂细胞停止在中期的现象。

04.172 秋水仙碱效应 colchicine effect
简称"C效应"。经秋水仙碱处理使有丝分裂细胞停止在中期的作用。

04.173 优先分离 preferential segregation
减数分裂中产生四个子细胞时，染色体或染色体片段非随机分配，结果某条染色体或染色体片段优先进入卵细胞，而其同源部分则进入不参加合子形成的极体。

04.174 异化分裂 heterokinesis
减数分裂过程中，异形染色体（如人类的X或Y染色体）的差异分离现象。

04.175 分离滞后 segregation lag
细胞分裂中个别染色体落后于其他染色体的现象。通常指细胞核所含的外源染色体在减数分裂过程中出现落后的现象。

04.176 同源染色体 homologous chromosome
一条来自父本，一条来自母本，且形态、大小相同，在减数分裂前期相互配对的染色体。

04.177 部分同源染色体 homoeologous chromosome
形态、大小和所含基因座不完全相同，减数分裂配对时，相互之间的配对能力不如同源染色体。

04.178 非同源染色体 nonhomologous chromosome
不属于同一对的染色体，在减数分裂时不能互补配对。

04.179 姐妹染色单体 sister chromatid
又称"姊妹染色单体"。一条染色体复制产生的两条染色单体互称为姐妹染色单体。

04.180　非姐妹染色单体　non-sister chromatid
一对同源染色体各自产生的染色单体之间互称非姐妹染色单体。

04.181　子染色体　daughter chromosome
姐妹染色单体从着丝粒处分开后形成的新染色体。

04.182　花斑染色体　harlequin chromosome
在5-溴脱氧尿苷存在时,染色体复制两个周期时两个姐妹染色单体染色深浅不同,称为花斑染色体。

04.183　联会　synapsis
减数分裂中两条同源染色体纵向间的配对。

04.184　异源联会　allosynapsis, allosyndesis
异源多倍体在减数分裂时异源染色体间的配对。

04.185　端部联会　acrosyndesis
减数分裂过程中,两条染色体端部纵向配对。

04.186　体细胞联会　somatic synapsis
体细胞有丝分裂时同源染色体间的联会。

04.187　联会复合体　synaptonemal complex,
SC
同源染色体联会过程中出现的一种特异的、非永久性的、亚显微的蛋白质复合结构。

04.188　侧成分　lateral element
又称"侧体"。联会复合体中位于两侧的亚显微结构。

04.189　中央成分　central element
联会复合体中位于中间的亚显微结构。

04.190　中央区　central space
联会复合体中两侧侧生组分之间的区域。

04.191　重组结　recombination nodule
在电子显微镜下观察到位于联会复合体之中

的一种结节状结构,与染色体交换有关,是直径约90nm的蛋白质复合物。

04.192　不联会　asynapsis
减数分裂时同源染色体间未配对。

04.193　交叉　chiasma, chiasmata(复)
全称"染色体交叉(chromosome chiasma)"。在减数分裂前期的双线期,联会复合体中非姐妹染色单体之间发生了互换,互换的连接点称为交叉。

04.194　复交叉　multiple chiasma
有3或4条染色单体参与的交叉。

04.195　相互交叉　reciprocal chiasmata
只涉及两条非姐妹染色单体的两次交叉。

04.196　中间交叉　interstitial chiasma
减数分裂双线期交叉的一种形式,交叉部位的每一边为染色单体的一段。

04.197　交叉端化　chiasma terminalization
在减数分裂双线期中,交叉数目逐渐减少,向染色体两端移动的现象。

04.198　端化作用　terminalization
在减数第一次分裂的双线期至中期,交叉点朝配对染色体臂的远端移动。

04.199　交叉中心化　chiasma centralization
交叉趋向染色体中心的过程。常见于无定位着丝粒或双着丝粒染色体。

04.200　交叉局部化　localization of chiasma
又称"交叉定位"。确定染色体上发生交叉的最初部位。

04.201　二联体　dyad, diad
每条复制后的染色体由着丝粒连在一起的两条姐妹染色单体。

04.202　二分体　dyad, diad
减数分裂末期形成的两个子细胞。

04.203 四联体 tetrad
减数分裂I中,二价体具有四条染色体单体。

04.204 四分体 tetrad
性母细胞减数分裂所产生的四个子细胞。

04.205 单价体 univalent, monovalent
减数分裂时因没有同源染色体而不能联会的单条染色体。

04.206 二价体 bivalent
减数分裂I的粗线期中两条同源染色体配对后,原来 $2n$ 条染色体形成 n 对染色体,每一对含有两条同源染色体,这种配对的染色体称二价体。

04.207 异形二价体 heteromorphic bivalent
(1)减数分裂时,具有不同形态因而只能在同源部分配对的两条同源染色体。(2)一对同源染色体中,一条正常,另一条有易位或插入,只能在同源部分配对的二价体。

04.208 同源二价体 autobivalent
在减数分裂的偶线期,来自父母双方的同源染色体配对后所形成的结构。

04.209 双二价体 amphibivalent
异源四倍体(双二倍体)的体细胞含有双亲的二倍体染色体组,在减数分裂时,形成的含有8条染色单体的二价体。

04.210 多价体 multivalent
参与联会的同源或部分同源的染色体多于两条时所形成的配对染色体。如三价体、四价体等。

04.211 三价体 trivalent
由三条同源或部分同源的染色体参与联会形成的多价体。

04.212 四价体 quadrivalent
由四条同源或部分同源的染色体参与联会形成的多价体。

04.213 极体 polar body
卵子发生过程中,减数分裂产生的不能发育成有功能卵细胞的单倍体小细胞。

04.214 染色体整合位点 chromosomal integration site
染色体上能接纳外源遗传物质的位点。

04.215 染色体不分离 chromosome nondisjunction
减数分裂时成对染色体未分开的现象。

04.216 关联 association
染色体在有丝分裂时的配对行为。

04.217 染色体联合 chromosome association
减数分裂时同源染色体间的相互吸引及配对的现象。

04.218 配对 pairing
(1)全称"染色体配对(chromosome pairing)"。减数分裂I前期I时期同源染色体的联会。(2)双链 DNA 中碱基的互补排列。

04.219 同源[染色体]配对 autosyndetic pairing
在减数分裂前期同源染色体的配对。

04.220 异源[染色体]配对 heterogenetic pairing
源自不同祖先的染色体在减数分裂前期中的配对。

04.221 体细胞[染色体]配对 somatic pairing
有丝分裂前期和中期,同源染色体间紧密靠拢。

04.222 体细胞重组 somatic recombination
体细胞有丝分裂时,由染色体交换而发生的遗传重组。

04.223 重组体配子 recombinant gamete
遗传物质发生重组后形成的配子。

04.224 念珠模型 beads-on-a-string
认为基因在染色体上的排列就像一串念珠。

04.225 丹佛体制 Denver system
1960 年人类染色体研究者在美国丹佛市聚会制定的人类有丝分裂染色体标准命名系统。

04.226 染色体畸变 chromosome aberration
染色体结构和数目的异常改变。染色体结构异常通常包括缺失、重复、倒位、易位等;染色体数目变异包括整倍体和非整倍体变化。

04.227 重排 rearrangement
染色体结构改变造成遗传物质的重新排列。

04.228 染色体重排 chromosomal rearrangement
染色体片段的获得、丢失或改变位置等结构变异的统称。

04.229 结构杂合子 structural heterozygote
一对同源染色体其中一条是正常的而另一条发生了结构变异,含有这类同源染色体的个体或细胞称为结构杂合子。

04.230 结构纯合子 structural homozygote
一对同源染色体都产生了相同的结构变异,含有这类同源染色体的个体或细胞称为结构纯合子。

04.231 缺失 deletion, deficiency
染色体丢失部分片段或 DNA 分子丢失一些核苷酸的现象。

04.232 末端缺失 terminal deletion
染色体末端节段丢失的现象。

04.233 中间缺失 intercalary deletion, interstitial deletion
染色体臂中间部位发生缺失的现象。

04.234 等位染色单体缺失 isochromatid deletion
在有丝分裂和减数分裂的中期或后期,某一染色体的两条姐妹染色单体在相同位置发生同样的缺失。

04.235 缺失体 deletant
遗传物质有缺失的细胞或个体。

04.236 缺失复合体 deletion complex
带有不同缺失染色体的细胞或个体。

04.237 缺失杂合子 deletion heterozygote
在一对同源染色体中,一条是正常染色体,另一条是缺失染色体,含有这种同源染色体的生物称为缺失杂合子。

04.238 缺失纯合子 deletion homozygote
一对同源染色体都发生了相同的缺失,含有这种同源染色体的生物称为缺失纯合子。

04.239 缺失环 deletion loop
缺失杂合子在减数分裂过程中同源染色体配对时出现的特征性的环状结构。

04.240 杂合性 heterozygosity
同源染色体在一个或一个以上基因座存在不同的等位基因的状态。

04.241 纯合性 homozygosity
同源染色体的相对位置上具有相同基因的状态。

04.242 杂合性丢失 loss of heterozygosity, LOH
一对杂合的等位基因变成纯合状态的现象。

04.243 均匀染色区 homogeneous staining region, homogeneously staining region, HSR
在肿瘤细胞 G 显带标本上染色体某一区段呈均匀无带纹的浅染区,为基因重复扩增产物。

04.244 双微体 double minute, DM
细胞内基因扩增时染色体某个节段出现相对解螺旋的浅染色区,它们脱离染色体后形成的大量分散、成对的匀染小体。

04.245 双微染色体 double minute chromo-some，DMC

可在肿瘤细胞中观察到的具有成对微小体的染色体。

04.246 微核 micronucleus

由迟滞染色体或染色体断片在细胞分裂后期形成的类似细胞核的微小结构。

04.247 微核效应 micronucleus effect

环境中的有毒物导致染色体结构变化或纺锤体功能失调而形成微核的作用。

04.248 邻接基因综合征 contiguous gene syndrome

染色体的微小缺失引起的一类疾病。这类缺失往往涉及两个以上的基因。

04.249 重复 duplication

染色体的某一片段有不止一份拷贝。

04.250 核内[再]复制 endoreduplication

又称"核内有丝分裂(endomitosis)"。DNA复制而细胞不进行分裂的现象。

04.251 易位 translocation

一条染色体的一个片段转接到染色体组中另一条染色体上。

04.252 相互易位 reciprocal translocation

两条非同源染色体之间互相交换其片段。

04.253 无着丝粒-双着丝粒易位 acentric-di-centric translocation

两条染色体在近着丝粒处发生交换,产生一条双着丝粒染色体和一条无着丝粒染色体。

04.254 平衡易位 balanced translocation

两条非同源染色体发生交换后,基因组成和表型均保持不变。这种易位对基因表达和个体发育一般无严重影响。

04.255 简单易位 simple translocation

又称"末端易位(terminal translocation)"。一条染色体发生断裂后,其无着丝粒片段重新接到另一条非同源染色体的末端。

04.256 复合易位 complex translocation

涉及3条或3条以上染色体的易位。

04.257 罗伯逊易位 Robertsonian transloca-tion

又称"着丝粒融合(centric fusion)"。两条近端着丝粒染色体之间的相互易位。在着丝粒附近断裂,两条长臂通过着丝粒融合成为一条大染色体,两条短臂则连接成一条小染色体。

04.258 罗伯逊裂解 Robertsonian fission

一条中央着丝粒染色体断裂成两条端着丝粒染色体的过程。

04.259 整臂易位 whole-arm translocation

两条非同源染色体之间整个或几乎整个臂的转换或交换。

04.260 等臂染色体 isochromosome

着丝粒在染色体中间,两臂等长的染色体。

04.261 平衡染色体 balance chromosome

平衡易位中两个非同源染色体各发生断裂后,互相交换其片段。产生的染色体大多保留了原有基因总数,对基因表达和个体发育一般无严重影响,故称平衡染色体。是由姐妹染色单体交换形成的。

04.262 相邻分离 adjacent segregation

染色体平衡易位携带者相互易位杂合子,在粗线期由于同源染色体紧密配对形成特异的"十字形"图像,并在相继的分裂过程中十字形图像逐渐开放形成环形,相邻的两条染色体分离至同一极,即称相邻分离。

04.263 相邻分离-1 adjacent-1 segregation

相互易位杂合子组成的"十字形"的四条染色体,在后期I分离时,左侧的上(正常)、下(易位)两条相邻染色体和右侧的上(易位)、下

（正常）两条相邻染色体分别移至两极的分离过程。这样所形成的配子一般是致死的。

04.264　相邻分离-2　adjacent-2 segregation
相互易位杂合子组成的"十字形"的四条染色体,在后期 I 分离时,上半部的左（正常）、右（易位）两条相邻染色体和下半部左（易位）、右（正常）两条相邻染色体分别移至两极的分离过程。所形成的配子一般是致死的。

04.265　相间分离　alternate segregation
相互易位杂合子减数分裂过程中形成了具双环"8"形染色体的结构,两条非邻近染色体走向一极,另两条非邻近染色体走向另一极,也就是两条正常染色体走向一极,两条易位的染色体走向另一极的分离过程。这样所形成的配子都具有完整的染色体组,是可育的。

04.266　假连锁　pseudolinkage
由于相互易位杂合子总是以相邻分离方式产生可育配子造成非同源染色体上的基因间的自由组合受到严重限制的现象。

04.267　位置效应　position effect
由于基因在染色体上位置的改变而产生相应的表型变化的现象。

04.268　稳定型位置效应　stable type position effect
基因的位置改变发生在常染色质区所导致的表型变化的遗传现象。

04.269　花斑型位置效应　variegated type position effect
常染色质区内的显性基因易位到异染色质区后表达受抑制,导致某些细胞中显性和隐性性状出现镶嵌斑驳的遗传现象。

04.270　倒位　inversion
染色体结构变异的一种。染色体上两个断裂点间的断片,倒转180°后又重新连接。

04.271　臂内倒位　paracentric inversion
又称"无着丝粒倒位（akinetic inversion）"。发生在染色体一条臂上不包含着丝粒的倒位。

04.272　臂间倒位　pericentric inversion
又称"异臂倒位（heterobrachial inversion）"。发生在染色体两条臂上包含了着丝粒的倒位。

04.273　倒位环　inversion loop
倒位杂合子在减数分裂过程时两条同源染色体不能以直线形式配对,一定要有一条染色体形成一个圆圈才能完成同源部分的配对,这个圆圈称为倒位环。

04.274　倒位杂合子　inversion heterozygote
合子中某对同源染色体中,一条带有一个倒位片段而另一条正常的杂合子。

04.275　交换抑制因子　crossover suppressor
能够抑制或降低减数分裂过程中染色体交换的因子。

04.276　平衡致死系　balanced lethal system
又称"永久杂种（permanent hybrid）"。利用倒位的交换抑制效应,为了同时保存两个致死基因而设计建立的果蝇品系。

04.277　双着丝粒桥　dicentric bridge
又称"染色单体桥（chromatid bridge）","染色体桥（chromosome bridge）"。双着丝粒染色体在分裂后期,因处于着丝粒间的"中间节段"在两极间拉长而形成的桥状结构。

04.278　无着丝粒断片　acentric fragment, akinetic fragment
没有着丝粒的染色体片段。

04.279　断裂-融合-桥循环　breakage-fusion-bridge cycle
双着丝粒染色体在细胞分裂后期拉向两极移动时形成的桥发生断裂,断裂的染色体复制后还会再次融合成双着丝粒染色体的周期性过程。

04.280 染色体不稳定综合征 chromosome instability syndrome
染色体畸变频率明显增高的一组人类遗传疾病。如范科尼综合征、毛细血管扩张失调等。

04.281 断裂剂 clastogen
能引起染色体断裂的物质。

04.282 染色体断裂点 chromosome break-point
沿染色体横断面发生染色体断裂的位置。

04.283 染色单体断裂 chromatid breakage
染色体两个单体中仅一个发生断裂的现象。

04.284 等位染色单体断裂 isochromatid breakage
两个姐妹染色单体在相同位置上发生断裂的染色体畸变现象。非重建性融合后形成一个双着丝粒染色单体和一个无着丝粒染色单体。

04.285 整倍体 euploid
具有物种特有的一套或几套整倍数染色体组的细胞或个体。

04.286 单倍体 haploid
具有和该物种配子染色体数相同的细胞或个体。

04.287 整单倍体 euhaploid
具有完整染色体基数的单倍体。

04.288 单元单倍体 monohaploid
又称"一倍体(monoploid)"。具有一组基本染色体数,由二倍体产生的单倍体。

04.289 多元单倍体 polyhaploid
由多倍体产生的单倍体。

04.290 同源多元单倍体 autopolyhaploid
细胞染色体来自同源多倍体的不同染色体组的一类多元单倍体。

04.291 异源多元单倍体 allopolyhaploid
细胞染色体来自异源多倍体的不同染色体组的一类多元单倍体。

04.292 非整单倍体 aneuhaploid
染色体数目比正常单倍体增加或者减少一条或几条的个体。可分为"二体单倍体(disomic haploid)"、"附加单倍体(addition haploid)"、"缺体单倍体(nullisomic haploid)"、"替代单倍体(substitution haploid)"和"错分单倍体(misdivision haploid)"等类型。

04.293 二倍体 diploid
具有两套染色体组的细胞或个体。

04.294 同源二倍体 autodiploid
又称"自体二倍体"。单倍性染色体组加倍后形成的二倍体。

04.295 异源二倍体 allodiploid
来源不同的单倍体形成的二倍体。

04.296 亚二倍体 hypodiploid
比正常二倍体少一条或几条染色体或染色体片段的细胞或个体。

04.297 假二倍体 pseudodiploid
二倍体生物中由于染色体重排而破坏了连锁关系所形成的异常染色体组型。例如人类中由14/21易位造成的21-三体。

04.298 超二倍体 hyperdiploid
除正常染色体组以外,还有一条或几条额外的染色体或染色体片段的细胞或个体。

04.299 单亲二倍体 uniparental disomy
体细胞中的同源染色体均来自一个亲本的个体。

04.300 多倍体 polyploid
有三个或者三个以上染色体组的细胞或个体。

04.301 同源多倍体 autopolyploid

由同一物种的染色体组加倍所组成的多倍体。

04.302 异源多倍体 allopolyploid
由不同物种的染色体组杂交形成的多倍体或远缘杂交加倍形成的多倍体。

04.303 同源异源多倍体 autoallopolyploid
同时具有同源和异源多个染色体组的细胞或个体。

04.304 节段异源多倍体 segmental allopolyploid
不同染色体组之间同源程度较高的异源多倍体。

04.305 倍半二倍体 sesquidiploid
体细胞具有一个偶数异源多倍体全套染色体和一个二倍体物种的一个染色体组的个体。

04.306 三倍体 triploid
有三套染色体组的细胞或个体。

04.307 四倍体 tetraploid
有四套染色体组的细胞或个体。

04.308 同源四倍体 autotetraploid
有四套相同染色体组的多倍体。

04.309 异源四倍体 allotetraploid
细胞中含有两个不同物种的基本染色体组形成的二倍体生物,具有四套染色体组。因异源四倍体是由两个异源物种配子杂交后(AB)染色体加倍(AABB)形成的,故又称"双二倍体(amphidiploid)"。

04.310 六倍体 hexaploid
有六套染色体组的细胞或个体。

04.311 八倍体 octoploid
有八套染色体组的细胞或个体。

04.312 缺体四体补偿现象 nulli-tetra compensation
异源多倍体中一个缺体的遗传缺陷被一个部分同源四体所补偿的现象。

04.313 双多倍体 amphipolyploid
多倍体的染色体组数目是以双倍数形式存在的细胞或个体。

04.314 奇[数]多倍体 anisopolyploid
多倍体的染色体组数目为奇数的细胞或个体。

04.315 同倍体 homoploid
具有均一的物种特有的染色体组的细胞或个体。

04.316 混倍体 mixoploid
具有几种不同染色体倍性的细胞群体。

04.317 非整倍体 aneuploid
又称"异倍体(heteroploid)"。染色体组中缺少或额外增加一条或若干条完整的染色体的细胞或二倍体生物。

04.318 二体 disome, disomic
(1)又称"双体"。正常的$2n$个体。(2)细胞有一个染色体组,其中某染色体有2条的个体。

04.319 同源异倍体 autoheteroploid
由同源染色体组形成的异倍体。

04.320 异源异倍体 alloheteroploid
染色体来自不同染色体组的异倍体。

04.321 复合非整倍体 complex aneuploid
细胞中有两种或两种以上的染色体数目异常的个体。如同时有21-三体和X-三体。

04.322 亚倍体 hypoploid
相对于整倍体而言,少数染色体有所缺少的一种非整倍体。

04.323 单体 monosomic
二体中缺少两条同源染色体中的一条的细胞或个体,称为单体。表示为$2n-1$。

04.324 双单体 dimonosomic
二体中缺少两条非同源染色体的个体。表示为2n-1-1。

04.325 缺体 nullisomic
二体中缺少一对同源染色体的非整倍体细胞、组织或个体。表示为2n-2。

04.326 超倍体 hyperploid
在染色体组中除整倍数染色体以外,具有一条或几条额外的染色体或染色体片段的细胞或个体。

04.327 三体 trisomic
二体中某一对同源染色体增加了一条染色体的细胞或个体。表示为2n+1。

04.328 双三体 ditrisomic
二体中增加两条非同源染色体的细胞或个体。表示为2n+1+1。

04.329 四体 tetrasomic
二体中某同源染色体增加两条的细胞或个体。表示为2n+2。

04.330 多体 polysomic
二体中某同源染色体在三条以上的细胞或个体。

04.331 单倍体化 haploidization
二倍体细胞或个体在有丝分裂过程中由于染色体不分离和丢失而形成单倍体的过程。

04.332 二倍化 diploidization
将单倍体细胞或生物的染色体数加倍形成二倍体的过程。

04.333 同源二倍化 autodiploidization
细胞中每条染色体进行加倍,形成成对染色体而达到二倍化的过程。

04.334 倍性 ploidy
细胞中染色体组的套数状态。

04.335 异源倍性 alloploidy
由非同源染色体形成的倍性变化。

04.336 超倍性 hyperploidy
超倍体细胞染色体数目的变化形式。

04.337 整倍性 euploidy
染色体组数是染色体基数的整数倍的状态。

04.338 非整倍性 aneuploidy
细胞中染色体的数目不是某染色体组基数的整倍数的状态。

04.339 混倍性 mixoploidy
生物个体具有不同倍性的染色体组成的性质。

04.340 亚倍性 hypoploidy
细胞或个体的染色体数目少于染色体组的整倍数的性质。

04.341 异倍性 heteroploidy
染色体的数目与典型二倍体(或单倍体)不同的染色体组成状态。

04.342 同源异倍性 autoheteroploidy
由同源染色体形成的异倍性。

04.343 异源异倍性 alloheteroploidy
由非同源染色体形成的异倍性。

04.344 单倍性 haploidy
细胞具有单倍染色体数的性质。

04.345 节段单倍性 segmental haploidy
细胞或个体中染色体的部分片段处于单倍体状态。

04.346 二倍性 diploidy
除性染色体以外,每一类型染色体均出现两次的二倍体状态。

04.347 三倍性 triploidy
细胞或个体中每一同源染色体具有3个成员的性质。

04.348 四倍性 tetraploidy
细胞或个体中每一同源染色体具有 4 个成员的性质。

04.349 同源四倍性 autotetraploidy
细胞或个体中每个同源染色体含有 4 个成员,且来源相同的性质。

04.350 多倍性 polyploidy
细胞或个体中每一同源染色体多于 2 个成员的性质。

04.351 同源多倍性 autopolyploidy
同一物种染色体组加倍而形成多倍体的现象。

04.352 异源多倍性 allopolyploidy
不同物种的基本染色体组形成的多倍体的现象。

04.353 核内多倍性 endopolyploidy
细胞不分裂,只有遗传物质复制所导致的染色体组倍性增加的现象。

04.354 附加系 addition line
一个比正常染色体组添加了一条或多条亲缘种染色体的品系。

04.355 染色体工程 chromosome engineering
在染色体或亚染色体水平进行遗传操作的技术。

04.356 原核 pronucleus
真核生物受精过程中,精、卵核的核膜已经破裂,但尚未融合成合子核的状态。

04.357 拟核 nucleoid
又称"类核"。原核生物、线粒体、叶绿体及病毒中,遗传物质所在的区域无真正细胞核的结构(即没有核膜,也不存在核仁,裸露的 DNA 或 RNA)称为拟核。

04.358 单倍核 hemikaryon
具有配子染色体数的细胞核。

04.359 生殖核 generative nucleus
参与合子形成的单倍性细胞核。

04.360 胞质杂种 cybrid
不同胞质融合的杂种。

04.361 核质杂种细胞 nucleo-cytoplasmic hybrid cell
将一个异源细胞核转入去核的细胞质所获得的新细胞称为核质杂种细胞。

04.362 细胞质雄性不育 cytoplasmic male sterility
细胞质内遗传物质控制花粉粒败育等雄性个体不育的现象。

04.363 配子不亲和性 gametic incompatibility
雌配子与雄配子不能融合形成正常合子的特性。

04.364 核质不亲和性 nucleo-cytoplasmic incompatibility
异源的细胞核和细胞质杂交后不能形成完整功能的合子的特性。

04.365 体细胞 somatic cell
多细胞生物体中除生殖细胞和生殖细胞前体细胞之外的所有细胞的总称。

04.366 细胞株 cell strain
通过纯系化或选择法从原代培养细胞或细胞系中分离出来的、具有特异性或标记的细胞群体。

04.367 海拉细胞 HeLa cell
1953 年用美国女子海拉(Henrietta Lacks)子宫颈癌组织建立起来的非整倍体上皮样细胞株。

04.368 配子克隆变异 gametoclonal variation
在花药或其他生殖部分组织培养获得的单倍体植株中出现新性状的现象。

04.369 体细胞克隆变异 somaclonal variation
一个体细胞克隆中个体之间的差异现象。

04.370 体细胞杂交 somatic hybridization
将不同来源的体细胞融合成杂种细胞的过程。

04.371 细胞融合 cell fusion
两个或几个体细胞融合成为一个细胞的过程。

04.372 质配 plasmogamy
又称"胞质融合"。两个或多个细胞在细胞核未发生融合情况下,发生的原生质融合的现象。

04.373 原生质体融合 protoplast fusion
将同种或异种原生质体融合产生一种细胞的过程。经培养可能发育成体细胞杂种植株。

04.374 核融合 karyomixis
在共同的细胞质中,两个或两个以上的细胞核间的融合。

04.375 核配 karyogamy
即核的融合。是真菌中准性周期的一个过程。在有性繁殖时核配的结果是形成受精卵或合子。

04.376 减数分裂后融合 postmeiotic fusion
使单性生殖产生的卵细胞核经一次减数分裂形成的两个同样的单倍体核进行合并,产生二倍体的一种方法。

04.377 体外受精 in vitro fertilization, IVF
在体外进行精卵结合的过程。

04.378 合核体 synkaryon, syncaryon
受精或细胞融合时,两个异源核融合后形成单一核的细胞。

04.379 同核体 homokaryon, homocaryon
含有相同基因型的细胞核融合而形成的细胞。

04.380 异核体 heterokaryon, heterocaryon
在同一个细胞质中含有两种或多种不同基因型的细胞核的细胞、孢子或菌丝体。

04.381 强制异核体 forced heterocaryon
由两个非等位基因控制的营养缺陷型所造成的异核体。由于各自都不能在基本培养基上生长,因此在基本培养基上这种异核体的形成和生长是强制性的。

04.382 异核体检验 heterokaryon test
用异核体检验细胞质突变的方法。

04.383 异核现象 heterokaryosis, heterocaryosis
真菌菌丝中含有不同基因型的核的现象。

04.384 核质比 nucleo-cytoplasmic ratio
细胞中细胞核的体积与细胞质的体积之比。

04.385 核质相互作用 nucleo-cytoplasmic interaction
细胞核基因与细胞质基因之间的相互作用。

04.386 克隆变异 clonal variation
无性繁殖过程中产生的遗传变异。

04.387 克隆变异体 clonal variant
无性繁殖过程中由突变产生的变异个体。

04.388 异质体 heteroplasmon
细胞中含有不同遗传背景细胞质的个体。

04.389 异质性 heteroplasmy
一个细胞或个体含有不同遗传背景细胞质的现象。

04.390 显微操作 micromanipulation
在显微镜下,应用显微操作仪进行细胞分离、核移植、细胞内微量样品注射、转移的技术。

04.391 显微切割术 microdissection
应用显微操作仪进行细胞分离、切割的技术。

04.392　核移植　nuclear transplantation
应用显微操作技术,将某一特定细胞的核转移和嵌入到另一细胞中的过程。

04.393　体细胞基因治疗　somatic cell gene therapy
将目的基因转入生物体的非生殖细胞以治疗遗传疾病的方法。

04.394　体细胞突变　somatic mutation
发生在体细胞中的可遗传变异。

04.395　体细胞超变　somatic hypermutation
在体细胞中出现的高频突变。

05. 发育遗传学

05.001　发育　development
多细胞生物从单细胞受精卵到成体经历的一系列有序的发展变化过程。

05.002　细胞分裂　cell division
一个细胞分裂为两个细胞的过程。

05.003　细胞分化　cell differentiation
一个尚未特化的细胞发育出特征性结构和功能的过程。

05.004　去分化　dedifferentiation
又称"脱分化"。已分化的细胞失去分化特征,恢复到分化之前或原始的状态。

05.005　再分化　redifferentiation
已经去分化形成的胚性细胞在某些刺激条件下(例如创面神经组织分泌的成纤维细胞生长因子诱导,以及创面产生的生物电流刺激等),重新启动开始分化发育的过程。

05.006　转分化　transdifferentiation
已分化的细胞转变成另一种细胞的现象。

05.007　终末分化　terminal differentiation
任何特定细胞谱系中的最后状态,细胞变得静止或只产生同样类型的后代。

05.008　图式形成　pattern formation
发育过程中控制胚胎细胞的行为使其在正确的空间位置上形成特定的结构。

05.009　细胞迁移　cell migration
细胞群体移到另一处的过程。

05.010　细胞凋亡　apoptosis
又称"程序性细胞死亡(programmed cell death)"。由生理或病理信号引发的自主性的细胞清除过程。

05.011　坏死　necrosis
一种非生理性的细胞死亡,通常由极度的毒性刺激或大范围的细胞损伤引起。

05.012　衰老的端粒学说　telomeric theory of aging
细胞每进行一次有丝分裂,端粒长度就缩短一些,当端粒缩短到一定程度时,便不能再维持染色体的稳定,从而导致细胞衰亡。

05.013　重编程　reprogramming
已分化细胞的核基因组恢复其分化前的功能状态。

05.014　潜能　potency
一个细胞所有可能发育命运的总和。

05.015　命运　fate
发育过程中,细胞将分化成的细胞类型。

05.016　命运图　fate map
显示卵细胞或者发育早期胚胎中所有细胞发育前程的图谱。

05.017　定型　commitment
限定细胞按某一特定命运发育的过程。包括

特化和决定这两个阶段。

05.018 特化 specification
细胞或组织在离体培养的中性环境中仍按原先被定型的命运自主地进行分化。

05.019 条件特化 conditional specification
只有在特定条件下才发生的细胞或组织的特化。

05.020 自主特化 autonomous specification
细胞的分化不受其周围细胞或组织的影响，而由其自身的内在因素决定。

05.021 合胞特化 syncytial specification
在合胞体胚层生成细胞膜分离细胞核之前，由母体细胞质相互作用所决定，即细胞的命运在形成细胞之前就已被指定了。

05.022 决定 determination
胚胎中的未分化细胞按被定型的命运不可逆地发育成特定类型细胞的过程。

05.023 决定子 determinant
决定细胞不可逆转的发育命运的物质。

05.024 胞质决定子 cytoplasmic determinant
胞质内的决定子。它进入胚胎的特定分裂球中将影响早期胚胎不同部位的发育命运。

05.025 形态发生决定子 morphological determinant
卵细胞质内储存的卵源性的、决定卵裂球发育命运的物质。

05.026 形态发生素 morphogen
在发育过程中,在特定区域形成浓度梯度,可决定特定细胞类型发育命运的物质。

05.027 发育场 development field
发育潜能相等的一群细胞形成个体蓝图的一个特殊区域。发育场中的细胞对不同浓度的形态发生素产生不同的反应。

05.028 诱导 induction

（1）胚胎中的一个区域影响另一个区域,使其沿一条新途径进行分化。（2）某些环境因子的刺激使基因或操纵子进入转录状态。

05.029 转决 transdetermination
在果蝇中发现的一种现象。胚胎发育期间,发育命运已被定型的原基不按预定的分化途径进行,而是生成其他组织器官。

05.030 区室 compartment
发育过程中,节中的相对独立的区域。区室是一个非形态学的概念,由具有相同发育潜能、相对独立的细胞群体构成。

05.031 发育差时 heterochrony
子代动物的特征发育的相对时间和速度不同于祖先的现象。

05.032 全能性 totipotency
一个细胞能够发育成所有细胞类型的特性。

05.033 多能性 pluripotency, multipotency
一个细胞能够发育成多种但不是所有细胞类型的特性。

05.034 双潜能期 bipotential stage
动物在性别决定以前,性腺发育经历了雌性和雄性的双重特征的时期。

05.035 接触导向 contact guidance
发育过程中,物理结构影响细胞的生长和移行方向。

05.036 接触抑制 contact inhibition
在离体培养中,细胞彼此接触而抑制细胞的生长。

05.037 种系 germline
多细胞动物中能繁殖后代的一类细胞的总称。包括单倍体配子以及最终能分化成配子的原始生殖细胞。

05.038 种系嵌合体 germline mosaic
种系由不同基因型的细胞所构成的生物体。

05.039　模式生物　model organism
作为实验模型以研究特定生物学现象的动物、植物和微生物。从研究模式生物得到的结论,通常可适用于其他生物。

05.040　直接发育　direct development
某些动物的胚胎不经历幼虫时期而直接形成成熟个体的现象。

05.041　个体发生　ontogeny
从受精卵或生殖细胞发育为成体的整个过程。

05.042　胚胎发生　embryogenesis
从受精卵发育成一个新个体的整个过程。包括细胞的增殖、生长、识别、迁移、分化以及组织和器官的形成等。

05.043　形态发生　morphogenesis
在发育过程中生成一个器官或结构的过程。

05.044　器官发生　organogenesis
器官形成的过程。

05.045　种质细胞　germ cell
多细胞生物体内能分化成配子的前体细胞。

05.046　细胞谱系　cell lineage
从相对未分化状态的细胞发育成的所有细胞后代,包括中间状态细胞的动态过程和细胞群体。

05.047　原始生殖细胞　primordial germ cell
处于发育阶段最早期的种质细胞,必须经过迁移才能到达性腺原基,并最终分化为卵子或精子。

05.048　干细胞　stem cell
一类未分化的、具有无限分裂能力的细胞。能通过一次有丝分裂产生两个细胞,一个保持未分化状态,另一个则进入分化途径。

05.049　成体干细胞　adult stem cell
位于成体组织内的具有进一步分化潜能的细胞。如神经干细胞、造血干细胞等。

05.050　胚胎干细胞　embryonic stem cell
从囊胚期内细胞团分离得到的干细胞,可以分化为体内任何一种类型的细胞。

05.051　精原细胞　spermatogonium
(1)迁移入精巢的原始生殖细胞,是一种干细胞,通过减数分裂可形成精子。(2)存在于脊椎动物雄性个体睾丸中的一类细胞。通过有丝分裂可形成初级精母细胞。

05.052　卵原细胞　oogonium
迁移入卵巢的原始生殖细胞。

05.053　配子发生　gametogenesis
由原始生殖细胞发育成配子的整个过程。

05.054　卵子发生　oogenesis
由原始生殖细胞发育成卵原细胞,再由卵原细胞发育为成熟卵子的整个过程。

05.055　精子发生　spermatogenesis
由原始生殖细胞发育成精原细胞、精母细胞,再发育为成熟精子的整个过程。

05.056　获能　capacitation
哺乳动物的精子需要在雌性生殖道中停留一个特定的时期,以获得对卵子授精能力的过程。

05.057　顶体　acrosome
位于精子头部的大型分泌囊泡,含有各种水解酶。

05.058　顶体反应　acrosome reaction
在受精前精子顶体发生的一系列变化称为顶体反应。在大多数海生无脊椎动物中,顶体反应包括2个事件:顶体膜与精子质膜发生融合及形成顶体突起;哺乳动物的精子在发生顶体反应时,顶体帽部分的质膜与顶体外膜在多处发生融合,使顶体内物质从融合处释放出来。

05.059 顶体突起 acrosomal process
顶体反应发生后,靠近精子核的顶体膜向前突出,形成的突起。

05.060 透明带 zona pellucida
在哺乳动物卵子发生期间形成的、围绕在卵子周围的一层透明的膜状保护层。可启动顶体反应,在受精中起重要作用。

05.061 透明带反应 zona reaction
精子进入卵子后,卵子浅层细胞质内的皮质颗粒立即释放溶酶体酶样物质,使透明带结构发生变化的现象。

05.062 受精 fertilization
雌雄配子融合形成合子的过程。

05.063 胚胎 embryo
早期发育阶段的多细胞生物体。

05.064 卵裂 cleavage
指受精卵的早期分裂。卵裂期内一个细胞或细胞核不断地快速分裂,将体积极大的卵子细胞质分割成许多较小的有核细胞的过程。

05.065 卵裂球 blastomere
卵裂产生的形态上尚未分化的细胞。

05.066 囊胚 blastula
受精卵经过一系列分裂生成由单层细胞围成的一个空心球体,这时的胚胎称为囊胚。

05.067 囊胚腔 blastocoel
囊胚中央的空腔。腔内充满营养丰富的液体,作为胚胎发育的养料;囊胚腔的存在,还有利于内部细胞的迁移,为未来建立胚区和分化成各种器官做准备。

05.068 动物极 animal pole
成熟卵子含卵黄较少的一端。在多数动物中,动物极一般向上,为细胞核所在,原生质比较集中,卵裂进行比较迅速。

05.069 植物极 vegetal pole
在卵子成熟分裂期间形成的富含卵黄的一端。植物极一般向下,含卵黄多,其活性较弱、分裂较慢。

05.070 植物板 vegetal plate
海胆早期原肠胚围绕于植物极的扁平区域,后来发生内陷。

05.071 胚泡 blastocyst
哺乳动物受精卵连续分裂,形成桑椹胚,桑椹胚空腔化形成一个囊胚腔,内细胞团位于腔体的一端,这个结构称为胚泡。

05.072 滋养层[细胞] trophoblast, trophoblastic layer
哺乳动物胚泡的外层细胞,不能发育成胚体,只能发育成胚外结构。

05.073 内细胞团 inner cell mass, ICM
由滋养层包裹的内层细胞。可以发育成哺乳动物的胚体。

05.074 细胞滋养层 cytotrophoblast
胚泡滋养层内层有丝分裂活跃的细胞层,形成初级绒毛。胚胎通过绒毛从母血中吸收营养并排出代谢废物。

05.075 原肠胚形成 gastrulation
胚胎发育过程中的一个特定形态发生过程,其结果是形成中胚层及出现三胚层结构。

05.076 下胚层 hypoblast
又称"初级内胚层"。由内细胞团中央的非极性细胞分化而来的一层柱状细胞,位于二胚层胚盘的下部。

05.077 上胚层 epiblast
又称"初级外胚层"。由内细胞团中央的非极性细胞分化而来的一层柱状细胞,位于二胚层胚盘的上部。

05.078 后缘区 posterior marginal zone
下胚层形成的起始点。

05.079　内胚层　endoderm
由上胚层细胞增殖并迁出的部分细胞进入下胚层，并逐渐全部置换了下胚层细胞而形成的新的细胞层。

05.080　中胚层　mesoderm
原肠胚形成过程中，由上胚层细胞增殖产生的一部分细胞在上、下胚层之间形成的第三层细胞。

05.081　外胚层　ectoderm
经过原肠作用后，胚胎具有三个胚层。最外面的上皮细胞层，称为外胚层。外胚层主要形成神经系统和皮肤。

05.082　外胚层顶嵴　apical ectodermal ridge, AER
简称"顶嵴"。肢芽形成后不久，其顶端的外胚层细胞增殖形成的嵴状结构，对肢体的极性分化起着重要的调节作用。

05.083　极性活性区　zone of polarizing activity, ZPA
胚胎肢芽上决定未来肢体发育的前后和背腹取向的中胚层区域。

05.084　滋养外胚层　trophectoderm
在哺乳动物胚胎发育过程中，由滋养层细胞组成的胚层。

05.085　轴旁中胚层　paraxial mesoderm
紧邻脊索两侧的中胚层细胞迅速增殖，在中轴线两侧形成一对纵行的细胞索。

05.086　中段中胚层　intermediate mesoderm
又称"间介中胚层"。轴旁中胚层与侧中胚层之间的中胚层，未来分化为泌尿生殖系统。

05.087　侧中胚层　lateral mesoderm
位于胚盘外侧的中胚层。

05.088　体壁中胚层　somatic mesoderm, parietal mesoderm
侧中胚层分化后与外胚层邻近的一层，未来将分化成体壁的骨骼、肌肉、血管和结缔组织。

05.089　脏壁中胚层　visceral mesoderm
侧中胚层分化后与内胚层邻近的一层，未来将分化为消化和呼吸系统的肌肉、血管和结缔组织等的一层细胞。

05.090　原条　primitive streak
二胚层胚盘尾端中线处的上胚层细胞增殖而形成的一条纵行细胞索。原条的形成确定了胚胎的前后轴。

05.091　原结　primitive knot, primitive node
原条的前端膨大呈结节状，称之为原结。

05.092　胚内体腔　intraembryonic coelom, intraembryonic coelomic cavity
出现在中胚层组织中、由初期的一些小腔隙融合而成的一个大腔隙。

05.093　近轴细胞　adaxial cell
位于脊索中胚层原基两侧的细胞，是中胚层肌节的始祖细胞。

05.094　近上皮细胞　adepithelial cell
在器官芽形成早期，迁移到器官芽的少量中胚层细胞，在蛹期发育成肌肉和神经组织。

05.095　合胞体　syncytium, syncytia（复）
昆虫的受精卵进行表面卵裂时，细胞核分裂后，细胞质并不立即发生分裂而形成的含有许多个细胞核的原生质团。

05.096　极细胞　pole cell
合胞体的有些细胞核移到胚胎后端立即被新的细胞膜包围而形成的细胞，它们将发育成种质生殖细胞。

05.097　多胚性　polyembryony
由一个卵子形成两个或多个个体的现象。

05.098　组织者　organizer
在胚胎发育过程中，能诱导相邻组织形成高

度有序和相对完整胚胎结构的一些特殊组织。

05.099 邻近相互作用 proximate interaction
在器官形成过程中,一组细胞与其邻近细胞相互作用,导致邻近细胞改变其形态、分裂速度或分化的现象。

05.100 血岛 blood island
又称"血管发生簇"。鸟类和哺乳类胚胎发生的早期,卵黄囊壁上的间充质细胞聚集形成的一种岛状结构,可分化出血管和血细胞。

05.101 成血管细胞 angioblast
由中胚层起始形成血管的过程中,能发育成血管内皮细胞的前体细胞。

05.102 原红细胞 proerythroblast
红细胞发育过程中的一个阶段,由红系祖细胞分化而来,进一步分化为早幼红细胞。

05.103 成红血细胞 erythroblast
属于红细胞系的一类细胞,从原红细胞分化而来,可以进一步分化为网织红细胞到红细胞,此类细胞能合成大量的血红蛋白。

05.104 血管发生 angiogenesis
从已存在的血管进一步生成新血管的过程。

05.105 软骨发生 chondrogenesis
间充质细胞分化为软骨细胞,最终形成软骨组织的过程。

05.106 骨发生 osteogenesis
间充质组织转变为骨组织的过程。主要有膜内成骨和软骨内成骨两种形式。

05.107 膜内成骨 intramembranous ossification
间充质细胞直接分化为成骨细胞,由含有成骨细胞的结缔组织膜直接骨化的骨发生过程。顶骨、额骨和锁骨等是由此方式形成的。

05.108 软骨内成骨 endochondral ossification
间充质细胞首先分化为软骨细胞,形成软骨组织。软骨组织中的软骨细胞通过增殖、成熟、分化、凋亡和钙化最终被骨组织所替换的骨发生过程。是四肢骨、躯干骨和颅底骨的形成方式。

05.109 骨骺生长板 epiphyseal growth plate
位于长骨两端骨骺和骨干之间的软骨组织。其中的软骨细胞可分裂、成熟、肥大,最终被骨组织所替换,对于长骨生长具有重要作用。

05.110 软骨发育不全 achondroplasia
由于基因突变或者环境影响而导致的长骨生长板增殖缺陷。主要表现为四肢短小,是最常见的一种侏儒症。

05.111 节 segment
胚胎发育早期形成的形态相近的重复结构。

05.112 体节 somite
脊椎动物胚胎的轴旁中胚层呈节段性增生,在中轴线两侧生成分节状中胚层团块。

05.113 副体节 parasegment
果蝇发育过程中,在体节沟真正形成前,由一个未来体节的后半部与后面相邻体节的前半部组成,把胚胎划成 14 个区域。

05.114 胚状体 embryoid
(1)在花药培养时由花粉长成的"胚",可以进一步发育成植株。(2)畸胎瘤细胞注入动物成体组织内,会长成一个游离的胚胎状的细胞团,其中出现的细胞类型可以多达十几种。

05.115 趋同伸展 convergent extention
主要指中轴中胚层和神经外胚层细胞在原肠运动中,通过类似于水平细胞极性的分子机制向中轴运动集中和向头尾方向生长的细胞运动过程。

05.116 间充质 mesenchyme

由间充质细胞和无定形基质构成的结构。

05.117 间充质细胞 mesenchyme cell
一种分化程度低、无紧密联系、分化能力很强的细胞。在胚胎期可以分化成多种结缔组织细胞、内皮细胞和平滑肌细胞等。

05.118 上皮–间充质相互作用 epithelial-mesenchymal interaction
上皮细胞和邻近的间充质细胞相互诱导,促进组织器官的发育。上皮可来源于任何胚层,而间充质通常来源于中胚层。

05.119 成组织细胞 histoblast
某些昆虫幼虫中能发育成特定成虫组织或器官的未分化细胞。

05.120 细胞外基质 extracellular matrix, ECM
由细胞产生并分泌到细胞外周质中的物质,主要包括纤维成分(如胶原和弹性蛋白)、连接蛋白(如纤连蛋白等)和填充分子(通常是糖胺聚糖)等。细胞外基质的特性常决定组织的特性。

05.121 异位妊娠 ectopic pregnancy
胚胎在子宫外组织着床发育的现象。

05.122 心二分支 cardiac bifida
心脏的两侧起源可以通过手术阻止侧面的板型中胚层的融合得以显示。在此条件下,躯体的两侧可以形成独立的心脏,此结果称为心二分支。

05.123 神经嵴 neural crest
脑、脊髓自主神经节和肾上腺髓部的外胚层原基,位于神经管的两侧。

05.124 前神经孔 anterior neuropore
神经沟闭合从中部向前后延伸形成神经管,其前端的开口。

05.125 背根神经节 dorsal root ganglion
来源于神经嵴的脊神经节内的感觉神经母细胞发出轴突,呈束状,左右对称地从神经管的背部进入,此时的脊神经节即改称为背根神经节。

05.126 尿囊绒膜 chorioallantoic membrane
由尿囊中胚层与浆膜中胚层融合而成;在中胚层的双层中,有丰富的血管网形成,这些血管网靠尿囊动、静脉与胚胎循环系统相连;这种致密的血管融合膜称为尿囊绒膜。

05.127 促卵泡激素 follicle stimulating hormone, FSH
由脊椎动物垂体前叶产生的一种促进卵巢卵泡生长和雌激素分泌的糖蛋白激素。

05.128 肢芽 limb bud
胚胎表面将会发育成肢体的隆起。

05.129 异速生长 allometry
个体的两个器官或者器官不同部分有不同的生长速率,并表现出稳定的相关性。

05.130 异态性 heteromorphism
在胚胎发育或再生过程中,产生不属于这一位置的器官。

05.131 畸形 malformation
器官或组织的体积、形态、部位或结构的异常或缺陷。

05.132 假两性同体 pseudohermaphroditism
又称"假两性畸形"。核型属单一性别、性腺只有一种,但外生殖器或第二性征有两性特征或畸形的个体。如睾丸女性化综合征。

05.133 癌 cancer
恶性肿瘤的总称。恶性肿瘤细胞的生长处于失控状态,能侵入正常组织,并常常转移到远离其起源的部位生长。

05.134 胚胎癌性细胞 embryonal carcinoma cell, EC cell
在胚胎发育早期形成的一种恶性肿瘤细胞,具有类似干细胞的多种分化潜能。

05.135 畸胎瘤 teratoma
由种质细胞或胚胎干细胞衍生而来的瘤性组织，排列结构错乱，往往含有外、中、内三个胚层的多种组织成分。

05.136 畸胎癌 teratocarcinoma
含有未分化的胚胎干细胞的畸胎瘤。

05.137 羽化 eclosion
完全变态的昆虫脱去蛹壳或者不完全变态的幼虫最后一次脱皮而变为成虫的过程。

05.138 幼态延续 neoteny
两栖纲有尾目等的发育过程中，大型幼体已达性成熟，并进行繁殖，但仍保留着鳃及其他幼体特征，甚至终生保持幼体状态。

05.139 不完全变态 incomplete metamorphosis
外生翅类昆虫变态的一种类型。个体发育过程只经历卵、若虫和成虫三个时期。

05.140 滞育 diapause
节肢动物(如昆虫，一些甲壳类)生活史中生长发育或者生殖时终止的生理现象。

05.141 羊膜脊椎动物 amnion vertebrate
胚胎发育过程中胎儿体外包有羊膜的脊椎动物。爬行类、鸟类、哺乳类均属羊膜脊椎动物。由外胚层和中胚层发育而成的羊膜，提供了一个水性环境，从而保证胚胎细胞的正常生长和发育。

05.142 贴壁依赖性 anchorage dependence
一些真核细胞需要附着在固体表面才能在体外培养中生长的特性。

05.143 细胞黏附分子 cell adhesion molecule, CAM
位于细胞表面，介导细胞间以及细胞与细胞外基质间相互作用的膜蛋白。

05.144 等基因性 isogeneity
个体或者细胞间具有相同基因型的特性。

05.145 等基因 isogene
群体内不同个体基因组中其他遗传背景完全一致条件下仅有的差异基因。

05.146 等基因系 isogenic strain
个体间基因型完全等同的品系。

05.147 近等基因系 coisogenic strain
只有单基因突变的等基因系。

05.148 类等基因系 congenic strain
将携带差异基因的个体与相同遗传背景的近交系个体回交 10 代以上获得的品系。

05.149 同源异形 homeosis
基因突变使生物体躯体的一部分转变成另一部分。

05.150 同源异形突变 homeotic mutation
同源框基因发生的突变。突变可使身体的一部分结构生长在异常的位置上。

05.151 同源[异形]框基因 homeobox gene, homeotic gene
位于一个大约 350kb 的基因簇上，能将身体的一部分转化成另一部分，含同源异形框结构的基因。

05.152 同源[异形]框 homeobox, Hox
同源异形基因序列中有 180 个核苷酸的保守序列，编码 60 个氨基酸，这 180 个核苷酸序列称为同源[异形]框。

05.153 同源[异形]域 homeodomain
同源框编码的高度保守的蛋白质结构域。

05.154 同源异形复合体 homeotic complex, HOM-C
昆虫胚胎发育中控制体节和形态建成的同源异形基因成簇存在而形成的复合体。

05.155 位置信息 positional information
在胚胎中，大分子所坐落的特定位置，定位本身可能是遗传的一种信息。

05.156　位置值　positional value
细胞因在位置信息场域中所处的位置而获得的分化模式。

05.157　配对框　paired box, Pax
许多物种的调控胚胎早期发育的保守基因家族。通常编码与 DNA 结合的一系列转录因子。

05.158　同源异形选择者基因　homeotic se-
lector gene
控制生物体发育过程中器官和形态建成的一些基因。这些基因如发生突变,会使生物体的结构出现畸形。

05.159　母体效应基因　maternal effect gene
卵子发生过程中形成的转录物贮存在卵子中,其翻译产物在胚胎早期发育中起重要作用的基因。

05.160　父体效应基因　paternal effect gene
在一些物种中,精子中表达的基因提供了不能由卵子替代的重要的发育信息,这些基因被称作父体效应基因。

05.161　合子基因　zygotic gene
受精后开始表达的基因。

05.162　分节基因　segmentation gene
在果蝇发育中决定其体节和副体节的空间图式的基因。

05.163　体节极性基因　segment polarity gene
调控果蝇体节发育成前部和后部区室,保持每一体节中的某些重复结构的基因。

05.164　成对规则基因　pair-rule gene
在果蝇胚胎中控制相邻一对体节形成的基因。成对规则基因在间隔体节的原基中转录,突变后将导致每隔一个体节就缺失一部分。

05.165　选择者基因　selector gene
决定胚胎细胞或组织选择一个特定发育途径

的基因。

05.166　裂隙基因　gap gene
果蝇中控制相邻体节或副体节发育,其突变导致体节图式中产生间隙的基因。

05.167　时序基因　temporal gene
按照发育阶段的顺序进行表达的基因。

05.168　时序调节　temporal regulation
生物在胚胎生长发育的各个阶段,基因的表达按一定的时间顺序进行调控的机制。

05.169　转基因　transgene
在转基因生物中表达的外源基因。

05.170　转基因同位插入　transgene coplace-
ment
两个不同的转基因作为一对等位基因转入受体基因组的同一位置。

05.171　转化序列　transforming sequence
起变化作用的基因或序列。

05.172　转基因首建者　transgenic founder
经过遗传操作的胚胎发育而来的基因组上整合有外源基因的动物个体。

05.173　转基因动物　transgenic animal
基因组中整合的外源基因能够表达的一类动物。

05.174　显性负效突变　dominant negative
mutation
基因的突变产物能抑制野生型基因产物功能的基因突变。

05.175　种系突变　germinal mutation
发生在种系细胞中的突变。

05.176　极性突变　polarity mutation
影响处于突变基因下游的基因功能的一种突变。

05.177　极性突变体　polarity mutant

又称"极性突变型"。一个操纵子中与操纵基因邻接的结构基因的突变体,可影响操纵子中后面几个结构基因的蛋白质合成数量,并具有由近及远而递减的极性梯度效应。

05.178　同系移植物　isograft
基因型相同的细胞或组织移植物。

05.179　微注射　microinjection
用显微操纵器将外源 DNA 等直接引入靶细胞的一种技术。

05.180　电穿孔　electroporation
利用瞬间高电压,将外源 DNA 导入受体细胞的技术。

05.181　基因敲落　gene knockdown
阻止靶基因转录产物的正常剪接或翻译,从而使靶基因功能部分丧失或降低的实验技术。

05.182　基因敲入　gene knockin
在基因组特定位置引入外源基因的实验技术。

05.183　基因敲除　gene knockout
又称"基因剔除"。在基因组水平上改变或破坏靶基因的结构,使其功能完全丧失的实验技术。

05.184　基因打靶　gene targeting
在基因组水平上定位改变某个基因结构的实验技术。

05.185　条件基因敲除　conditional gene knockout
又称"条件基因剔除"。使靶基因在特定细胞类型或者特定发育阶段完全丧失功能的实验技术。

05.186　条件基因打靶　conditional gene targeting
在特定细胞类型或者特定发育阶段对靶基因进行定位修饰的实验技术。

05.187　组织特异性基因敲除　tissue-specific gene knockout
又称"组织特异性基因剔除"。在特定组织细胞类型中使基因功能完全丧失的实验技术。

05.188　反馈环　feedback loop
参与反馈机制的各组分形成的循环体系。

05.189　异位表达　ectopic expression
基因在原本不表达的细胞中表达的现象. 即基因表达的时空模式发生变化。

05.190　体内稳态　homeostasis
生物体内环境,包括生物体的组织、体液和功能维持动态平衡的状态。

05.191　双精入卵　dispermy
又称"双精受精"。两个精子进入同一个卵子并与其结合。双受精卵可发育成嵌合体。

05.192　多精入卵　polyspermy
指多个精子进入同一个卵子,但只有一个精子能与卵子结合,是一种正常现象。也指异常受精。如人类的带 X 和 Y 的两个精子同时入卵受精(双雄受精)或两个精子同时与卵和尚未排出的卵的极体受精(双雌受精)。

05.193　二卵双生　dizygotic twins
又称"异卵双生"。由两个受精卵发育而成的双生子。

05.194　同卵双生　monozygotic twins
又称"单卵双生"。同一个受精卵在胚胎发育早期,卵裂球割裂为两团细胞而发育成的双生子。

05.195　接合体　conjugant
原生动物纤毛虫有性生殖中参与接合的两个虫体。

05.196　无性生殖　asexual reproduction
不经过生殖细胞的结合由亲体直接产生子代的生殖方式。

05.197 有性生殖 sexual reproduction
又称"两性生殖(bisexual reproduction)"。经过两性生殖细胞结合,产生合子,由合子发育成新个体的生殖方式,主要是指配子生殖。

05.198 配子生殖 gametogony
由亲体产生的配子两两相配成对融合成合子,再由合子发育成新个体的生殖方式。分同配生殖、异配生殖和卵式生殖三种类型。

05.199 同配生殖 isogamy, homogamy
形状、结构相似,大小和行为相同的两个配子结合过程。

05.200 异配生殖 anisogamy, heterogamy
形状、结构相似,大小和行为不同的两个配子结合过程。

05.201 卵式生殖 oogamy
不能游动的大配子(卵细胞)和能够游动的小配子(精子),且卵细胞与精子相结合形成合子的一种高级异配生殖方式,是高等植物和多数动物所普遍具有的一种有性生殖方式。

05.202 孤雌生殖 parthenogenesis
又称"单性生殖"。雌配子不经受精而发育成胚胎,但不一定能发育为成体的生殖方式。

05.203 孤雄生殖 patrogenesis, androgenesis
又称"雄核发育","单雄生殖"。从一个雄核发育的,只含雄配子染色体组的单倍体胚胎的生殖方式。

05.204 无融合生殖 apomixis
在植物中不经过配子融合而产生新个体的生殖方式。

05.205 无配子生殖 apogamy
由助细胞、反足细胞或极核等非生殖性细胞发育成胚的现象。

05.206 无孢子生殖 apospory
由珠心或珠被细胞直接发育成胚的现象。

05.207 半配生殖 semigamy
无融合生殖的一种。减数或非减数雄性配子和雌性配子不经过核配而共同参与胚的形成,可以由此造成包括父本和母本组织的嵌合体。

05.208 未减数孢子生殖 apomeiosis
在减数分裂中,染色体没有减数的孢子生殖,并产生了无融合生殖。

05.209 准性生殖 parasexuality
不经过减数分裂而导致基因重组的一种生殖方式,常见于霉菌中。

05.210 双受精 double fertilization
被子植物有性生殖的特有受精现象。一个精核与卵受精形成二倍体的合子$(2n)$,另一个精核与两个极核相结合形成三倍体胚乳核$(3n)$。

05.211 自体融合 automixis
通过自体受精、幼体结合或单性核配的自体受精而进行的专性自体受精过程。

05.212 无融合结实 apogamogony
不通过受精作用而形成种子的现象。

06. 群体、数量遗传学

06.001 群体 population
享有一个共同的基因库,并能相互交配的一群个体。

06.002 理想群体 idealized population
群体足够大,群体内雌雄个体数相同并随机交配,每个个体产生的后代数相同,无世代重叠,无选择、突变、迁移等因素影响群体遗传平衡现象发生的群体。

06.003 无限群体 infinite population
由无穷多的个体组成的群体。

06.004 有限群体 finite population
由有限数量的个体组成的群体。

06.005 孟德尔式群体 Mendelian population
群体内的个体享有共同的基因库,通过有性生殖传递基因,可用孟德尔定律进行分析的群体。

06.006 异质群体 heterogeneous population
群体内在某一基因座上有不同基因型的群体。

06.007 同质群体 homogeneous population
群体内在某一基因座上只有一种基因型的群体。

06.008 平衡群体 equilibrium population
基因频率和基因型频率世代间不发生改变的群体。

06.009 有效群体大小 effective population size
群体中能将其基因连续传递到下一代的个体平均数。

06.010 交配系统 mating system
个体间按某种特定的方式进行交配的体系。

06.011 随机交配 random mating
在有性生殖的生物中,一种性别的任何一个个体有相同的机会和相反性别的个体进行交配的方式。

06.012 选型交配 assortative mating
两种基因型个体之间的交配概率不等于它们各自概率的乘积,是对随机交配的偏离。

06.013 同型交配 positive assortative mating
又称"正选型交配"。表型或基因型相似的个体间交配的方式。

06.014 异型交配 negative assortative mating
又称"负选型交配"。不同表型或基因型的个体间交配的方式。

06.015 矫正交配 corrective mating
使后代中不出现亲本的某种缺陷的一种选型交配。

06.016 基因库 gene pool
有性生殖生物的一个群体中,能进行生殖的所有个体所携带的全部基因或遗传信息。

06.017 基因多样性 gene diversity
又称"异质性指数(heterogeneity index)"。随机选择基因间的非同一的概率。

06.018 基因一致性 gene identity
又称"基因同一性"。群体中任意两个等位基因等同的概率。

06.019 基因流 gene flow
由于合子或配子的散布,基因从某一群体扩散到其他群体,从而引起等位基因频率改变的现象。

06.020 基因频率 gene frequency
群体中某特定等位基因数量占该基因座全部等位基因总数的比率。

06.021 基因型频率 genotypic frequency
群体中某特定基因型个体数占全部个体数的比率。

06.022 突变压 mutation pressure
由突变造成群体中基因频率改变的度量。

06.023 遗传漂变 genetic drift
又称"随机遗传漂变(random genetic drift)"。在小群体中由于世代间配子的随机抽样造成的误差所导致的基因频率的随机波动。

06.024 建立者效应 founder effect
又称"奠基者效应"。由少数个体的基因频率决定了它们后代中的基因频率的效应,是一种极端的遗传漂变作用。

06.025　瓶颈效应　bottle neck effect
当一个大群体通过瓶颈后由少数个体再扩展到原来规模的群体,这种群体数量的消长而对遗传组成所造成的影响称为瓶颈效应。

06.026　遗传平衡　genetic equilibrium
在大的随机交配群体中,没有突变、选择和迁移的条件下,基因频率和基因型频率与哈迪–温伯格平衡定律的假定相符合的一种情况,该情况在连续的世代中仍维持不变。

06.027　哈迪–温伯格平衡　Hardy-Weinberg equilibrium
又称"哈迪–温伯格法则(Hardy-Weinberg law)"。哈迪(G. H. Hardy)和温伯格(W. Weinberg)于1908年提出的。在一个没有突变、选择和迁移的遗传漂变的无限大的随机交配群体中,一对等位基因在常染色体上遗传时,无论群体起始基因频率如何,只要经过一代的随机交配,群体的基因型频率和基因频率即达到平衡状态。

06.028　赖特平衡　Wright equilibrium
赖特(S. Wright)于1922年提出的关于近亲繁殖群体的遗传平衡定律。当群体的基因频率(p, q)和近交系数(f)保持不变时,群体的基因型频率处于[p^2+fpq, $2pq(1-f)$, q^2+fpq]平衡状态。

06.029　连锁平衡　linkage equilibrium
当考察两个或多个基因座时,由亲代群体传递给后代群体的各种单体型的频率与自由组合的理论频率相符的现象。

06.030　连锁不平衡　linkage disequilibrium
由于基因座间的连锁关系或其他原因(选择、突变、群体混杂等),群体中的配子和基因型频率偏离随机组合的期望值。

06.031　遗传冲刷　genetic erosion
遗传资源的多样性遭破坏的现象。

06.032　遗传距离　genetic distance
一种用来估算两个个体或群体之间基因差异的度量。

06.033　遗传死亡　genetic death
由于自然选择使带有降低适合度的突变基因的基因型从群体中消失的现象。

06.034　遗传负荷　genetic load
又称"遗传代价(genetic cost)"。具有有害基因的特定群体的平均适合度比最适基因型组成的群体的适合度降低的比例。

06.035　突变负荷　mutational load
由降低群体适合度频发突变产生的遗传负荷。

06.036　分离负荷　segregation load
有利的杂合子由于基因分离而产生不利的纯合子,从而使群体承受的遗传负荷。

06.037　迁移负荷　immigration load
由其他群体迁入的个体所带入的基因构成土著群体的遗传负荷。

06.038　置换负荷　substitutional load
当选择有利于一个新的等位基因置换现有的基因时所产生的遗传负荷。

06.039　致死当量　lethal equivalent
在二倍体生物的群体中,每个成员在杂合状态下所携带的隐性有害基因的平均数与每个基因纯合时引起成熟前死亡的平均概率的乘积。

06.040　性状趋异　character divergence
在地理位置上重叠分布的两个物种在某性状上表现出明显差异的现象。

06.041　性状趋同　character convergence
不同物种具有相似的适应区域,而使其结构或表型出现某些共同特征的现象。

06.042　适应性　adaptability

生物体对所处生态环境的适应能力。

06.043 共适应 coadaptation
又称"互适应"。具协同效应的基因在某群体基因库内得以积累的选择过程。

06.044 孟德尔抽样 Mendelian sampling
亲本产生配子时等位基因随机分离,合子形成过程中对配子的随机结合,使后代获得的基因只是亲本所携带基因的一个随机样本的抽样过程。

06.045 适合度 fitness
又称"适应值(adaptive value)"。在某种环境条件下,某已知基因型的个体将其基因传递到其后代基因库中的相对能力。

06.046 杂合度 heterozygosity
群体中某一基因座上出现杂合形式的等位基因多态的频率。

06.047 纯合度 homozygosity
群体中基因纯合子占个体总数的比值。

06.048 有效等位基因数 effective number of allele
理想群体中(所有等位基因频率相等),一个基因座上产生与实际群体中相同的纯合度所需的等位基因数。它等于实际群体的纯合度的倒数。

06.049 多态基因座 polymorphic locus
在一个相互交配的群体中,存在两个或两个以上等位基因的基因座。最常出现等位基因的频率低于0.95。

06.050 多态信息含量 polymorphism information content, PIC
在连锁分析中一个遗传标记多态性可提供的信息量的度量。它是一个亲本为杂合子,另一亲本为不同基因型的概率。

06.051 迁入 immigration
一个群体的个体进入另一个群体的过程。

06.052 迁移 migration
群体间个体的流动或基因交流的过程。

06.053 平衡多态性 balanced polymorphism
多态在群体中持续保持的现象。

06.054 工业黑化现象 industrial melanism
19世纪在英国西北部的工业区由于环境污染导致某些昆虫中因鸟类的差别捕食使黑色突变型频率增加的现象。

06.055 过渡性多态性 transient polymorphism
在进化过程中,群体中的一种形态被另一种形态所取代的过渡阶段中表现出的暂时性多态现象。

06.056 二态性 dimorphism
一个物种分成形态上不同的两群的现象。

06.057 多样性中心 center of diversity
一个物种的遗传多样性最丰富的地区。

06.058 伦施法则 Rensch's rule
伦施(B. Rensch)于1960年提出的一种法则,认为动物的体型越大,则两性间体型的差异越大。

06.059 多基因 polygene
又称"微效基因(minor gene)"。对数量性状单独的影响较小且具有累加效应的一组基因。

06.060 主基因 major gene
又称"寡基因(oligogene)"。对数量性状能产生明显表型效应的基因。

06.061 主-多基因混合遗传 major-polygene mixed inheritance
又称"主基因-微效基因混合遗传"。控制数量性状的基因既有遗传效应较大的主基因,又有多基因,性状在分离世代中既有可分组的趋势,又存在组间界限模糊的遗传现象。

06.062　多基因系统　polygenic system
控制数量性状的大量多基因统称为多基因系统。

06.063　超亲遗传　transgressive inheritance
后代个体遗传值高于高值亲本或低于低值亲本的遗传现象。

06.064　超显性　overdominance
杂合子基因型值超过显性纯合子基因型值的现象。

06.065　质量性状　qualitative character,
　　　　　　　　　　qualitative trait
由一对或几对基因控制、不易受环境影响、表现为不连续变异的性状。

06.066　数量性状　quantitative character,
　　　　　　　　　　quantitative trait
由多基因控制、易受环境影响、呈现连续变异的性状。

06.067　阈[值]性状　threshold character,
　　　　　　　　　　　threshold trait
由连续的遗传和环境变异所控制,但表现为不连续性变异的性状。

06.068　度量性状　metric trait
可通过测量手段而获得表型值的数量性状。

06.069　连续性状　continuous trait
在群体中某性状呈现一系列连续不断的程度上的差异,带有这些差异的个体没有质的差别,只有量的不同,因而不可以严格分类的一种数量性状。

06.070　目标性状　objective trait, target trait
在动植物育种中,希望通过选择而获得遗传改良的性状。

06.071　辅助性状　assistant trait
用于间接选择的非目标性状。

06.072　信息性状　information trait
为估计目标性状育种值或综合育种值可提供信息的性状。

06.073　连续变异　continuous variation
分离群体中性状表型值无明显分组的变异,多为正态分布

06.074　不连续变异　discontinuous variation
分离群体中性状表型值可以明显地分组、度量值不连续的变异。

06.075　相关变异　covariation
由于遗传或环境的原因造成的性状间的协同变异。

06.076　偶然变异　accident variation
由偶然因素引发的变异。

06.077　表型值　phenotypic value
通过观察或测量所得到的个体或群体在某数量性状上的数值。

06.078　表型分布　phenotype distribution
群体内性状表型值的分布。

06.079　高尔顿定律　Galton's law
高尔顿(F. Galton)于1889年在研究人类身高的亲子关系时发现的生物数量性状的"回归现象",即平均来说,子代的表型值比亲代更接近于群体的平均值。

06.080　霍尔丹法则　Haldane's rule
在杂种一代中,某一性别的个体稀少、缺乏或者不育,它们往往是异配性别。

06.081　世代交替　alternation of generations
生物的有性世代和无性世代交替出现的现象。

06.082　世代间隔　generation interval
个体出生时父母的平均年龄。

06.083　阈值　threshold value
决定阈性状表型类别的在潜在连续分布上的临界值。

06.084 阈[值]模型 threshold model
赖特(S. Wright)于 1934 年在研究豚鼠的趾数性状时提出的阈性状遗传规律模型。

06.085 加性效应 additive effect
在多基因决定的数量性状中,各基因独自产生的效应。

06.086 非加性效应 non-additive effect
由于基因之间的交互作用而影响表型值的效应。

06.087 显性效应 dominance effect
等位基因之间的交互作用所产生的效应。

06.088 基因型值 genotypic value
又称"遗传值(genetic value)"。影响一个数量性状的所有基因的加性效应和非加性效应的总和。

06.089 加性基因 additive gene
效应可累加、不产生互作效应(显性和上位)的基因。

06.090 环境效应 environmental effect
非遗传因素对数量性状的影响。

06.091 暂时性环境效应 temporary environmental effect
只对个体的某性状的一次表现产生影响的环境效应。

06.092 永久性环境效应 permanent environmental effect
对个体的某性状的多次表现(如奶牛各个胎次的产奶量)都产生影响的环境效应。

06.093 共同环境效应 common environmental effect
全同胞家系内个体间由于共同的生活环境造成在某些性状的相似性的增加。

06.094 环境相关 environmental correlation
度量影响不同性状的环境效应和非加性遗传效应之间的相关程度的参数。

06.095 育种值 breeding value
一个个体所携带的影响一个数量性状的所有基因的加性效应值的总和。

06.096 估计育种值 estimated breeding value
利用各种亲属资料估算出个体某数量性状的育种值估计值。

06.097 综合育种值 aggregate breeding value
个体多个数量性状的育种值的加权总和。

06.098 表型方差 phenotypic variance
群体中数量性状表型值的方差。

06.099 环境方差 environmental variance
群体中由于个体所处的环境差异所造成的表型值变异的度量,是表型方差的一部分。

06.100 遗传方差 genetic variance
又称"基因型方差(genotypic variance)"。由于群体中个体间基因型的不同所造成数量性状表型值变异的度量,是表型方差的一部分。包括加性遗传方差和非加性遗传方差。

06.101 加性遗传方差 additive genetic variance
又称"育种值差"。由基因的加性效应造成的方差,是遗传方差的一部分。

06.102 非加性遗传方差 non-additive genetic variance
由基因的显性效应和上位效应造成的方差,是遗传方差的一部分。

06.103 显性方差 dominance variance
由基因的显性效应造成的方差,是非加性遗传方差的一部分。

06.104 上位方差 epistatic variance
由基因的上位效应造成的方差,是非加性遗传方差的一部分。

06.105 表型相关 phenotypic correlation

群体中不同数量性状的表型值之间的相关。

06.106　表型选择差　phenotypic selection differential
群体中留种个体的平均表型值与供选个体的平均表型值之差。

06.107　遗传协方差　genetic covariance
由遗传效应所造成的数量性状间的协方差。动物中一般指基因的加性效应所造成的协方差。

06.108　环境协方差　environmental covariance
由环境造成的数量性状间的协方差。动物中一般还包含非加性效应造成的协方差。

06.109　显性度　degree of dominance
衡量显性效应大小的参数。杂合子基因型值与显性纯合子基因型值的比值。当比值为 1 时,为完全显性;当比值小于 1 时,为不完全显性;当比值大于 1 时,为超显性。

06.110　重复率　repeatability
衡量一个数量性状在同一个体多次度量值之间的相关程度的遗传参数。

06.111　组内相关系数　intra-class correlation coefficient
组内由某种特定联系的多组数据两两之间的平均相关系数。等于组间方差与总方差(组间方差与组内方差之和)之比。

06.112　遗传率　heritability
又称"遗传力"。数量遗传的基本参数之一。是在数量性状由父母到子女的传递过程中,可以遗传并予以固定的部分。分为广义遗传率和狭义遗传率。

06.113　广义遗传率　broad heritability, broad sense heritability, heritability in the broad sense
又称"遗传决定系数(coefficient of genetic

determination)"。群体中某数量性状的遗传方差在表型方差(总方差)中所占的比率。

06.114　狭义遗传率　narrow heritability, narrow sense heritability, heritability in the narrow sense
群体中某数量性状的加性遗传方差在表型方差中所占的比率。

06.115　实现遗传率　realized heritability
在一个群体中实施表型选择时获得的实际选择反应与选择差的比率。

06.116　实现遗传相关　realized genetic correlation
分别在两个群体中对两种数量性状实施表型选择,根据所获得的实际直接选择反应和间接选择反应计算出性状间的相关。

06.117　互补交配　complementary mating
使后代的总体性能超过双亲且具有不同优点但能够互补的双亲交配方式。

06.118　同胞　sibling, sib
同一单亲或双亲的后代个体。

06.119　半同胞　half-sib
单亲相同的后代个体。

06.120　全同胞　full-sib
双亲相同的后代个体。

06.121　同胞群　sib group, sibship
由全同胞或半同胞组成的群体。

06.122　品系　strain
源出于一个共同的祖先而且具有特定基因型的动植物或微生物。

06.123　品种　variety, breed(动物), cultivar(植物)
在一定的生态和经济条件下,经自然或人工选择形成的动、植物群体。具有相对的遗传稳定性和生物学及经济学上的一致性,并可以用普通的繁殖方法保持其恒久性。

06.124 纯种 pure breed, purebred
完全由纯系繁育方式繁育的个体或植物的高度自交系。

06.125 变种 variety
具有某些遗传特征的一群植物或动物,不同于同一种内的其他一群个体。

06.126 单源种 monophyletic species
从单一孟德尔式群体演化出来的几个物种。

06.127 同型种 phenon
根据数值分类学归并在一起的一群生物。

06.128 同胞种 sibling species
又称"姊妹种"。在外部形态上极为相似,但相互间又有完善的生殖隔离的群体。

06.129 原种 stock
保持一定基因型的培养物,可用于随时取得属于该一基因型的生物。

06.130 亚种 subspecies
种内个体在地理和生态上充分隔离以后所形成的群体。

06.131 纯系繁育 purebreeding
品种内或品系内个体间相互交配繁殖后代的方式。

06.132 杂交不育性 cross-infertility, cross-sterility
由于遗传不亲和等原因造成远缘杂种不育的现象。

06.133 近交 inbreeding
有亲缘关系的个体间的交配。

06.134 近交系 inbred strain, inbred line
通过近交而育成的品系。

06.135 近亲交配 consanguineous marriage
又称"近亲婚配"。亲缘关系较近的个体间的交配。

06.136 半同胞交配 half-sib mating
同父异母或同母异父的个体间的交配。

06.137 全同胞交配 full-sib mating
双亲完全相同的个体间的交配。

06.138 异族通婚 miscegenation
不同种族个体间的婚配。

06.139 远交 outbreeding
无亲缘关系的个体间的交配。在动物育种实践中常指交配个体间的亲缘关系比群体内随机交配时所期望的更远。

06.140 渐渗杂交 introgressive hybridization
杂交后代重复进行回交,逐渐将一个品种的某个特定基因引入另一品种的杂交方式。

06.141 级进杂交 grading up
将两个品种杂交和重复回交使一个品种逐渐地接近或变为另一个品种的杂交方式。

06.142 远缘杂交 distant hybridization, wide cross
不同种属个体间的交配。

06.143 轮回亲本 recurrent parent
又称"回归亲本"。在导入杂交或级进杂交中一直用来进行回交的亲本。

06.144 非轮回亲本 non-recurrent parent
又称"非回归亲本"。在导入杂交或级进杂交中作为基因供体,仅进行一次杂交,以后就不再用来回交的亲本。

06.145 双列杂交 diallel cross
一组亲本间进行所有可能交配(包括反交和纯繁)的杂交实验设计。

06.146 不完全双列杂交 incomplete diallel cross
缺少部分杂交组合的双列杂交。

06.147 双因子杂种率 dihybrid ratio
两对基因型不同的亲本进行杂交后,所获得的双因子杂交后代的分离比。可用于分析基因的相互作用、连锁与交换等研究。

06.148 三列杂交 triallel cross
一组亲本先进行双列杂交,其杂交后代再和所有亲本进行可能的杂交,形成一套复合杂交后代群体。

06.149 远缘杂种 distant hybrid, wide hybrid
由远缘杂交产生的后代。

06.150 配合力 combining ability
衡量个体或群体传递优良遗传特性的能力的一个参数。分为一般配合力和特殊配合力。

06.151 一般配合力 general combining ability
在双列杂交试验中,一个品系与所有其他品系杂交的子一代的平均数与所有杂交组合的子一代的总平均数的离差。

06.152 特殊配合力 specific combining ability
在双列杂交试验中,某一杂交组合的子一代的平均数(表示为与所有杂交组合的子一代的总平均数的离差)与两个亲本品系的一般配合力之和的离差。

06.153 同胞分析 sib analysis
依据同胞资料进行的遗传分析。

06.154 同胞配对法 sib-pair method
用同胞对来进行的遗传分析。

06.155 同胞选择 sib selection
基于同胞信息的个体遗传评定和选择方法。

06.156 同胞对分析 sib-pair analysis
利用全同胞对的标记基因和表型信息进行连锁分析的方法。

06.157 遗传评估 genetic evaluation
用不同信息来源的资料对个体的遗传应用价值所进行的评价。

06.158 遗传相关 genetic correlation
群体中不同性状的育种值之间的相关。

06.159 遗传获得量 genetic gain
通过选择获得的群体平均育种值的进展。

06.160 遗传传递力 genetic transmitting ability
一个个体传递给后代的加性遗传值。由于亲代只传递其所有基因的一半给后代,所以传递力等于育种值的一半。

06.161 通径系数 path coefficient
表示变量间因果关系程度的一个指标。为标准化回归方程中的偏回归系数。

06.162 近亲 consanguinity
个体间的亲缘关系比随机交配时所期望的亲缘关系更近。

06.163 近交系数 coefficient of inbreeding
度量个体近交程度的参数。某个体的近交系数为结合的配子间的相关系数。

06.164 近亲系数 coefficient of consanguinity, coefficient of coancestry
从两个个体产生的配子中各随机抽取一个,它们携带的某基因座上的等位基因相同且同源的概率。它等于这两个个体交配所生后代的近交系数。

06.165 亲缘系数 coefficient of relationship
由赖特(S. Wright)于1922年定义的用于度量两个个体间亲缘关系的一个指标,等于两个个体的基因组中相同且同源基因的比例。

06.166 选择 selection
不同基因型(或个体)有不同的繁殖力或生活力的现象。

06.167　选择系数 selection coefficient, coefficient of selection

测量某基因型在群体中不利于生存程度的数值，亦即在选择作用下所降低的适合度，是选择强度的一种度量。

06.168　选择指标 selection criterion

在选择中用来度量个体相对优劣的量化指标。如估计育种值、表型值等。

06.169　选择指数 selection index

将各种表型信息加权综合制定的选择指标，可估算个体育种值。

06.170　综合选择指数 multiple selection index

在多性状选择时所制定的选择指数，作为个体综合育种值的估计。

06.171　选择压[力] selection pressure

以选择系数来度量自然选择在若干世代中，使群体遗传组成发生改变的效能。

06.172　选择差 selection differential

留种个体选择指标平均表型值与所有供选个体选择指标平均表型值之差。

06.173　选择反应 selection response

又称"选择响应"，"选择进展"。留种个体后代平均值与供选择群体平均值之差。

06.174　相关选择反应 correlated selection response

在相关选择过程中，对性状 X 的选择达到对相关性状 Y 的预期的选择反应，其数值为 $CR_Y = b_{(A)YX} R_X$，其中 $b_{(A)YX}$ 表示为 Y 的育种值对 X 育种值的回归系数，R_X 为对 X 性状的直接选择反应。

06.175　选择极限 selection limit

在长期选择中，随选择的进行，有利基因在群体中逐渐被固定，遗传方差减小，最终全部有利基因被固定，遗传方差变为零，选择反应停止的现象。

06.176　选择强度 intensity of selection

标准化的选择差，即以标准差为单位的选择差。

06.177　单性状选择 single trait selection

针对单一性状进行的选择。

06.178　多性状选择 multiple trait selection

针对多个性状进行的选择。

06.179　顺序选择法 tandem selection

对多个目标性状依次逐一进行选择的方法。

06.180　约束选择 restricted selection

对多性状选择时，在一些性状获得最大改进的同时保持另一些性状不发生改变的选择方法。

06.181　最宜选择 optimum selection

对多性状选择时，在一些性状获得最大改进的同时使另一些性状按给定的速率发生改变的选择方法。

06.182　家系内选择 within-family selection

在每个家系内根据个体表型和家系均值的偏差进行选择的方法。

06.183　家系选择 family selection

根据家系的平均值，以家系为单位进行选择的方法。

06.184　合并选择 combined selection

动物遗传改良的选择方法，将家系选择和家系内选择的信息合并进行选择的方法。

06.185　间接选择 indirect selection

根据性状之间的相关关系，通过对一个性状（即辅助性状）的选择来达到改良另一个性状（即目标性状）的目的选择方法。

06.186　人工选择 artificial selection

人为选出优良个体(植株)或基因型作为繁殖群体，淘汰不良个体(植株)或基因型的选择方式。

06.187　个体选择　individual selection
基于个体本身的表型进行的选择。

06.188　集团选择　bulk selection
基于群体或集团的表型进行的选择。

06.189　混合选择　mass selection
作物育种的人工选择方法之一。选择优良
单株后混合脱粒播种,下年继续相同选择过
程的选择方法。

06.190　截断选择　truncation selection
根据进行的选择,凡达到或超过某一标准
(临界值)的个体均被保留,否则就淘汰的选
择方法。

06.191　标记辅助选择　marker-assisted selection
为提高选择的效率,利用与影响目标性状的
基因相连锁的遗传标记进行的辅助选择。

06.192　标记辅助导入　marker-assisted introgression
借助遗传标记将某个品种(品系)基因组中
某特有的基因导入另一个缺乏该基因的品
种(品系)基因组中的方法。

06.193　独立淘汰法　independent culling method
为每一个目标性状规定一个最低选择标准,
当候选个体在任何一个性状上的表现低于
相应的标准时,即予淘汰的一种对多性状选
择的方法。

06.194　对数优势比　logarithm of the odds score, LOD score
又称"LOD 记分"。主要用于检验两个基因
座间是否彼此连锁的可能性。是两个基因
座不连锁的样本观察值的最大似然函数与
两个基因座彼此连锁的样本观察值的最大
似然函数之比的常用对数。对数优势比为

正值,有利于连锁;对数优势比为零,意味连
锁与不连锁的可能性各为 50% ;对数优势
比为负值,表示有一定重组值的连锁。对数
优势比为+3 时,连锁概率为 0.95;对数优势
比为-2 时,不连锁的概率为 0.95。

06.195　候选基因　candidate gene
对主基因进行检测中作为候选者的并具有
已知生物学功能的基因。

06.196　候选基因分析　candidate gene approach
通过对候选基因与性状表型值的关联分析
判断其是否就是主基因或是否与主基因紧
密连锁。

06.197　混合家系　mixed family
由全同胞和半同胞组成的家系。

06.198　混合模型　mixed model
由固定效应和随机效应(随机误差除外)两
部分组成的统计分析模型。

06.199　混合模型方程组　mixed model equations, MME
由亨德森(C. R. Henderson)于 1953 年推导
的,以混合模型为基础建立的线性方程组。
对这种方程组求解,可得到固定效应的最佳
线性无偏估计量和随机效应的最佳线性无
偏预测。

06.200　最佳线性无偏估计量　best linear unbiased estimator, BLUE
如果一个参数的估计量具有线性(估计量是
样本观察值的线性函数)、无偏(估计量的数
学期望等于真值)和估计误差方差最小等统
计学性质,则称其为最佳线性无偏估计量。

06.201　最佳线性无偏预测　best linear unbiased prediction, BLUP
如果对一个随机效应(如个体育种值)的预
测具有线性(预测量是样本观察值的线性函
数)、无偏(预测量的数学期望等于随机效应

本身的数学期望)和预测误差方差最小等统计学性质,则称其为最佳线性无偏预测。

06.202 近交衰退 inbreeding depression
在近交后代中出现生长、成活或可育性等衰减的现象。

06.203 同源相同基因 genes identical by descent
由同一个祖先的同一个基因复制传递下来的基因。

06.204 经济加权值 economic weight
性状的育种值每改变一个单位时可望获得的经济效益,是对各性状的经济重要性的度量。

06.205 孟德尔抽样离差 Mendelian sampling deviation
孟德尔抽样造成的后代育种值与双亲育种值平均数的离差。

06.206 配子模型 gametic model
后代育种值表示为双亲育种值的线性函数的遗传分析模型。

06.207 频率分布 frequency distribution
群体中基因座上各种等位基因(或各种基因型)的相对频率。

06.208 数量性状基因座 quantitative trait locus,QTL
对数量性状的遗传变异起作用的基因。

06.209 适应辐射 adaptive radiation
在较短时期内,通过自然选择,由单个原始物种形成的各种不同的对特定环境产生了适应的类型。

06.210 杂交育种 crossbreeding
通过杂交来培育新品种或品系的育种方法。

06.211 突变育种 mutation breeding
从人工诱发的突变体中选育新品种。

06.212 杂种优势 heterosis,hybrid vigor
杂交子代在生长、成活、繁殖能力或生产性能等方面均优于双亲均值的现象。

06.213 杂交弱势 pauperization
杂交子代的表型值低于双亲平均表型值的遗传现象。

06.214 基因型与环境互作 genotype by environment interaction,G×E interaction
不同基因型的个体在不同环境中的表型值相对优劣不同的现象。

06.215 总体 population
又称"统计总体"。一个统计问题研究对象的全体,是具有某种(或某些)共同特征的元素的集合。

06.216 样本 sample
按一定方法从总体中随机抽取的部分个体。

06.217 总体参数 population parameter
简称"参数"。反映总体特征的数。

06.218 统计量 statistic
描述样本特征的数。

06.219 准确性 accuracy
观测值或估计值与真值的接近程度。

06.220 精确性 precision
对同一物体的某特征重复观察值或对某参数的重复估计值彼此之间的接近程度。

06.221 [数学]期望 mathematical expectation
一次随机抽样中所期望的某随机变量的取值。

06.222 无偏估计量 unbiased estimate
从样本得到的总体参数估计值的数学期望等于该参数的真值,则称该估计值为无偏估计量。

06.223 方差 variance

度量总体(或样本)各变量间变异程度的参数(总体)或统计量(样本)。

06.224 标准差 standard deviation
方差的平方根。表示一组数据的变异程度的参数。

06.225 标准误[差] standard error
样本统计量的标准差。

06.226 抽样方差 sampling variance
样本统计量的方差。

06.227 变异系数 coefficient of variability, coefficient of variation
表示一个变量变异程度大小的统计量,为标准差与平均数的比值的百分数。

06.228 协方差 covariance
度量两个随机变量协同变化程度的方差。

06.229 随机变量 random variable
在一定范围内以一定的概率分布随机取值的变量。

06.230 连续性随机变量 continuous random variable
在一定范围内可取任意值的随机变量。

06.231 离散性随机变量 discrete random variable
只取有限种可能值的随机变量。

06.232 相关 correlation
用相关系数来计量的两个或几个随机变量协同变化的程度。当变量间呈现同一方向的变化趋势时称为"正相关(positive correlation)",反之则称为"负相关(negative correlation)"。

06.233 相关系数 coefficient of correlation
度量两个随机变量间关联程度的量。相关系数的取值范围为$(-1, +1)$。当相关系数小于0时,为负相关;大于0时,为正相关;

等于0时,为零相关。

06.234 相关分析 correlation analysis
研究随机变量之间相关性的统计分析方法。

06.235 回归分析 regression analysis
研究一个随机变量Y对另一个(X)或一组($X_1, X_2, \cdots, X_k$)变量的相依关系的统计分析方法。

06.236 回归系数 regression coefficient
回归分析中度量依变量对自变量的相依程度的指标,它反映当自变量每变化一个单位时,依变量所期望的变化量。

06.237 一元回归 simple regression
只有一个自变量的回归分析。

06.238 多元回归 multiple regression
有两个或两个以上自变量的回归分析。

06.239 回归方程 regression equation
根据样本资料通过回归分析所得到的反映一个变量(依变量)对另一个或一组变量(自变量)的回归关系的数学表达式。

06.240 方差分析 analysis of variance
检验不同的处理所产生的效应的差异是否显著的统计分析方法。

06.241 最大似然法 maximum likelihood method
使样本观测值的似然函数达到最大的统计量作为总体参数的估计量的方法。

06.242 置信区间 confidence interval
由样本对某总体参数所做的区间估计,该区间以一定的置信度(概率)包含该参数的真值。

06.243 正态分布 normal distribution
又称"高斯分布"。一种最常见的连续性随机变量的概率分布。

06.244 抽样分布 sampling distribution

样本统计量的概率分布。

07. 进化遗传学

07.001　进化　evolution
又称"演化"。在选择压力下,生物群体的遗传组成随时间而发生优胜劣汰的改变,并导致相应的表型的改变。在大多数情况下,这种改变使生物适应其生存环境。

07.002　非达尔文进化　non-Darwinian evolution
泛指不符合达尔文进化学说的进化过程。

07.003　分子进化　molecular evolution
研究生物大分子(如核酸和蛋白质分子)的进化速率、模式及机制的理论。

07.004　微观进化　microevolution
反映较短时间内的进化模式,通常指种内的进化。

07.005　宏观进化　macroevolution
反映以地质年代为尺度的时间内的进化模式。宏观进化包含种以上分类单元的进化。

07.006　渐进式进化　progressive evolution
认为进化是定向的一种错误的拉马克进化学说。

07.007　量子式进化　quantum evolution, tachytelic evolution
处于不平衡状态的生物群体较快地变到明显不同于其祖先的平衡状态,在短时间内迅速完成一些重大的进化。

07.008　协同进化　(1)concerted evolution, coincidental evolution (2) coevolution
(1)在进化中保持基因家族成员间核苷酸序列等同的分子进化机制。(2)由于生存、生殖相互依赖的结果,物种间同步进化。

07.009　平行进化　parallel evolution
两个或多个系谱分别独立进化出相同或相似的性状。

07.010　化学进化　chemical evolution
地球上生命出现之前的进化,延续数亿年之久。其过程包括无机小分子形成生物小分子和生物小分子聚合为生物大分子。

07.011　趋同进化　convergent evolution
不同的物种在进化过程中,由于适应相似的环境而呈现出表型上的相似性。也指不同起源的蛋白质或核酸分子出现相似的结构和功能。

07.012　趋异进化　divergent evolution
同一物种在进化过程中,由于适应不同的环境而呈现出表型差异的现象。

07.013　种系进化　phyletic evolution
一个物种没有经过系谱分裂而整体逐渐形成新种的进化模式。

07.014　前进进化　anagenesis
从单细胞生物到多细胞生物,从原核生物到真核生物的进化表现为结构层次增多和分化程度增大,导致复杂性增长的进化。

07.015　退行演化　regressive evolution
向退化方向的变化。与前进进化相对。

07.016　退化　degeneration
在个体发生或系统发生过程中,个体、器官和细胞等单纯的形态变化及活动能力的减退等称之为退化。

07.017　进化速率　evolutionary rate
进化过程中,每个世代或单位时间内发生的

改变。

07.018 进化节奏 tempo of evolution
进化过程中,物种在各个不同阶段有不同的
进化速率。

07.019 进化趋势 trend of evolution
在相对较长的时间尺度上,一个线系或一个
单源群的成员表型进化改变的趋向。

07.020 系统发生 phylogeny
又称"种系发生"。一个生物体或一个分类
群的演化历史。

07.021 重演 recapitulation
生物体在其个体发生中重演其系统发生的
过程。

07.022 适应 adaptation
生物体的结构或功能在产生任何变化之后
对环境条件能自行调整的过程。

07.023 前适应 preadaptation
突变产生的新特性或新功能,若干代后因为
环境的改变而成为适应性状。

07.024 适应性地形图 adaptive topography,
adaptive landscape
用地形图模型形象地描述生物的适应性,用
峰表示高适应性,谷表示低适应性。地形图
中的每一个位置由具有特定频率的基因型
所占据。

07.025 适应峰 adaptive peak
在适应性地形图中适应性最高的基因型所
占据的峰顶。

07.026 适应谷 adaptive valley
在适应性地形图中峰与峰之间的谷,表示最
低适应性的基因型。

07.027 性选择 sexual selection
同性个体间对配偶的竞争或异性个体间的
相互选择。

07.028 中性突变 neutral mutation
产生的新等位基因与群体中已有的等位基
因的适合度相同的突变。

07.029 自然选择 natural selection
生物进化的一种理论。指生物在演化过程
中,更能适应环境而有利于生存和能留下更
多后代的基因和个体的频率会增加,相反,
则频率会减少。

07.030 分裂选择 disruptive selection
又称"歧化选择(diversifying selection)"。把
一个群体中的极端变异按不同的方向保留
下来,而中间常态类型则大为减少的选择。

07.031 稳定[化]选择 stabilizing selection
又称"正态化选择"。把趋于极端的变异类
型淘汰而保留中间类型的个体,使生物类型
具有相对的稳定性的选择方式。

07.032 定向选择 orthoselection
又称"正选择(directional selection)"。自然
选择中最常见的一种形式。当适合度从一
种极端类型到中间类型再到另一种极端类
型逐渐升高时,适合度低的极端类型被淘汰
的选择方式。

07.033 负选择 negative selection
自然选择的一种形式。突变的等位基因是
有害的,因而在群体中被淘汰。

07.034 背景选择 background selection
负选择的一种形式。不仅清除有害突变,而
且同时清除与其连锁的位点。

07.035 平衡选择 balancing selection
自然选择的一种形式。杂合子具有最高的
适合度,从而得以维持基因座上的多态。

07.036 频率依赖选择 frequency dependent
selection
简称"依频选择"。对某种基因型的选择依
赖于该基因型在群体中的频率,频率低,选

择有利于该种基因型;频率高,选择不利于该种基因型。

07.037 亲属选择 kin selection
有利于一群遗传上相关的个体(亲属)的选择;与之相对的是利于一个个体或该个体的直接后代的选择。

07.038 自然选择代价 cost of natural selection
一个等位基因取代另一个等位基因时,付出被取代基因消亡的代价。

07.039 选择中性 selective neutrality
指群体中共存的等位基因间没有明显的适合度差异,它们在群体中的频率由随机遗传漂变决定。

07.040 背景拉拽 background trapping
在不发生重组的情况下,与适合度最高的基因连锁的所有基因将很快在群体中固定下来的现象。

07.041 灭绝 extinction
又称"绝灭"。一种特定的生物或一群发生全球性的死亡和消失的现象。

07.042 集群灭绝 mass extinction
在相对较短的地质时间内出现大规模的高级分类单元整体消失的现象。

07.043 常规灭绝 normal extinction
在整个生命史上,灭绝以一定的规模经常发生,表现为各分类群中部分物种的替代及新种产生和某些老种消失的过程。

07.044 祖征 plesiomorphy
与祖先特征相似的性状。

07.045 共同祖征 symplesiomorphy
两个或两个以上共同祖先的系谱所共有的祖征。

07.046 衍征 apomorphy
由祖先特征演化而来的,但表型不同的特征。

07.047 共同衍征 synapomorphy
两个或两个以上共同祖先的系谱所共有的衍征。

07.048 并系群 paraphyletic group
由同一祖先演化而来的部分后代所组成的一个类群。

07.049 溯祖理论 coalescence theory
追溯共同祖先后代系谱进化特征、动态变化过程和样本特性的群体遗传学理论。

07.050 溯祖时间 coalescence time
将两条序列追溯到其最近共同祖先所需要的世代数。

07.051 单祖论 monogenism
人种起源的一种假说,认为现代人群于10万～20万年前起源于非洲的一个单一群体,后向各大洲扩散并且取代了当地的直立人。

07.052 多祖论 polygenism
人种起源的一种假说。认为各大洲的现代人群是由当地的直立人群独立演化的。

07.053 多地域进化 multiregional evolution
现代人起源的一种假说。认为现代人是由直立人在不同的地域环境下分别进化的。

07.054 单系 monophyly
特指满足如下条件的生物类群:①其所有成员来自于一个最近共同祖先;②该最近共同祖先的所有后代都在这个类群中。

07.055 复系 polyphyly
又称"多系"。成员来源于不同的共同祖先的生物类群。

07.056 内含子早现 introns early
认为内含子非常古老,早就出现在进化早期

的基因中,现正逐渐从真核基因组中丢失的假说。

07.057　内含子迟现 introns late

认为内含子是在近期演化中才出现的,在真核基因组中逐渐积累的假说。

07.058　竞争排斥 competitive exclusion

生态需求相同的两个物种,由于生态位冲突不能长久共存在同一地区,一个物种最终将被另一个物种取代。

07.059　隔离 isolation

受空间、时间、行为、生理等因素的阻碍,群体间不能进行基因交流的现象。

07.060　地理隔离 geographical isolation

地理屏障降低或终止群体间基因交流的隔离。

07.061　生殖隔离 reproduction isolation

不同种群的个体间不能交配或交配不育或不能产下有繁殖能力的后代,导致种群间不能发生基因交流。

07.062　合子前隔离 prezygotic isolation

生殖隔离的一种方式。不同物种的个体间不能交配,或者交配后不能形成合子。

07.063　合子后隔离 postzygotic isolation

生殖隔离的一种方式。交配形成的合子不能发育到成体,或成体的生殖力缺如或低下。

07.064　生态隔离 ecological isolation

同一地区内的不同种群因生活和栖居习性的不同,彼此间交配不易成功的隔离机制。如开花季节和栖息地等不同。

07.065　季节隔离 seasonal isolation

又称"时间隔离(temporal isolation)"。不同群体的发情不同或开花授粉的季节不一致导致的隔离。

07.066　栖息地隔离 habitat isolation

同一地区内的不同群体因生活在不同的小生境而造成的隔离。

07.067　性隔离 sexual isolation

雌雄两性个体由于性成熟期、性器官等的不同造成的隔离,包括行为隔离。

07.068　行为隔离 behavioral isolation, ethological isolation

求偶行为的不同导致潜在配偶相遇而不能交配的现象。

07.069　隔离群体 isolated population

受空间、时间等障碍不能进行基因交流或基因交流显著降低的群体。

07.070　获得性状 acquired character

生物体在发育过程中受环境影响而产生的性状。

07.071　大突变 macromutation

产生种以上分类单元的遗传变异。也泛指亲代与子代间产生巨大的表型效应的遗传变异。

07.072　物种 species

能相互繁殖、享有一个共同基因库的一群个体,并和其他物种生殖隔离。

07.073　物种形成 speciation

新物种形成的过程。

07.074　地理物种形成 geographic speciation

又称"渐进式物种形成"。一般先有地理隔离,继而各自通过不同的遗传改变途径形成不同的亚种,亚种进一步分化直到阻断了它们之间的基因交流发展成合子后隔离,以致在相当长的时间内新种的形成方式。

07.075　同域物种形成 sympatric speciation

又称"同地物种形成"。在两个物种形成过程中,初始群体的地理分布区相重叠,没有地理上的隔离,即形成新种的个体与原种其他个体分布在同一地域。这种方式称为同域物种形成。

07.076 异域物种形成 allopatric speciation
又称"异地物种形成"。两个初始群体在新种形成前其地理分布区是完全隔开、互补重叠的,这种情况下的物种形成称为异域物种形成。

07.077 邻域物种形成 parapatric speciation
又称"邻地物种形成"。在物种形成过程中,初始群体的地理分布区相邻接,群体间个体在边界区有某种程度的基因交流,这种情况下的物种形成称为邻域物种形成。

07.078 连续物种形成 successional speciation
一个物种在同一地区逐渐地、连续地演变成另一个物种的物种形成方式。

07.079 分化式物种形成 differentiated speciation
一个物种在其分布范围内由于地理隔离或生殖隔离逐渐分化而形成两个或多个新种的物种形成方式。

07.080 量子式物种形成 quantum speciation
又称"爆发式物种形成"。群体内少数个体,因显著的突变和遗传漂变而相对快速地合子后生殖隔离并形成新种的方式。

07.081 利他行为 altruism
一个个体的行为对接受者带来好处的同时,对行为完成者带来损失的一种行为。

07.082 水平传递 horizontal transmission
遗传物质在不同物种的基因组间的传递。

07.083 垂直传递 vertical transmission
遗传物质由亲代直接传递给子代的现象。

07.084 伦纳效应 Renner effect
又称"大孢子竞争"。遗传组成不同的四个孢子中,哪个孢子成为胚囊细胞,由四个孢

子间的竞争来决定。

07.085 支序系统学 cladistics
又称"分支系统学"。基于系统发生的分类学,按共同衍征的程度来分类。

07.086 系统发生学 phylogenetics
研究生物进化规律及物种间亲缘关系的学科。

07.087 分子系统发生学 molecular phylogenetics
从生物大分子的信息确定不同生物在进化过程中的地位、分歧时间以及亲缘关系,建立分子系统树,推断生物大分子的进化历史的学科。

07.088 基因树 gene tree
表示一组基因或一组 DNA 顺序进化关系的系统发生树。

07.089 [进化]系统树 phylogenetic tree, family tree, dendrogram
用以描绘分类单元之间亲缘关系、由节点分枝构成的树状图。

07.090 支序图 cladogram
又称"进化树"。种系进化的树状图解,表明物种间的相互关系及在进化支路上的时序。

07.091 进化枝 clade
源自某一共同祖先 DNA 序列的所有 DNA 序列形成的一组单源 DNA 序列即为一个进化枝。

07.092 外节点 external node
系统树一个分支的末端。代表一种被研究的生物或 DNA 序列。

07.093 内部节点 internal node
系统树中表示研究对象祖先的机体或 DNA 的分支点。

07.094 分子钟 molecular clock

认为生物的各个系谱中,任何确定的氨基酸或核酸序列的进化速率近似相等的一种假说。

07.095 序列一致性 sequence identity
又称"序列同一性"。核酸、蛋白质序列在同源位点上的等同程度。

07.096 简约法 parsimony, parsimony principle
分析生物进化关系的一个哲学原则,认为最简单、步骤最少的假设是最合理的。

07.097 密码子偏倚 codon bias
编码同一氨基酸的不同密码子的非平均使用现象。

07.098 密码子适应指数 codon adaptation index, CAI
同义密码子使用偏倚的测度。

07.099 种内同源基因 paralogous gene
又称"旁系同源基因"。进化过程中,同一生物体中起源于同一祖先基因复制的那些基因。

07.100 种间同源基因 orthologous gene
又称"直系同源基因"。不同物种起源于同一祖先的那些基因。

07.101 基因平均置换时间 average gene substitution time
一个等位基因被另一个等位基因替换的平均世代数。

07.102 系统发生生物地理学 phylogeography
研究种内遗传系谱和近缘种系地理分布格局和规律以及影响其地理分布机制的一门交叉学科。

07.103 比对 alignment
又称"排比"。DNA 或蛋白质的等位位点上的核苷酸或氨基酸的比较。

07.104 自展分析 bootstrap analysis
通过重抽样对支序图节点的可靠性进行评估的方法。

07.105 基因趋异 gene divergence
来源于同一祖先基因在功能上具有相关性的两个基因,表现在核苷酸序列上的差别度,通常用百分比的形式表示。

07.106 原生命 progenote
韦斯(C. R. Woese)和福克斯(G. E. Fox)于 1977 年提出,在原核细胞出现前的现有生命最近共同祖先的生命形式。

07.107 原始真核生物 urkaryote, urcaryote
韦斯(C. R. Woese)和福克斯(G. E. Fox)于 1977 年提出,指尚未获得线粒体、叶绿体等细胞器的原始真核细胞。

08. 基 因 组 学

08.001 基因组 genome
单倍体细胞核、细胞器或病毒粒子所含的全部 DNA 分子或 RNA 分子。

08.002 细胞质基因组 plasmon
细胞质中遗传物质的统称。

08.003 核基因组 nuclear genome
单倍体细胞核所含的全部基因,包括染色体基因组以及核内的染色体外分子所含有的基因。

08.004 细胞器基因组 organelle genome
真核细胞线粒体、叶绿体等细胞器所包含的全部 DNA 分子。

08.005　线粒体基因组 mitochondrial genome
真核细胞线粒体中所包含的全部 DNA 分子。

08.006　叶绿体基因组 chloroplast genome
绿色植物叶绿体中所包含的全部 DNA 分子。

08.007　双义基因组 ambisense genome
双链 DNA 病毒中正义链和反义链同时含有可读框,其间被 A-U 富集区所分隔的一种基因组结构。

08.008　表观基因组 epigenome
全基因组的甲基化图谱。

08.009　蛋白质组 proteome
由一个基因组所表达的全部相应的蛋白质。

08.010　C 值 C value
单倍体基因组所含 DNA 的总量。

08.011　C 值悖理 C value paradox
物种的 C 值与其进化复杂性之间缺乏严格对应关系。

08.012　DNA 序列家族 DNA sequence family, sequence family
DNA 分子变性后可复性形成稳定的碱基配对双链分子的一组序列。序列之间有很高的同源性。

08.013　单一序列 unique sequence
又称"单拷贝序列(single-copy sequence)","非重复序列(nonrepetitive sequence)"。在基因组中只含有一个拷贝的 DNA 序列。

08.014　重复[DNA]序列 repetitive [DNA] sequence
DNA 分子中重复出现的核苷酸序列。

08.015　低度重复序列 lowly repetitive sequence
基因组中有 2~10 个拷贝的 DNA 序列。

08.016　中度重复序列 moderately repetitive sequence
基因组中有 10 个到几千个拷贝的 DNA 序列。重复单元的平均长度约 300bp。

08.017　*Alu* 重复序列 *Alu* repetitive sequence, *Alu* family
哺乳动物和人基因组中的一种中等重复序列,因该序列中有限制性内切酶 *Alu* 的切点而得名。

08.018　*Alu* 序列 *Alu* sequence
人基因组约有 50 万 ~70 万份拷贝,*Alu* I 序列长 282 个核苷酸,由两个同源但略有差别的亚基组成。

08.019　高度重复序列 highly repetitive sequence
基因组中有数千个到几百万个拷贝的 DNA 序列。这些重复序列的长度为 6~200 碱基对。

08.020　同向重复[序列] direct repeat
核苷酸排列顺序一致的重复序列。

08.021　反向重复[序列] inverted repeat, IR
存在于双链核酸分子当中的一段核苷酸序列,排列顺序方向相反。

08.022　串联重复[序列] tandem repeat
首尾相连的重复序列。

08.023　简单重复序列 simple repeated sequence, SRS
由 1~8 个碱基对为基本单元的串联重复的 DNA 序列。

08.024　卫星 DNA satellite DNA
高度重复的 DNA 序列,重复单元长度不一,主要分布于染色体着丝粒的异染色质区。

08.025　小卫星 DNA minisatellite DNA
又称"可变数目串联重复(variable number

tandem repeat，VNTR）"。短重复单元（6～40bp）串联重复（6～100 次以上）而成的 DNA 序列。

08.026　微卫星 DNA　microsatellite DNA
又称"短串联重复（short tandem repeat，STR）"。2～6 个核苷酸组成的重复单元串联重复（10～60 次）而成的简单重复序列。

08.027　隐蔽卫星 DNA　cryptic satellite DNA
用密度梯度离心分不出一条卫星带，但仍存在于 DNA 主带中的高度重复序列。

08.028　α 卫星 DNA 家族　α satellite DNA family
灵长类的一种重复序列。由 171 个核苷酸对作为一个单元串联而成。占非洲绿猴基因组的约 25%，主要位于染色体着丝粒和端粒等处。

08.029　散在重复序列　interspersed repeat sequence
以分散方式分布在基因组内的重复序列。

08.030　短散在重复序列　short interspersed repeated sequence
又称"短散在核元件（short interspersed nuclear elements，SINEs）"。以散在方式分布于基因组中的较短的重复序列。重复序列单元长度在 50bp 以下。

08.031　长散在重复序列　long interspersed repeated sequence
又称"长散在核元件（long interspersed nuclear elements，LINEs）"。以散在方式分布于基因组中的较长的重复序列。重复序列的单元长度在 1000bp 以上。常具有转座活性。

08.032　编码序列　coding sequence
编码蛋白质或 RNA 的 DNA 序列。

08.033　非编码序列　non-coding sequence
基因组中不具有编码功能的序列。如真核生物基因的内含子、启动子等。

08.034　表达序列标签　expressed sequence tag，EST
代表基因表达信息的 cDNA 序列片段。

08.035　序列标签位点　sequence tagged site，STS
已在染色体上定位的、序列已知的单拷贝 DNA 短片段。

08.036　叠连群　contig，continuous group
一组相互两两头尾拼接的可装配成长片段的 DNA 序列克隆群。

08.037　微卫星标记　microsatellite marker
基因组中的简单串联重复 DNA 片段。

08.038　序列标记微卫星　sequence tagged microsatellite，STMS
染色体上已定位的、核苷酸序列已知的微卫星重复序列。

08.039　DNA 序列多态性　DNA sequence polymorphism
同一物种的不同基因组 DNA 等位序列之间的差异。包括长度多态、限制性酶切位点多态及单核苷酸多态等。

08.040　重复序列长度多态性　repeat sequence length polymorphism
亚种、品系或个体间相同或相似重复单元的重复拷贝数不同而造成的多态现象。

08.041　微卫星多态性　microsatellite polymorphism
又称"短串联重复序列多态性（short tandem repeat polymorphism，STRP）"。头尾衔接的短串联重复序列由于重复单元的重复数目不同而造成的 DNA 多态现象。

08.042　简单重复序列多态性　simple sequence repeat polymorphism，SSRP

由组成比较简单的(如二核苷酸)串联重复所具有的拷贝数目不同而造成的多态现象。

08.043　简单序列长度多态性　simple sequence length polymorphism，SSLP
微卫星 DNA 中由于重复单元的拷贝数不同而造成不同长度的串联重复序列。

08.044　单核苷酸多态性　single-nucleotide polymorphism，SNP
同一物种不同个体基因组 DNA 的等位序列上单个核苷酸存在差别的现象。

08.045　单链构象多态性　single-strand conformation polymorphism，SSCP
DNA 单链分子因碱基差异而使其构象不同的多态现象。

08.046　扩增片段长度多态性　amplified fragment length polymorphism，AFLP
用 PCR 技术在体外扩增 DNA 时出现的片段长度多态现象。

08.047　专一扩增多态性　specific amplified polymorphism，SAP
利用专一性的引物扩增的多态性，属于扩增片段长度多态性分析的一种形式。

08.048　限制性片段长度多态性　restriction fragment length polymorphism，RFLP
同一物种的亚种、品系或个体间基因组 DNA 受同一种限制性内切酶作用而形成不同酶切图谱的现象。

08.049　转录物组　transcriptome
由一套基因组转录产生的全部 RNA 分子。

08.050　基因组错配扫描　genome mismatch scanning，GMS
从遗传背景有较大差异，但具有相同性状的两个不同个体基因组中筛查高度一致的 DNA 片段的技术。

08.051　基因组当量　genome equivalent
基因组文库容量的度量单位，指文库中所有载体的插入片段总长度相当于基因组的总长度。

08.052　基因组复杂度　genome complexity
衡量基因组所含信息量的参数，由单一序列的核苷酸数目表示。

08.053　基因组扫描　genome scanning
从全基因组的遗传标记中寻找与特定性状或基因紧密连锁的标记，并在染色体上定位相关基因的方法。

08.054　基因组序列草图　draft genome sequence
已测定序列占到90%以上、测序精度在1%的基因组序列图。

08.055　基因组原位杂交　genomic in situ hybridization，GISH
用核酸探针进行原位杂交，确定与探针互补的 DNA 序列在基因组上的位置。

08.056　基因组指纹图　genome fingerprinting map
用短串联重复序列探针与经限制性内切酶完全酶切的基因组 DNA 杂交，电泳后显现的杂交条带图谱。

08.057　基因组作图　genomic mapping
标明各种遗传标记在基因组上的位置和距离。

08.058　物理作图　physical mapping
以物理尺度(如碱基对的基因)标明各种遗传标记在基因组上的位置和距离。

08.059　转录作图　transcription mapping
标明转录物序列在基因组上的位置。

08.060　物理图　physical map
以 DNA 碱基对数目为距离单位标明遗传标记在 DNA 分子或染色体上所处位置的图谱。

08.061 转录图 transcriptional map
又称"表达图(expression map)"。以基因的外显子序列或表达序列标签为标记,精确地表明这些标记在基因组或染色体上位置的物理图。

08.062 高密度遗传图 dense genetic map
具有较密集的遗传标记的遗传图。

08.063 限制[性酶切]图 restriction map
基因组物理图的一种。标明 DNA 分子上的限制位点、数目、限制片段大小及其排列顺序的图谱。

08.064 异源双链作图 heteroduplex mapping
不同来源的双链 DNA 分子的单链间进行杂交,绘制出同源区和非同源区的遗传图。

08.065 克隆叠连群图 overlapping cloning map
DNA 经部分酶切成小片段后克隆,根据两个克隆片段间的共有序列进行排列,将短片段连接成长片段的图谱。

08.066 克隆叠连群作图 clone contig mapping
绘制克隆叠连群图的实验操作。

08.067 表达序列标签图 expressed sequence tag map
标明表达序列标签在基因组上位置的物理图。

08.068 序列标签位点图 sequence tagged site map
标明序列标签位点在基因组上位置的物理图。

08.069 简单序列长度多态图 simple sequence length polymorphism map, SSLP map
不同基因组内,由 2~4 个核苷酸为一个单元的串联重复序列中,单元重复拷贝数不同,造成串联重复序列的长度不同,以此为标记绘制出的物理图。

08.070 整合图 integration map
标明所有各种标记在基因组上位置的图谱。

08.071 全表达谱 global expression profile
反映待检样品中所有基因的表达情况的图谱。

08.072 限制性标记的基因组扫描 restriction landmark genomic scanning, RLGS
标明限制性内切酶酶切位点在基因组上的位置。

08.073 比较基因定位 comparative gene mapping
不同物种间的同源基因在染色体上定位的过程。

08.074 参照标记 reference marker
在遗传图或物理图作图时,确定与其他标记之间相对位置的一种信息标记。

08.075 等位[基因]共享法 allele-sharing method
鉴别受累者亲属获得相同等位基因或染色体区段的概率是否大于随机抽样个体的预期概率的一种遗传学研究方法。

08.076 点阵分析 dot-matrix analysis
将两条以上核酸或氨基酸序列分别列示于纵横坐标,在同一位置上出现相同符号并形成连线,以揭示序列中重复片段或两条序列同源性的方法。

08.077 多序列比对 multiple sequence alignment
将两条以上核酸或氨基酸序列进行多重比对以反映其进化关系及结构特征的数据分析方法。

08.078 比较基因组杂交 comparative genome hybridization，CGH

将消减杂交、荧光原位杂交相结合,用于检测 DNA 序列的变化(缺失、扩增、复制),并将其定位在染色体上的方法。

08.079　反转录 PCR　reverse transcription PCR，RT-PCR

扩增 mRNA 的一种实验技术。先将 mRNA 反转录成 cDNA,然后再以 cDNA 为模板,用 PCR 方法加以扩增。

08.080　mRNA 差别显示反转录 PCR　differential mRNA display reverse transcription PCR，DDRT-PCR

用反转录 PCR 方法显示出在不同发育阶段或不同生理状态下的或不同类型的组织、细胞中的 mRNA,以研究基因的时间-空间表达模型。

08.081　消减杂交　subtractive hybridization

筛选不同类型的细胞或不同生理状态下同种细胞所特有的基因、mRNA 或 DNA 片段的一种方法。

08.082　抑制消减杂交　suppression subtractive hybridization，SSH

将抑制 PCR 与消减杂交技术相结合的一种快速分离差异表达基因的方法。

08.083　微阵列　microarray

一种将核酸序列纵横排列成序地点样在硝基纤维素或尼龙膜上以便核酸分子杂交分析的系统。

08.084　DNA 芯片　DNA chip

一种将大量 DNA 片段按预先设计的方式密集排列在指盖大小的硅片、玻片或塑料片上以便进行高通量检测的系统。

08.085　辐射杂种细胞　radiation hybrid，RH

经射线处理生成的带有着丝粒的染色体断片的人体细胞与啮齿类体细胞融合而成的杂合细胞,可用于基因定位和基因组作图。

08.086　辐射杂种细胞作图　radiation hybrid mapping

运用辐射杂种细胞进行人类基因定位或基因组作图的技术。

08.087　辐射杂种细胞图　radiation hybrid map，RH map，RH linkage map

通过辐射杂种细胞作图技术所获得的染色体图谱。

08.088　辐射杂种细胞系　radiation hybrid cell line，RH cell line

人与啮齿类的杂种体细胞经射线处理后,生成带有包含啮齿类染色体和有若干个不同的人体染色体断片的杂种细胞。

08.089　定位克隆　positional cloning

分析遗传家系,获得与特定性状(疾病)紧密连锁的遗传标记,并定位于染色体特定区域,借此得到目的基因的方法。

08.090　功能克隆　functional cloning

利用已知功能信息克隆目的基因的方法。

08.091　定位候选克隆　positional candidate cloning

在定位克隆的基础上部分融合了功能克隆的策略。先以基因的染色体定位信息和相应的染色体区段物理图和遗传图为基础,研究已定位在该区段中的基因、表达序列标签等与某一性状(如疾病)的相关性,最后确定目的基因而加以克隆的方法。

08.092　基因表达的系列分析　serial analysis of gene expression，SAGE

通过构建较短的表达序列标签规模化地检测基因表达种类及其丰度的实验技术。

08.093　缺口　gap

DNA 测序中位于同一染色体的两个叠连群之间中断空缺的部分。

08.094　空位　gap

序列比对分析时为了获得较好的比对结果而插入的空缺部分。

08.095　空位罚分　gap penalty
序列比对分析时为了反映核酸或氨基酸的插入或缺失等而插入空位并进行罚分,以控制空位插入的合理性。

08.096　得失位　indel
两个匹配的 DNA 序列间有插入或缺失的位置。

08.097　序列测定　sequencing
简称"测序"。确定 DNA 分子或 RNA 分子中核苷酸的排列顺序,或确定多肽链中氨基酸的排列顺序。

08.098　鸟枪法　shotgun sequencing method
将目的 DNA 随机地处理成大小不同的片段,再将这些片段的序列连接起来的测序方法。

08.099　杂交测序　sequencing by hybridization, SBH
运用 DNA 分子变性后复性过程中碱基互补配对原理的测序法。

08.100　DNA 序列测定　DNA sequencing
测定 DNA 分子的核苷酸序列。

08.101　化学测序法　Maxam-Gilbert method, chemical method of DNA sequencing
一种利用化学反应部分切割 DNA 片段的 DNA 碱基序列测定方法。

08.102　桑格-库森法　Sanger-Coulson method
又称"双脱氧法(dideoxy technique)","链终止法(chain terminator technique)"。以 2,3-双脱氧核苷三磷酸为底物,快速测定 DNA 中核苷酸序列的方法。

08.103　双杂交系统　two-hybrid system
分别带有转录激活功能域与 DNA 结合功能域的两个杂合蛋白在酵母细胞内相互作用重组成转录因子,可报告基因转录表达,从而检测蛋白质之间相互作用的一种实验系统。

08.104　人类多态研究中心家系　Centre d'Etude du Polymorphisme Humain families, CEPH families
又称"CEPH 家族(CEPH pedigree)"。法国"人类多态研究中心"构建的人基因组酵母人工染色体文库时所使用的由三代人组成的约 40 个家系。

08.105　人类人工染色体　human artificial chromosome, HAC
由人工合成的 α 卫星 DNA、端粒 DNA 和人基因组 DNA 片段转染人体肿瘤细胞株后,在细胞内组成的线状微型染色体。

08.106　哺乳类人工染色体　mammalian artificial chromosome, MAC
人工构建的染色体,具有哺乳类染色体的所有功能元件,包括端粒、复制起点、着丝粒、内含子及内源性侧序在内的完整基因、组织专一性表达和调控的因子等。

08.107　P1 噬菌体人工染色体　P1 phage artificial chromosome, PAC
以 P1 噬菌体 DNA 为骨架,与着丝粒和端粒等构建成的染色体类型的克隆载体。

08.108　细菌人工染色体　bacterial artificial chromosome, BAC
由大肠杆菌单拷贝 F 质粒衍生而成的,可用于克隆基因组大片段 DNA 及构建基因组文库的克隆载体。

08.109　酵母人工染色体　yeast artificial chromosome, YAC
能在酵母菌中繁殖、可携带长达 1Mb 的外源 DNA 的克隆载体。

08.110　基因网络　gene networks

用来描述基因之间一系列级联式基因表达调控系统。

08.111　基因内基因　gene within gene
一个基因位于另一个基因的内含子中。

08.112　隐蔽基因　crytogene
在锥虫线粒体基因组中发现的一种基因,编码核苷酸缩减的 RNA,这些 RNA 要经过全面编辑方始有功能。

08.113　预测基因　predicted gene
生物信息学分析推测可能存在,但尚未有实验证据的基因。

英 汉 索 引

A

aberrant splicing　异常剪接　03.348

abiogenesis　自然发生说，*无生源说　01.071

Ac　激活因子　02.400

acceptor splicing site　剪接受体位点　03.355

accident variation　偶然变异　06.076

acclimatization　驯化　02.411

accuracy　准确性　06.219

Ac-Ds system　激活-解离系统，*Ac-Ds 系统　02.399

acentric chromosome　无着丝粒染色体　04.054

acentric-dicentric translocation　无着丝粒-双着丝粒易位　04.253

acentric fragment　无着丝粒断片　04.278

acentric ring　无着丝粒环　04.050

achondroplasia　软骨发育不全　05.110

A chromosome　A 染色体　04.024

acquired character　获得性状　07.070

acrocentric chromosome　近端着丝粒染色体　04.062

acrosomal process　顶体突起　05.059

acrosome　顶体　05.057

acrosome reaction　顶体反应　05.058

acrosyndesis　端部联会　04.185

activating transcription factor　转录激活因子　03.287

activator　激活因子　02.400

activator-dissociation system　激活-解离系统，*Ac-Ds系统　02.399

active cassette　活性盒　03.495

adaptability　适应性　06.042

adaptation　适应　07.022

adaptive landscape　适应性地形图　07.024

adaptive peak　适应峰　07.025

adaptive radiation　适应辐射　06.209

adaptive topography　适应性地形图　07.024

adaptive valley　适应谷　07.026

adaptive value　*适应值　06.045

adaxial cell　近轴细胞　05.093

addition haploid　*附加单倍体　04.292

addition line　附加系　04.354

additive effect　加性效应　06.085

additive gene　加性基因　06.089

additive genetic variance　加性遗传方差，*育种值差　06.101

adepithelial cell　近上皮细胞　05.094

adjacent segregation　相邻分离　04.262

adjacent-1 segregation　相邻分离-1　04.263

adjacent-2 segregation　相邻分离-2　04.264

adult stem cell　成体干细胞　05.049

AER　外胚层顶嵴，*顶嵴　05.082

AFLP　扩增片段长度多态性　08.046

A-form DNA　A 型 DNA　03.021

Ag-banding　Ag 显带　04.121

aggregate breeding value　综合育种值　06.097

akinetic chromosome　无着丝粒染色体　04.054

akinetic fragment　无着丝粒断片　04.278

akinetic inversion　*无着丝粒倒位　04.271

alignment　比对，*排比　07.103

allele　等位基因　02.036

allele linkage analysis　等位基因连锁分析　02.189

allele replacement　等位基因取代　02.058

allele-sharing method　等位[基因]共享法　08.075

allele specific oligonucleotide　等位基因特异的寡核苷酸　03.145

allelic complementation　*等位[基因]互补　02.386

allelic exclusion　等位[基因]排斥　02.363

allelic heterogeneity　等位[基因]异质性　02.059

allelic series　等位系列　02.060

allelism　等位性　02.074

allelomorphism　等位性　02.074

allocycly　异周性　04.108

allodiploid　异源二倍体　04.295

allogenic transformation　异型转化　03.672

alloheteroploid　异源异倍体　04.320

alloheteroploidy　异源异倍性　04.343

allometry　异速生长　05.129

allopatric speciation　异域物种形成，*异地物种形成

07.076

allophene 非自主表型 02.013

alloploidy 异源倍性 04.335

allopolyhaploid 异源多元单倍体 04.291

allopolyploid 异源多倍体 04.302

allopolyploidy 异源多倍性 04.352

allosome 异染色体 04.023

allosynapsis 异源联会 04.184

allosyndesis 异源联会 04.184

allotetraploid 异源四倍体 04.309

altered codon 异常密码子 03.405

alternate segregation 相间分离 04.265

alternation of generations 世代交替 06.081

alternative splicing 选择性剪接 03.349

alternative splicing factor 选择性剪接因子 03.374

alternative transcription 选择性转录 03.319

alternative transcription initiation 选择性转录起始 03.320

altruism 利他行为 07.081

Alu family *Alu* 重复序列 08.017

Alu repetitive sequence *Alu* 重复序列 08.017

Alu sequence *Alu* 序列 08.018

amber codon 琥珀密码子 03.408

amber mutation 琥珀突变 03.158

amber suppressor 琥珀突变抑制基因 03.159

ambiguous codon 多义密码子 03.407

ambisense genome 双义基因组 08.007

Ames test 埃姆斯实验 02.265

amitosis 无丝分裂 04.141

amnion vertebrate 羊膜脊椎动物 05.141

amorph 无效等位基因 02.330

amphibivalent 双二价体 04.209

amphidiploid *双二倍体 04.309

amphipolyploid 双多倍体 04.313

amplicon 扩增子 03.625

amplification refractory mutation system 扩增受阻突变系统 03.631

amplified fragment length polymorphism 扩增片段长度多态性 08.046

anagenesis 前进进化 07.014

analysis of variance 方差分析 06.240

anaphase 后期 04.148

anaphase lag 后期滞后 04.150

anaphase-promoting complex 后期促进复合物 04.151

ancestral chromosomal segment 祖先染色体片段 04.035

anchorage dependence 贴壁依赖性 05.142

ancillary transcription factor 辅助转录因子 03.323

androgenesis 孤雄生殖, *雄核发育, *单雄生殖 05.203

androgynism 雌雄同体 02.249

androsome 限雄染色体 04.034

aneucentric chromosome 非单着丝粒染色体 04.056

aneuhaploid 非整单倍体 04.292

aneuploid 非整倍体 04.317

aneuploidy 非整倍性 04.338

angioblast 成血管细胞 05.101

angiogenesis 血管发生 05.104

animal genetics 动物遗传学 01.027

animal pole 动物极 05.068

anisogamy 异配生殖 05.200

anisopolyploid 奇[数]多倍体 04.314

annealing 复性, *退火 03.062

anonymous DNA 匿名 DNA 03.054

anterior neuropore 前神经孔 05.124

antibiotics resistant gene screening 抗生素抗性基因筛选 03.588

anticipation 遗传早现 02.359

anticodon 反密码子 03.392

anticodon loop 反密码子环 03.393

antimorph 反效等位基因 02.331

antimutator 抗突变基因 03.097

antioncogene 抗癌基因 02.405

antiparallel [nucleotide] chain 反向平行[核苷酸]链 03.024

antiparallel strand 反向平行[核苷酸]链 03.024

antirepressor 抗阻遏物 03.513

antisense DNA 反义 DNA 03.244

antisense oligonucleotide 反义寡核苷酸 03.006

antisense peptide nucleic acid 反义肽核酸 03.007

antisense PNA 反义肽核酸 03.007

antisense RNA 反义 RNA 03.416

antisense strand *反义链 03.204

antitermination *抗终止作用 03.311

anti-terminator 抗终止子 03.312

APC 后期促进复合物 04.151

apical ectodermal ridge 外胚层顶嵴, *顶嵴 05.082

apogamogony 无融合结实 05.212

apogamy 无配子生殖 05.205

apomeiosis 未减数孢子生殖 05.208

apomixis 无融合生殖 05.204

apomorphy 衍征 07.046

apoptosis 细胞凋亡 05.010

apospory 无孢子生殖 05.206

AP site 无嘌呤嘧啶位点 03.034

apurinic apyrimidinic site 无嘌呤嘧啶位点 03.034

ara operon 阿[拉伯]糖操纵子，*ara* 操纵子 03.476

arbitrary primer 随机引物 03.236

ARE 富含 AU 的元件 03.521

arm ratio [染色体]臂比 04.040

ARMS 扩增受阻突变系统 03.631

ARS 自主复制序列 03.635

artificial selection 人工选择 06.186

artificial synchronization 人工同步化 04.155

asexual hybridization 无性杂交 02.118

asexual reproduction 无性生殖 05.196

ASF 选择性剪接因子 03.374

ASO 等位基因特异的寡核苷酸 03.145

assembly factor 装配因子 03.584

assistant trait 辅助性状 06.071

association 关联 04.216

assortative mating 选型交配 06.012

asynapsis 不联会 04.192

asynaptic gene 不联会基因 02.056

atelocentric chromosome 非端着丝粒染色体 04.060

ATF 转录激活因子 03.287

attached X chromosome 并联 X 染色体 04.065

attenuation 弱化[作用]，*衰减作用 03.491

attenuator 弱化子 03.492

AU-rich element 富含 AU 的元件 03.521

autarchic gene 自效基因 02.054

autoallopolyploid 同源异源多倍体 04.303

autobivalent 同源二价体 04.208

autocatalytic splicing *自催化剪接 03.367

autodiploid 同源二倍体，*自体二倍体 04.294

autodiploidization 同源二倍化 04.333

autogenic transformation 同型转化 03.671

autogenous control 自体控制 03.547

autoheteroploid 同源异倍体 04.319

autoheteroploidy 同源异倍性 04.342

automixis 自体融合 05.211

autonomous element 自主元件，*自主因子 03.585

autonomously replicating sequence 自主复制序列 03.635

autonomous specification 自主特化 05.020

autophene 自主表型 02.012

autopolyhaploid 同源多元单倍体 04.290

autopolyploid 同源多倍体 04.301

autopolyploidy 同源多倍性 04.351

autoradiography 放射自显影术 03.756

autosexing 性别自体鉴定 02.245

autosomal inheritance 常染色体遗传 02.215

autosome 常染色体 04.022

autosplicing 自[我]剪接 03.367

autosyndetic pairing 同源[染色体]配对 04.219

autotetraploid 同源四倍体 04.308

autotetraploidy 同源四倍性 04.349

autozygosity 同[接]合性 02.225

autozygote 同合子 02.098

auxotroph 营养缺陷体 03.185

average gene substitution time 基因平均置换时间 07.101

B

BAC 细菌人工染色体 08.108

backcross 回交 02.115

back crossing 回交 02.115

background effect 背景效应 03.632

background genotype 背景基因型 02.053

background selection 背景选择 07.034

background trapping 背景拉拽 07.040

back mutation 回复突变，*反突变 02.293

bacterial artificial chromosome 细菌人工染色体 08.108

bacterial genetics 细菌遗传学 01.025

bacteriophage 噬菌体 03.651

balance chromosome 平衡染色体 04.261

balanced lethal 平衡致死 02.092

balanced lethal gene 平衡致死基因 02.047

balanced lethal system 平衡致死系 04.276

balanced polymorphism 平衡多态性 06.053

balanced translocation 平衡易位 04.254

balancing selection 平衡选择 07.035

Balbiani chromosome *巴尔比亚尼染色体 04.086

Balbiani ring 巴尔比亚尼环 04.088

banding pattern [染色体]带型 04.125

Barr body *巴氏小体 02.263

basal transcription 基础转录 03.321

basal transcription factor 基础转录因子 03.324

base analogue 碱基类似物，*类碱基 03.197

base deletion 碱基缺失 03.171

base insertion 碱基插入 03.170

base pair 碱基对 03.017

base pairing 碱基配对 03.013

base pairing rule *碱基配对法则 03.010

base ratio 碱基比 03.014

base substitution 碱基置换 03.169

B chromosome B染色体 04.025

beads-on-a-string 念珠模型 04.224

bead theory 念珠理论 01.063

behavioral genetics 行为遗传学 01.017

behavioral isolation 行为隔离 07.068

best linear unbiased estimator 最佳线性无偏估计量 06.200

best linear unbiased prediction 最佳线性无偏预测 06.201

B-form DNA B型DNA 03.022

bicistronic mRNA 双顺反子mRNA 03.421

bidirectional replication 双向复制 03.226

biochemical genetics 生化遗传学 01.010

biochemical mutant 生化突变体 02.318

biogenesis 生源说 01.070

bioinformatics 生物信息学 01.055

biotype 生物型 02.015

biparental inheritance 双亲遗传 01.084

biparental zygote 双亲合子 02.100

bipotential stage 双潜能期 05.034

bisexualism 雌雄异体 02.250

bisexuality 两性现象 02.242

bisexual reproduction *两性生殖 05.197

bivalent 二价体 04.206

blastocoel 囊胚腔 05.067

blastocyst 胚泡 05.071

blastomere 卵裂球 05.065

blastula 囊胚 05.066

blending inheritance 混合遗传，*融合遗传 02.005

blood group system 血型系统 02.373

blood island 血岛，*血管发生簇 05.100

BLUE 最佳线性无偏估计量 06.200

blunt end 平端 03.623

blunt end ligation 平端连接 03.624

BLUP 最佳线性无偏预测 06.201

Bombay phenotype 孟买型 02.374

bootstrap analysis 自展分析 07.104

bottle neck effect 瓶颈效应 06.025

bp 碱基对 03.017

branch migration 分支迁移 03.560

breakage and reunion hypothesis 断裂愈合假说 01.060

breakage-fusion-bridge cycle 断裂–融合–桥循环 04.279

breed(动物) 品种 06.123

breeding true 纯育，*真实遗传 02.102

breeding value 育种值 06.095

broad heritability 广义遗传率 06.113

broad sense heritability 广义遗传率 06.113

bud mutation 芽变 02.312

bud sport 芽变 02.312

bulk selection 集团选择 06.188

C

CAAT box CAAT框 03.273

CAI 密码子适应指数 07.098

CAM 细胞黏附分子 05.143

cancer 癌 05.133

cancer genetics 肿瘤遗传学 01.031

candidate gene 候选基因 06.195

candidate gene approach 候选基因分析 06.196

cap 帽 03.433

capacitation 获能 05.056

cap site 加帽位点 03.434

carcinogen 致癌剂 03.188

cardiac bifida 心二分支 05.122

carrier 携带者 02.138

caryogram 核型图 04.115

caryology 细胞核学 01.037

caryotype 核型，*染色体组型 04.114

chromatin remodeling　染色质重塑　04.100

chromocenter　染色中心　04.089

chromomere　染色粒　04.015

chromonema　染色线　04.014

chromosomal band　染色体带　04.126

chromosomal disease　染色体病　01.102

chromosomal elimination　染色体消减，*染色体丢失　04.103

chromosomal in situ suppression hybridization　染色体原位抑制杂交　03.751

chromosomal integration site　染色体整合位点　04.214

chromosomal interference　*染色体干涉　02.181

chromosomal polymorphism　染色体多态性　04.096

chromosomal rearrangement　染色体重排　04.228

chromosome　染色体　04.021

chromosome aberration　染色体畸变　04.226

chromosome arm　染色体臂　04.039

chromosome association　染色体联合　04.217

chromosome banding　染色体显带　04.119

chromosome banding technique　染色体显带技术　04.118

chromosome basic number　染色体基数　04.110

chromosome breakpoint　染色体断裂点　04.282

chromosome bridge　*染色体桥　04.277

chromosome center　染色中心　04.089

chromosome chiasma　*染色体交叉　04.193

chromosome coiling　染色体螺旋　04.013

chromosome cycle　染色体周期　04.140

chromosome engineering　染色体工程　04.355

chromosome fusion　染色体融合　04.097

chromosome gap　染色体裂隙　04.091

chromosome imbalance　染色体不平衡　04.094

chromosome instability syndrome　染色体不稳定综合征　04.280

chromosome jumping library　染色体跳查文库　03.744

chromosome knob　染色体结　04.016

chromosome landing　染色体着陆　03.746

chromosome map　染色体图　02.171

chromosome mapping　染色体作图　02.173

chromosome-mediated gene transfer　染色体介导的基因转移　04.099

chromosome nondisjunction　染色体不分离　04.215

chromosome number　染色体数　04.111

chromosome painting　染色体涂染　04.095

chromosome pairing　*染色体配对　04.218

chromosome puff　染色体疏松　04.087

chromosome pulverization　染色体粉碎　04.098

chromosome reconstitution　染色体重建　04.101

chromosome scaffold　染色体支架　04.102

chromosome theory of inheritance　遗传的染色体学说　01.056

chromosome walking　染色体步查，*染色体步移　03.745

chromosomics　染色体学　01.036

chromosomoid　类染色体　04.080

chromosomology　染色体学　01.036

circular DNA　环状 DNA　03.038

cis-acting　顺式作用　03.518

cis-acting element　顺式作用元件　03.520

cis arrangement　顺式排列　03.070

cis-dominance　顺式显性　03.073

CISS hybridization　染色体原位抑制杂交　03.751

cis-splicing　顺式剪接　03.369

cis-trans position effect　顺反位置效应　03.072

cis-trans test　顺反测验　03.069

cistron　顺反子　03.065

clade　进化枝　07.091

cladistics　支序系统学，*分支系统学　07.085

cladogram　支序图，*进化树　07.090

clastogen　断裂剂　04.281

ClB technique　ClB 技术　02.326

cleavage　卵裂　05.064

clinical cytogenetics　临床细胞遗传学　01.004

clinical genetics　临床遗传学　01.029

clonal variant　克隆变异体　04.387

clonal variation　克隆变异　04.386

clone　克隆，*无性[繁殖]系　01.107

clone contig mapping　克隆叠连群作图　08.066

cloning site　克隆位点　03.663

cloning vector　克隆载体　03.729

cloning vehicle　克隆载体　03.729

cM　*厘摩　02.178

CME　着丝粒交换　02.160

coadaptation　共适应，*互适应　06.043

coalescence theory　溯祖理论　07.049

coalescence time　溯祖时间　07.050

coconversion　共转变　02.385

coding　编码　03.384

coding capacity 编码容量 03.386

coding ratio 密码比 03.400

coding region 编码区 03.385

coding sequence 编码序列 08.032

coding strand 编码链 03.205

codominance 共显性 02.027

codominant allele 共显性等位基因 02.042

codon 密码子 03.391

codon adaptation index 密码子适应指数 07.098

codon bias 密码子偏倚 07.097

coefficient of coancestry 近亲系数 06.164

coefficient of coincidence 并发系数 02.186

coefficient of consanguinity 近亲系数 06.164

coefficient of correlation 相关系数 06.233

coefficient of genetic determination ＊遗传决定系数 06.113

coefficient of inbreeding 近交系数 06.163

coefficient of relationship 亲缘系数 06.165

coefficient of selection 选择系数 06.167

coefficient of variability 变异系数 06.227

coefficient of variation 变异系数 06.227

coevolution 协同进化 07.008

cognate tRNA 关联 tRNA 03.418

cohesive end 黏性末端, ＊黏端 03.702

cohesive terminus 黏性末端, ＊黏端 03.702

coincidental evolution 协同进化 07.008

coinducer 协诱导物 03.507

cointegrant 共合体 03.212

cointegrating plasmid 共整合质粒 03.642

coisogenic strain 近等基因系 05.147

colchicine effect 秋水仙碱效应, ＊C 效应 04.172

colinearity 共线性 03.202

colinear transcript 共线性转录物 03.332

combined selection 合并选择 06.184

combining ability 配合力 06.150

commitment 定型 05.017

common environmental effect 共同环境效应 06.093

comparative gene mapping 比较基因定位 08.073

comparative genome hybridization 比较基因组杂交 08.078

comparative genomics 比较基因组学 01.050

compartment 区室 05.030

competence 感受态 03.675

competitive exclusion 竞争排斥 07.058

complementarity 互补性 03.015

complementary base 互补碱基 03.016

complementary chain 互补链 03.028

complementary DNA 互补 DNA 03.057

complementary effect 互补效应 02.082

complementary gene 互补基因 08.052

complementary mating 互补交配 06.117

complementary RNA 互补 RNA 03.058

complementary strand 互补链 03.028

complementary transcript 互补转录物 03.330

complementation 互补作用 02.375

complementation analysis 互补分析 02.376

complementation group 互补群 02.377

complementation map 互补图 02.378

complementation test ＊互补测验 03.069

complete linkage 完全连锁 02.143

complex aneuploid 复合非整倍体 04.321

complex locus 复合基因座 02.187

complex translocation 复合易位 04.256

composite transposon 复合转座子 03.575

compound heterozygote 复合杂合子 02.101

computational genomics 计算基因组学 01.049

computational proteomics 计算蛋白质组学 01.053

concatemeric DNA 多联[体]DNA, ＊连环 DNA 03.619

concerted evolution 协同进化 07.008

condensed chromatin 凝聚染色质 04.008

conditional gene knockout 条件基因敲除, ＊条件基因剔除 05.185

conditional gene targeting 条件基因打靶 05.186

conditional lethal 条件致死 02.090

conditional lethal mutation 条件致死突变 02.301

conditional mutant 条件突变体 02.317

conditional mutation 条件突变 03.163

conditional specification 条件特化 05.019

confidence interval 置信区间 06.242

congenic strain 类等基因系 05.148

conjugant 接合体 05.195

conjugation 接合 03.561

consanguineous marriage 近亲交配, ＊近亲婚配 06.135

consanguinity 近亲 06.162

consensus sequence 共有序列 03.030

conservative transposition 保守型转座 03.592

conserved linkage 保守连锁性 02.195

constant gene *C* 基因 03.110

constitutive expression 组成型表达 03.543

constitutive gene 组成性基因 03.130

constitutive heterochromatin 组成性异染色质，*结构性异染色质 04.004

constitutive mutant 组成性突变体 02.319

constitutive mutation 组成性突变 03.165

constitutive splicing 组成性剪接 03.347

constriction 缢痕 04.068

contact guidance 接触导向 05.035

contact inhibition 接触抑制 05.036

context-dependent regulation 邻近依赖性调节 03.490

contig 叠连群 08.036

contiguous gene syndrome 邻接基因综合征 04.248

continuous group 叠连群 08.036

continuous random variable 连续性随机变量 06.230

continuous trait 连续性状 06.069

continuous variation 连续变异 06.073

contractile ring 收缩环 04.158

convergent evolution 趋同进化 07.011

convergent extention 趋同伸展 05.115

conversion 基因转变，*基因转换 02.382

cooperative transposition 协同转座 03.593

copia element *copia* 转座子 03.578

copy choice hypothesis 模板选择假说 01.062

copy-number dependent gene expression 拷贝数依赖型基因表达 03.535

core DNA 核心 DNA 03.059

corepressor 协阻遏物，*辅阻遏物 03.512

core promoter 核心启动子 03.253

core sequence 核心序列 03.076

corrective mating 矫正交配 06.015

correlated selection response 相关选择反应 06.174

correlation 相关 06.232

correlation analysis 相关分析 06.234

cosegregation 共分离 02.068

cosmid 黏粒，*黏端质粒 03.644

cos site 黏性位点 03.704

cost of natural selection 自然选择代价 07.038

cosuppression 共抑制 03.527

cotranscript 共转录物 03.475

cotranscription 共转录 03.473

cotranscriptional regulation 共转录调节 03.474

cotransduction 共转导 03.669

cotransfection 共转染 03.679

cotransformation 共转化 03.673

cotranslation 共翻译 03.466

cotranslational cleavage 共翻译切割 03.468

cotranslational secretion 共翻译分泌 03.467

coupling phase 互引相 02.149

covalent elongation 共价延伸 03.230

covalent extension 共价延伸 03.230

covalently closed circular DNA 共价闭合环状 DNA 03.039

covariance 协方差 06.228

covariation 相关变异 06.075

CpG island CpG 岛 03.431

criss-cross inheritance 交叉遗传 02.209

cross 杂交 02.106

crossability 杂交性 02.111

crossbreeding 杂交育种 06.210

cross-compatibility 杂交亲和性 02.112

cross-infertility 杂交不育性 06.132

crossing over 交换 02.152

crossing-over value 交换值 02.163

crossover 交换 02.152

crossover fixation 交换固定 02.162

crossover suppressor 交换抑制因子 04.275

cross-sterility 杂交不育性 06.132

cruciform loop 十字形环 03.027

cryptic plasmid 隐蔽性质粒 03.641

cryptic satellite DNA 隐蔽卫星 DNA 08.027

cryptic splice site 隐蔽剪接位点 03.373

cryptic structural hybrid 隐蔽结构杂种 02.256

cryptochimera 隐蔽嵌合体 02.255

crytogene 隐蔽基因 08.112

ctDNA 叶绿体 DNA 03.045

cultivar（植物） 品种 06.123

C value C 值 08.010

C value paradox C 值悖理 08.011

cybrid 胞质杂种 04.360

cyclin 细胞周期蛋白 04.153

cyclosis 胞质环流 04.020

cytochimera 细胞[异源]嵌合体 02.254

cytogene 细胞质基因 02.342

cytogenetics 细胞遗传学 01.002

cytokinesis 胞质分裂 04.144

cytological map　*细胞学图　02.171

cytoplasmic determinant　胞质决定子　05.024

cytoplasmic inheritance　*细胞质遗传　02.006

cytoplasmic male sterility　细胞质雄性不育　04.362

cytotrophoblast　细胞滋养层　05.074

D

dark repair　暗修复　03.607

Darwinism　达尔文学说　01.075

dauermodification　持续饰变　01.100

daughter chromosome　子染色体　04.181

DDRT-PCR　mRNA 差别显示反转录 PCR　08.080

decoding　译码,*解码　03.415

dedifferentiation　去分化,*脱分化　05.004

deficiency　缺失　04.231

degeneracy　简并　03.397

degenerate codon　简并密码子　03.398

degeneration　退化　07.016

degree of dominance　显性度　06.109

delayed dominance　延迟显性　02.029

delay inheritance　*延迟遗传　02.268

deletant　缺失体　04.235

deletion　缺失　04.231

deletion complex　缺失复合体　04.236

deletion heterozygote　缺失杂合子　04.237

deletion homozygote　缺失纯合子　04.238

deletion loop　缺失环　04.239

deletion mapping　缺失作图,*缺失定位　02.175

deletion mutation　缺失突变　03.151

denaturation　变性　03.061

denatured DNA　变性 DNA　03.056

dendrogram　[进化]系统树　07.089

dense genetic map　高密度遗传图　08.062

Denver system　丹佛体制　04.225

deoxyribonucleic acid　脱氧核糖核酸,*DNA　03.001

deoxyribonucleic acid-dependent DNA polymerase　*依赖于 DNA 的 DNA 聚合酶　03.708

deoxy[ribo]nucleoside　脱氧[核糖]核苷　03.004

depurination　脱嘌呤作用　03.175

derepression　去阻遏作用　03.514

destabilizing element　去稳定元件　03.278

determinant　决定子　05.023

determination　决定　05.022

development　发育　05.001

developmental genetics　发育遗传学　01.009

development field　发育场　05.027

D gene　D 基因　03.111

diad　二联体　04.201,二分体　04.202

diakinesis　终变期,*浓缩期　04.168

diallel cross　双列杂交　06.145

diapause　滞育　05.140

dicentric bridge　双着丝粒桥　04.277

dicentric chromosome　双着丝粒染色体　04.057

dideoxy technique　*双脱氧法　08.102

differential mRNA display reverse transcription PCR　mRNA 差别显示反转录 PCR　08.080

differentiated speciation　分化式物种形成　07.079

dihybrid cross　二元杂种杂交　02.109

dihybrid ratio　双因子杂种率　06.147

dimonosomic　双单体　04.324

dimorphism　二态性　06.056

diploid　二倍体　04.293

diploidization　二倍化　04.332

diploidy　二倍性　04.346

diplonema　双线期　04.167

diplotene　双线期　04.167

direct cross　正交　02.107

direct development　直接发育　05.040

directed mutagenesis　定向诱变　03.192

directional selection　*正选择　07.032

direct repeat　同向重复[序列]　08.020

direct sib method　直接同胞法　02.227

discontinuous replication　不连续复制　03.225

discontinuous variation　不连续变异　06.074

discrete random variable　离散性随机变量　06.231

disome　二体,*双体　04.318

disomic　二体,*双体　04.318

disomic haploid　*二体单倍体　04.292

dispermy　双精入卵,*双精受精　05.191

dispersive replication　散乱复制　03.229

displacement loop　D 环,*替代环　03.032

disruptive selection　分裂选择　07.030

dissociator　解离因子　02.401

distant hybrid 远缘杂种 06.149

distant hybridization 远缘杂交 06.142

ditrisomic 双三体 04.328

divergent evolution 趋异进化 07.012

diversifying selection ＊歧化选择 07.030

diversity gene *D* 基因 03.111

dizygotic twins 二卵双生，＊异卵双生 05.193

D loop D 环，＊替代环 03.032

DM 双微体 04.244

DMC 双微染色体 04.245

DNA 脱氧核糖核酸，＊DNA 03.001

DNA amplification DNA 扩增 03.628

DNA chip DNA 芯片 08.084

DNA damage DNA 损伤 03.612

DNA double helix model ＊DNA 双螺旋模型 03.011

DNA fingerprint DNA 指纹 03.764

dna gene *dna* 基因 03.128

DNA hybridization DNA 杂交 03.754

DNA ligase DNA 连接酶 03.706

DNA marker DNA 标记 03.707

DNA methylation DNA 甲基化 03.517

DNA modification DNA 修饰 03.614.

DNA polymerase DNA 聚合酶 03.708

DNA polymerase Ⅰ DNA 聚合酶Ⅰ 03.709

DNA polymerase Ⅱ DNA 聚合酶Ⅱ 03.710

DNA polymerase Ⅲ DNA 聚合酶Ⅲ 03.711

DNA polymerase α DNA 聚合酶 α 03.712

DNA polymerase δ DNA 聚合酶 δ 03.713

DNA polymerase γ DNA 聚合酶 γ 03.714

DNA polymorphism DNA 多态性 03.060

DNA recombination DNA 重组 03.615

DNA repair DNA 修复 03.613

DNA sequence family DNA 序列家族 08.012

DNA sequence polymorphism DNA 序列多态性 08.039

DNA sequencing DNA 序列测定 08.100

dominance 显性 02.025

dominance effect 显性效应 06.087

dominance epistasis 显性上位 02.079

dominance variance 显性方差 06.103

dominant allele 显性等位基因 02.040

dominant character 显性性状 02.022

dominant gene 显性基因 02.034

dominant lethal 显性致死 02.088

dominant mutation 显性突变 02.304

dominant negative mutation 显性负效突变 05.174

dominant negative regulation 显性负调控 03.489

donor splicing site 剪接供体位点 03.354

dorsal root ganglion 背根神经节 05.125

dosage compensation effect 剂量补偿效应 02.258

dosage effect 剂量效应 02.073

dot-matrix analysis 点阵分析 08.076

dotting blotting 点渍法 03.762

double bar 重棒眼，＊双棒眼，＊超棒眼 02.325

double crossing over 双交换 02.155

double exchange 双交换 02.155

double fertilization 双受精 05.210

double helix 双螺旋 03.019

double minute 双微体 04.244

double minute chromosome 双微染色体 04.245

double-stranded DNA 双链 DNA 03.042

double-stranded RNA 双链 RNA 03.043

down-promoter mutant 启动子减弱突变体 03.261

down-promoter mutation 启动子减效突变，＊启动子下调突变 03.259

down regulation 减量调节，＊下调 03.487

draft genome sequence 基因组序列草图 08.054

Ds 解离因子 02.401

dsDNA 双链 DNA 03.042

dsRNA 双链 RNA 03.043

duplex 二显性组合 02.130，双链体 03.035

duplicate effect 叠加效应 02.083

duplication 重复 04.249

duplicative inversion 复制倒位 03.219

dyad 二联体 04.201，二分体 04.202

dynamic mutation 动态突变 02.360

E

early gene　早期基因　03.102

EC cell　胚胎癌性细胞　05.134

eclosion　羽化　05.137

ECM　细胞外基质　05.120

ecogenetics　生态遗传学　01.014

ecological genetics　生态遗传学　01.014

ecological isolation　生态隔离　07.064

economic weight　经济加权值　06.204

ectoderm　外胚层　05.081

ectopic expression　异位表达　05.189

ectopic integration　异位整合　03.563

ectopic pregnancy　异位妊娠　05.121

effective number of allele　有效等位基因数　06.048

effective population size　有效群体大小　06.009

electroporation　电穿孔　05.180

elongation factor　延伸因子　03.464

embryo　胚胎　05.063

embryogenesis　胚胎发生　05.042

embryoid　胚状体　05.114

embryonal carcinoma cell　胚胎癌性细胞　05.134

embryonic stem cell　胚胎干细胞　05.050

end labeling　末端标记　03.766

endochondral ossification　软骨内成骨　05.108

endoderm　内胚层　05.079

endogenote　内基因子　02.271

endogenous gene　内源基因　03.121

endomitosis　*核内有丝分裂　04.250

endonuclease　内切核酸酶　03.724

endopolyploidy　核内多倍性　04.353

endoreduplication　核内[再]复制　04.250

endosymbiont theory　内共生学说　02.352

enhancer　增强子　03.276

enhancer element　增强子　03.276

enhancosome　增强体　03.275

environmental correlation　环境相关　06.094

environmental covariance　环境协方差　06.108

environmental effect　环境效应　06.090

environmental genomics　环境基因组学　01.047

environmental variance　环境方差　06.099

enzyme mismatch cleavage　酶错配切割　03.616

epiblast　上胚层，*初级外胚层　05.077

epigenesis　后成说　01.069

epigenetic information　表观遗传信息，*外基因信息　02.358

epigenetics　表观遗传学　01.034

epigenetic variation　表观遗传变异　02.357

epigenome　表观基因组　08.008

epigenomics　表观基因组学　01.044

epiphyseal growth plate　骨骺生长板　05.109

episome　附加体　03.213

epistatic effect　上位效应　02.076

epistatic gene　上位基因　02.077

epistatic variance　上位方差　06.104

epithelial-mesenchymal interaction　上皮-间充质相互作用　05.118

equational division　*均等分裂　04.169

equilibrium population　平衡群体　06.008

error-prone repair　易错修复　03.605

erythroblast　成红血细胞　05.103

EST　表达序列标签　08.034

estimated breeding value　估计育种值　06.096

eta orientation　η取向　03.736

ethological isolation　行为隔离　07.068

euchromatin　常染色质　04.002

euhaploid　整单倍体　04.287

eukaryotic gene　真核基因　03.125

euploid　整倍体　04.285

euploidy　整倍性　04.337

evolution　进化，*演化　07.001

evolutionary genetics　进化遗传学　01.019

evolutionary rate　进化速率　07.017

evolutionary theory　进化论　01.077

evolution genomics　进化基因组学　01.048

exchromosomal DNA　染色体外 DNA　03.048

excision　切离　03.598

excisionase　切除酶　03.722

excision repair　切除修复　03.601

excretion vector　分泌型载体　03.731

exogenote　外基因子　02.270

exogenous gene　外源基因　03.122

exon 外显子 03.135

exon exchange 外显子互换 03.138

exon shuffling 外显子混编，*外显子洗牌 03.136

exon skipping 外显子跳读 03.139

exon trapping 外显子捕获 03.137

exonuclease 外切核酸酶 03.723

expressed sequence tag 表达序列标签 08.034

expressed sequence tag map 表达序列标签图 08.067

expression map *表达图 08.061

expression vector 表达载体 03.730

expressivity 表现度 02.085

external node 外节点 07.092

extinction 灭绝，*绝灭 07.041

extracellular matrix 细胞外基质 05.120

extrachromosomal inheritance *染色体外遗传 02.006

extranuclear genetic element 核外遗传因子 03.582

extranuclear inheritance 核外遗传 02.006

F

F_1 子一代，*杂种一代 02.122

F_2 子二代，*杂种二代 02.123

ρ-factor ρ因子 03.500

σ-factor σ因子 03.499

facultative heterochromatin 兼性异染色质，*功能性异染色质 04.005

family selection 家系选择 06.183

family tree ［进化］系统树 07.089

fate 命运 05.015

fate map 命运图 05.016

FB element FB因子，*折回因子 03.583

F body *荧光小体 02.264

feedback loop 反馈环 05.188

feedback suppression 反馈抑制 03.552

female-sterile mutant 雌性不育突变体 02.324

fertility factor 致育因子，*F因子，*性因子 03.587

fertilization 受精 05.062

fiber FISH 纤维荧光原位杂交 03.753

fiber fluorescence in situ hybridization 纤维荧光原位杂交 03.753

filial generation 子代 02.121

finite population 有限群体 06.004

first division segregation 第一次分裂分离 02.207

first filial generation 子一代，*杂种一代 02.122

FISH 荧光原位杂交 03.752

fitness 适合度 06.045

flanking sequence 旁侧序列，*侧翼序列 03.118

flippase recombinase FLP重组酶 03.566

FLP recombinase FLP重组酶 03.566

FLP recombinase target site FLP重组酶靶位点 03.567

fluctuating variation 彷徨变异 01.087

fluorescence body *荧光小体 02.264

fluorescence in situ hybridization 荧光原位杂交 03.752

fold-back element FB因子，*折回因子 03.583

follicle stimulating hormone 促卵泡激素 05.127

footprinting 足迹法 03.763

forced heterocaryon 强制异核体 04.381

foreign DNA 外源DNA 03.621

forensic genetics 法医遗传学，*法医物证学 01.030

forward mutation 正向突变 02.292

founder effect 建立者效应，*奠基者效应 06.024

four strand double crossing over 四线双交换 02.156

fragile site 脆性位点 02.394

frame hopping 跳码 03.413

frame overlapping 读框重叠 03.414

frameshift 移码 03.412

frameshift mutation 移码突变 03.160

frameshift suppression 移码抑制 03.176

frameshift suppressor 移码抑制因子 03.177

frequency dependent selection 频率依赖选择，*依频选择 07.036

frequency distribution 频率分布 06.207

FRTs FLP重组酶靶位点 03.567

FSH 促卵泡激素 05.127

full mutation 全突变 02.362

full-sib 全同胞 06.120

full-sib mating 全同胞交配 06.137

functional cloning 功能克隆 08.090

functional genomics 功能基因组学 01.043

function genomics 功能基因组学 01.043

fusion gene 融合基因 03.115

G

gain-of-function mutation 功能获得突变 02.285

gal operon 半乳糖操纵子 03.477

Galton's law 高尔顿定律 06.079

gamete 配子 04.159

gametic chromosome number 配子染色体数 04.112

gametic imprinting 配子印记 02.354

gametic incompatibility 配子不亲和性 04.363

gametic model 配子模型 06.206

gametic ratio 配子[分离]比 02.064

gametoclonal variation 配子克隆变异 04.368

gametogenesis 配子发生 05.053

gametogony 配子生殖 05.198

gametophyte 配子体 04.160

gap 缺口 08.093, 空位 08.094

gap gene 裂隙基因 05.166

gap penalty 空位罚分 08.095

gap phase 裂隙相 04.092

gap repair 缺口修复 03.602

gastrulation 原肠胚形成 05.075

G-band G 带 04.130

GC box GC 框 03.523

G×E interaction 基因型与环境互作 06.214

gene 基因 01.105

gene amplification 基因扩增 03.685

gene augmentation therapy 基因增强治疗 02.392

gene cloning 基因克隆 03.684

gene cluster 基因簇 03.078

gene conversion 基因转变, *基因转换 02.382

gene copy 基因拷贝 03.083

gene diagnosis 基因诊断 02.390

gene divergence 基因趋异 07.105

gene diversity 基因多样性 06.017

gene dosage 基因剂量 02.072

gene duplication 基因重复, *基因倍增 03.084

gene expression 基因表达 03.534

gene family 基因家族 03.079

gene flow 基因流 06.019

gene frequency 基因频率 06.020

gene fusion 基因融合 03.696

gene identity 基因一致性, *基因同一性 06.018

gene inactivation 基因失活 03.538

gene interaction 基因相互作用 02.049

gene knockdown 基因敲落 05.181

gene knockin 基因敲入 05.182

gene knockout 基因敲除, *基因剔除 05.183

gene library 基因文库 03.737

gene localization 基因定位 02.172

gene manipulation *基因操作 03.694

gene mapping 基因定位 02.172

gene networks 基因网络 08.110

gene pool 基因库 06.016

general combining ability 一般配合力 06.151

generalized transduction 普遍性转导 03.667

general transcription factor 通用转录因子 03.322

generation 世代 02.140

generation interval 世代间隔 06.082

generative nucleus 生殖核 04.359

gene recombination 基因重排 03.082

gene redundancy 基因丰余, *基因冗余 03.077

gene regulation 基因调节 03.541

gene shuffling 基因混编 03.142

genes identical by descent 同源相同基因 06.203

gene silencing 基因沉默 03.539

gene splicing 基因剪接 03.143

gene substitution 基因置换 02.381

gene targeting 基因打靶 05.184

gene theory 基因学说 01.057

gene therapy 基因治疗 02.391

genetic anticipation 遗传早现 02.359

genetic background 遗传背景 01.089

genetic code 遗传密码 03.390

genetic colonization 遗传寄生 03.768

genetic complementation 遗传互补 02.379

genetic correlation 遗传相关 06.158

genetic cost *遗传代价 06.034

genetic counseling 遗传咨询 01.099

genetic covariance 遗传协方差 06.107

genetic death 遗传死亡 06.033

genetic disease 遗传病 01.101

genetic disorder 遗传紊乱 01.094

genetic distance 遗传距离 06.032

genetic diversity 遗传多样性 01.096

genetic drift 遗传漂变 06.023

genetic engineering 遗传工程，*基因工程 03.688

genetic epidemiology 遗传流行病学 01.032

genetic equilibrium 遗传平衡 06.026

genetic erosion 遗传冲刷 06.031

genetic evaluation 遗传评估 06.157

genetic fingerprint 遗传指纹 01.092

genetic gain 遗传获得量 06.159

genetic heterogeneity 遗传异质性 01.093

genetic imprinting 遗传印记 02.353

genetic inertia 遗传惰性 01.090

genetic information 遗传信息 01.103

genetic integration 遗传整合 03.564

genetic load 遗传负荷 06.034

genetic manipulation 遗传操作 03.694

genetic map *遗传图 02.171

genetic marker 遗传标记 03.767

genetic nomenclature 遗传命名法 02.007

genetic polarity 遗传极性 03.471

genetic polymorphism 遗传多态性 01.095

genetic recombination 遗传重组 01.088

genetic rescue 遗传拯救 01.097

genetics 遗传学 01.001

genetic screening 遗传筛选 01.098

genetic system 遗传体系 01.091

genetic transmitting ability 遗传传递力 06.160

genetic unit 遗传单位 01.104

genetic value *遗传值 06.088

genetic variance 遗传方差 06.100

gene tracking 基因跟踪 02.135

gene transfer 基因转移 03.682

gene tree 基因树 07.088

gene within gene 基因内基因 08.111

genocopy 拟基因型 02.011

genome 染色体组 04.109，基因组 08.001

genome complexity 基因组复杂度 08.052

genome equivalent 基因组当量 08.051

genome fingerprinting map 基因组指纹图 08.056

genome mismatch scanning 基因组错配扫描 08.050

genome scanning 基因组扫描 08.053

genomic imprinting *基因组印记 02.353

genomic in situ hybridization 基因组原位杂交 08.055

genomic library 基因组文库 03.738

genomic mapping 基因组作图 08.057

genomics 基因组学 01.041

genotype 基因型 02.010

genotype by environment interaction 基因型与环境互作 06.214

genotypic frequency 基因型频率 06.021

genotypic value 基因型值 06.088

genotypic variance *基因型方差 06.100

genotyping 基因型分型 02.277

geographical isolation 地理隔离 07.060

geographic speciation 地理物种形成，*渐进式物种形成 07.074

germ cell 种质细胞 05.045

germinal mutation 种系突变 05.175

germline 种系 05.037

germline mosaic 种系嵌合体 05.038

germ plasm 种质，*生殖质 01.082

germplasm theory 种质学说 01.067

giant chromosome 巨大染色体 04.084

giant RNA 巨型 RNA 03.337

Giemsa band *吉姆萨带 04.130

GISH 基因组原位杂交 08.055

global expression profile 全表达谱 08.071

global regulation 全局调控 03.486

global regulon 全局调节子 03.483

globin gene 珠蛋白基因 03.113

glucocorticoid response element 糖皮质激素应答元件 03.268

glucose-6-phoshate dehydrogenase deficiency 葡萄糖-6-磷酸脱氢酶缺乏症，*蚕豆病 02.229

GMS 基因组错配扫描 08.050

Goldberg-Hogness box *戈德堡-霍格内斯框 03.272

G-6-PD 葡萄糖-6-磷酸脱氢酶缺乏症，*蚕豆病 02.229

G_1 phase G_1 期，*合成前期 04.136

G_2 phase G_2 期，*合成后期 04.138

grading up 级进杂交 06.141

grandfather method 外祖父法 02.180

GRE 糖皮质激素应答元件 03.268

gRNA 指导 RNA 03.423

growth suppressor gene 生长抑制基因 03.119

GT-AG rule GT-AG 法则 03.375

guide RNA 指导 RNA 03.423

guide sequence 指导序列 03.424

gynandromorph 雌雄嵌合体 02.253

gynandromorphism 雌雄嵌合体 02.253

H

habitat isolation 栖息地隔离 07.066

HAC 人类人工染色体 08.105

hairpin loop 发夹环 03.026

hairpin structure 发夹结构 03.025

Haldane's rule 霍尔丹法则 06.080

half-chromatid conversion 半染色单体转变 02.384

half-sib 半同胞 06.119

half-sib mating 半同胞交配 06.136

H antigen 组织相容性抗原 02.364

haploid 单倍体 04.286

haploidization 单倍体化 04.331

haploidy 单倍性 04.344

haplotype 单体型，*单倍型，*单元型 02.276

haplotyping *单体型分型 02.277

Hardy-Weinberg equilibrium 哈迪-温伯格平衡 06.027

Hardy-Weinberg law *哈迪-温伯格法则 06.027

harlequin chromosome 花斑染色体 04.182

HD 亨廷顿病 02.230

heat shock gene 热激基因，*热休克基因 03.095

heat shock response element 热激应答元件 03.266

HeLa cell 海拉细胞 04.367

helper virus 辅助病毒 03.243

hemikaryon 单倍核 04.358

hemizygote 半合子 02.097

hemizygous gene 半合子基因 02.057

hemophilia 血友病 02.228

hereditary disease 遗传病 01.101

hereditary unit 遗传单位 01.104

heredity 遗传 01.083

heritability 遗传率，*遗传力 06.112

heritability in the broad sense 广义遗传率 06.113

heritability in the narrow sense 狭义遗传率 06.114

hermaphroditism 雌雄同体 02.249

Hershey-Chase experiment 赫尔希-蔡斯实验 02.266

heteroallele 异点等位基因 02.333

heterobrachial inversion *异臂倒位 04.272

heterocaryon 异核体 04.380

heterocaryosis 异核现象 04.383

heterochromatin 异染色质 04.003

heterochromatinization 异染色质化 04.006

heterochromosome 异染色体 04.023

heterochrony 发育差时 05.031

heteroduplex 异源双链体 03.037

heteroduplex mapping 异源双链作图 08.064

heterogametic sex 异配性别 02.241

heterogamy 异配生殖 05.200

heterogeneity index *异质性指数 06.017

heterogeneous nuclear RNA 核内异质 RNA，*核不均一 RNA 03.335

heterogeneous population 异质群体 06.006

heterogenetic pairing 异源[染色体]配对 04.220

heterokaryon 异核体 04.380

heterokaryon test 异核体检验 04.382

heterokaryosis 异核现象 04.383

heterokinesis 异化分裂 04.174

heteromorphic bivalent 异形二价体 04.207

heteromorphic chromosome 异形染色体 04.037

heteromorphism 异态性 05.130

heteroplasmon 异质体 04.388

heteroplasmy 异质性 04.389

heteroploid *异倍体 04.317

heteroploidy 异倍性 04.341

heteropycnosis 异固缩 04.105

heteropyknosis 异固缩 04.105

heterosis 杂种优势 06.212

heterotypic division *异型分裂 04.163

heterozygosity 杂合性 04.240，杂合度 06.046

heterozygote 杂合子，*杂合体 02.099

hexaploid 六倍体 04.310

HGP 人类基因组计划 01.106

highly repetitive sequence 高度重复序列 08.019

high resolution chromosome banding 高分辨显带 04.122

his operon 组氨酸操纵子 03.479

histoblast 成组织细胞 05.119

histocompatibility antigen 组织相容性抗原 02.364

histocompatibility gene 组织相容性基因 02.370

I

ICM　内细胞团　05.073

idealized population　理想群体　06.002

ideogram　核型模式图　04.116

idiochromosome　性染色体　04.026

idling reaction　空载反应　03.504

I/E region　整合-切离区域　03.599

IGS　内部指导序列　03.425

illegitimate recombination　异常重组　03.557

immediate early gene　即早期基因　03.101

immigration　迁入　06.051

immigration load　迁移负荷　06.037

immune response gene　免疫应答基因　03.106

immunogenetics　免疫遗传学　01.016

imprinted gene　印记基因　02.355

imprinting box　印记框　03.525

imprinting off　印记失活　02.356

inbred line　近交系　06.134

inbred strain　近交系　06.134

inbreeding　近交　06.133

inbreeding depression　近交衰退　06.202

incomplete diallel cross　不完全双列杂交　06.146

incomplete dominance　不完全显性　02.028

incomplete linkage　不完全连锁　02.144

incompletely linked gene　不完全连锁基因　02.193

incomplete metamorphosis　不完全变态　05.139

incomplete penetrance　不完全外显率　02.087

indel　得失位　08.096

independent assortment　自由组合　02.062

independent culling method　独立淘汰法　06.193

indirect selection　间接选择　06.185

individual selection　个体选择　06.187

induced mutant　诱发突变体　02.316

induced mutation　诱发突变　02.291

inducer　诱导物　03.506

inducible enzyme　诱导酶　03.508

inducible expression　诱导型表达　03.544

induction　诱导　05.028

inductive interaction　诱导交互作用　03.505

industrial melanism　工业黑化现象　06.054

infinite population　无限群体　06.003

information trait　信息性状　06.072

in-frame mutation　整码突变　03.161

inheritance　遗传　01.083

inheritance of acquired character　获得性状遗传　01.085

inherited disease　遗传病　01.101

inhibitor　抑制基因　02.081

initiation codon　起始密码子　03.401

initiation factor　起始因子　03.447

initiator　起始密码子　03.401

inner cell mass　内细胞团　05.073

insert　插入片段　03.636

insertion　插入　03.166

insertional inactivation　插入失活　03.168

insertion mutation　插入突变　03.167

insertion sequence　插入序列　03.570

in situ hybridization　原位杂交　03.750

insulator　绝缘子　03.251

integrant expression　整合表达　03.546

integrase　整合酶　03.565

integration　整合　03.562

integration-excision region　整合-切离区域　03.599

integration map　整合图　08.070

integration sequence　整合序列　03.634

integrative suppression　整合抑制　03.526

intensity of selection　选择强度　06.176

interallelic interaction　等位基因间相互作用　02.050

interallelic recombination　等位基因间重组　02.168

interband　间带　04.133

intercalary deletion　中间缺失　04.233

interchromomere　染色粒间区，＊间带区　04.090

interchromosomal recombination　染色体间重组　02.170

interference　干涉　02.181

intergenic recombination　基因间重组　02.167

intergenic suppression　基因间抑制　03.182

intergenic suppressor mutation　基因间抑制突变　02.296

intermediate mesoderm　中段中胚层，＊间介中胚层　05.086

internal guide sequence　内部指导序列　03.425

internal node　内部节点　07.093

internal resolution site　内部分解位点　03.572

internal ribosome entry site　内部核糖体进入位点　03.437

interphase　间期　04.135

interrupted gene　割裂基因,＊断裂基因　03.093

interrupted mating　中断杂交　02.272

intersex　雌雄间体,＊间性　02.248

interspersed repeat sequence　散在重复序列　08.029

interstitial chiasma　中间交叉　04.196

interstitial deletion　中间缺失　04.233

intervening sequence　间插序列　03.075

intrachromosomal recombination　染色体内重组　02.169

intracistronic complementation test　顺反子内互补测验　03.068

intra-class correlation coefficient　组内相关系数　06.111

intraembryonic coelom　胚内体腔　05.092

intraembryonic coelomic cavity　胚内体腔　05.092

intragenic complementation　基因内互补　02.386

intragenic promoter　基因内启动子　03.255

intragenic recombination　基因内重组　03.105

intragenic reversion　基因内回复　02.387

intragenic suppression　基因内抑制　03.183

intragenic suppressor mutation　基因内抑制突变　02.295

intramembranous ossification　膜内成骨　05.107

intrinsic terminator　内在终止子　03.250

introgressive hybridization　渐渗杂交　06.140

intron　内含子　03.140

intron homing　内含子归巢　03.141

introns early　内含子早现　07.056

introns late　内含子迟现　07.057

inverse transposition　逆向转座　03.594

inversion　倒位　04.270

inversion heterozygote　倒位杂合子　04.274

inversion loop　倒位环　04.273

inverted repeat　反向重复［序列］　08.021

inverted terminal repeat　末端反向重复　03.568

in vitro fertilization　体外受精　04.377

in vitro mutagenesis　体外诱变　03.189

in vitro transcription　体外转录　03.333

in vitro translation　体外翻译　03.438

in vivo footprinting　体内足迹法　03.765

IR　反向重复［序列］　08.021

IRES　内部核糖体进入位点　03.437

Ir gene　免疫应答基因　03.106

irregular dominance　不规则显性　02.030

IS　插入序列　03.570

isoacceptor tRNA　同工 tRNA　03.417

iso-alleles　同等位基因　02.397

isochromatid breakage　等位染色单体断裂　04.284

isochromatid deletion　等位染色单体缺失　04.234

isochromosome　等臂染色体　04.260

isofemale line　单雌系　02.105

isogamy　同配生殖　05.199

isogene　等基因　05.145

isogeneity　等基因性　05.144

isogenic strain　等基因系　05.146

isograft　同系移植物　05.178

isolated population　隔离群体　07.069

isolation　隔离　07.059

IVF　体外受精　04.377

IVS　间插序列　03.075

J

J gene　*J* 基因　03.112

joining gene　*J* 基因　03.112

jumping gene　跳跃基因　02.398

junk DNA　无用 DNA　03.055

K

kappa particle　卡巴粒［子］　02.340

karyogamy　核配　04.375

karyogenetics　核遗传学　01.035

karyogram　核型图　04.115

karyokinesis　核分裂　04.143

karyology　细胞核学　01.037

karyomixis　核融合　04.374

karyomorphology　核形态学　01.038

karyotaxonomy　核型分类学　01.039

karyotype　核型,＊染色体组型　04.114

karyotype analysis　核型分析　04.117

karyotyping　核型分析　04.117

kinetochore 动粒 04.044

kin selection 亲属选择 07.037

Klenow fragment 克列诺片段 03.239

L

lac operon 乳糖操纵子 03.478

lactose operon 乳糖操纵子 03.478

lagging strand 后随链 03.208

Lamarckism 拉马克学说 01.073

lampbrush chromosome 灯刷染色体 04.085

lariat RNA 套马索 RNA 03.342

late gene 晚期基因 03.103

lateral element 侧成分，*侧体 04.188

lateral mesoderm 侧中胚层 05.087

late replicating X chromosome 迟复制 X 染色体 04.031

law of independent assortment 自由组合定律，*独立分配定律 02.003

law of linkage 连锁定律，*遗传第三定律 02.141

law of segregation 分离定律 02.002

LCR 基因座控制区 03.542

leader peptide 前导序列 03.444

leader region 前导区 03.484

leader sequence 前导序列 03.444

leading strand 前导链 03.206

leaky mutant 渗漏突变体 02.320

leaky mutation 渗漏突变 03.149

left-handed DNA *左手螺旋 DNA 03.023

leptonema 细线期 04.164

leptotene 细线期 04.164

lethal allele 致死等位基因 02.043

lethal equivalent 致死当量 06.039

lethal gene 致死基因 02.044

lethal mutation 致死突变 02.300

lethal zygosis 致死接合 03.664

licensing factor 许可因子 03.240

ligase 连接酶 03.705

ligation 连接 03.626

ligation amplification 连接扩增 03.627

limb bud 肢芽 05.128

linear DNA 线状 DNA 03.040

linear tetrad *线性四分子 02.202

LINEs *长散在核元件 08.031

linkage 连锁 02.142

linkage analysis 连锁分析 02.196

linkage disequilibrium 连锁不平衡 06.030

linkage equilibrium 连锁平衡 06.029

linkage group 连锁群 02.194

linkage map *连锁图 02.171

linkage mapping 连锁作图 02.174

linkage phase 连锁相 02.148

linkage value 连锁值 02.166

linked gene 连锁基因 02.191

linker DNA 接头 DNA 03.620

linker fragment 接头片段 03.698

localization of chiasma 交叉局部化，*交叉定位 04.200

localized random mutagenesis 局部随机诱变 03.190

locus 基因座 02.032

locus control region 基因座控制区 03.542

locus heterogeneity 基因座异质性 02.190

locus linkage analysis 基因座连锁分析 02.188

LOD score 对数优势比，*LOD 记分 06.194

logarithm of the odds score 对数优势比，*LOD 记分 06.194

LOH 杂合性丢失 04.242

long interspersed nuclear elements *长散在核元件 08.031

long interspersed repeated sequence 长散在重复序列 08.031

long terminal repeat 长末端重复[序列] 03.569

loop domain 环状结构域 03.031

loss-of-function mutation 功能失去突变 02.286

loss of heterozygosity 杂合性丢失 04.242

loss of variation mutation 变异丢失突变 02.287

lowly repetitive sequence 低度重复序列 08.015

LTR 长末端重复[序列] 03.569

luxury gene 奢侈基因 03.116

Lyon hypothesis 莱昂假说 02.257

Lyonization 莱昂作用 02.259

lysogenic phage *溶源性噬菌体 03.652

M

MAC　哺乳类人工染色体　08.106

macroevolution　宏观进化　07.005

macromutation　大突变　07.071

maintainer line　保持系　02.345

major gene　主基因　06.060

major histocompatibility antigen　主要组织相容性抗原　02.365

major histocompatibility complex　主要组织相容性复合体　02.371

major-polygene mixed inheritance　主–多基因混合遗传，*主基因–微效基因混合遗传　06.061

male sterility　雄性不育　02.350

male sterility line　雄性不育系　02.347

malformation　畸形　05.131

mammalian artificial chromosome　哺乳类人工染色体　08.106

map distance　图距　02.177

mapping function　作图函数，*定位函数　02.179

map unit　图距单位　02.178

MAR　核基质附着区　03.382

marker-assisted introgression　标记辅助导入　06.192

marker-assisted selection　标记辅助选择　06.191

marker chromosome　标记染色体　04.079

marker gene　标记基因　03.087

marker rescue　标记获救　03.200

masked mRNA　隐蔽 mRNA　03.364

mass extinction　集群灭绝　07.042

mass selection　混合选择　06.189

MAT　交配型　03.496

maternal effect gene　母体效应基因　05.159

maternal influence　母体影响　02.268

maternal inheritance　母体遗传　02.267

mathematical expectation　[数学]期望　06.221

mating system　交配系统　06.010

mating type　交配型　03.496

mating type switching　交配型转换　03.497

matrix attachment region　核基质附着区　03.382

matroclinal inheritance　偏母遗传　02.214

maturation division　*成熟分裂　04.162

maturation-promoting factor　促成熟因子　04.154

Maxam-Gilbert method　化学测序法　08.101

maximum likelihood method　最大似然法　06.241

medical genetics　医学遗传学　01.028

megachromosome　大型染色体　04.081

meiosis　减数分裂　04.162

meiosis I　减数分裂 I　04.163

meiosis II　减数分裂 II　04.169

meiotic drive　减数分裂驱动　04.170

Mendelian character　孟德尔性状　02.017

Mendelian locus　孟德尔基因座　02.033

Mendelian population　孟德尔式群体　06.005

Mendelian ratio　孟德尔比率　02.063

Mendelian sampling　孟德尔抽样　06.044

Mendelian sampling deviation　孟德尔抽样离差　06.205

Mendel's first law　*孟德尔第一定律　02.002

Mendel's laws of inheritance　孟德尔遗传定律　02.001

Mendel's second law　*孟德尔第二定律　02.003

merodiploid　部分二倍体　02.269

merozygote　*部分合子　02.269

mesenchyme　间充质　05.116

mesenchyme cell　间充质细胞　05.117

mesoderm　中胚层　05.080

messenger ribonucleoprotein　信使核糖核蛋白体　03.432

messenger RNA　信使 RNA　03.420

metacentric chromosome　中着丝粒染色体　04.063

metal response element　金属应答元件　03.267

metaphase　中期　04.146

metaphase arrest　中期停顿　04.171

metaphase plate　赤道板　04.147

metaxenia　果实直感　02.126

metric trait　度量性状　06.068

MHC　主要组织相容性复合体　02.371

microarray　微阵列　08.083

microbial genetics　微生物遗传学　01.024

microdissection　显微切割术　04.391

microevolution　微观进化　07.004

microinjection　微注射　05.179

micromanipulation　显微操作　04.390

micromutation　微突变　02.308

micronucleus 微核 04.246

micronucleus effect 微核效应 04.247

microRNA 微 RNA 03.530

microsatellite DNA 微卫星 DNA 08.026

microsatellite marker 微卫星标记 08.037

microsatellite polymorphism 微卫星多态性 08.041

migration 迁移 06.052

mimic mutant 模拟突变体 02.315

mini-chromosome 微型染色体 04.082

minisatellite DNA 小卫星 DNA 08.025

minor gene *微效基因 06.059

minor histocompatibility antigen 次要组织相容性抗原 02.366

minus strand *负链 03.204

minute chromosome 微小染色体 04.083

miscegenation 异族通婚 06.138

miscoding ［密码］错编 03.411

misdivision haploid *错分单倍体 04.292

mismatch repair 错配修复 03.603

missense codon 错义密码子 03.404

missense mutation 错义突变 03.157

missense suppression 错义抑制 03.178

missense suppressor 错义抑制因子 03.179

mitochondrial DNA 线粒体 DNA 03.046

mitochondrial genome 线粒体基因组 08.005

mitogen 促分裂原 04.156

mitosis 有丝分裂 04.142

mitosis-promoting factor *有丝分裂促进因子 04.154

mitotic crossover *有丝分裂交换 02.159

mitotic nondisjunction 有丝分裂不分离 04.157

mitotic phase M 期,*有丝分裂期 04.139

mitotic recombination *有丝分裂重组 02.159

mixed family 混合家系 06.197

mixed model 混合模型 06.198

mixed model equations 混合模型方程组 06.199

mixoploid 混倍体 04.316

mixoploidy 混倍性 04.339

MME 混合模型方程组 06.199

model organism 模式生物 05.039

moderately repetitive sequence 中度重复序列 08.016

modifier gene 修饰基因 02.048

modulating codon 调谐密码子 03.395

modulator 调谐子 03.537

molecular clock 分子钟 07.094

molecular cloning 分子克隆 03.747

molecular cytogenetics 分子细胞遗传学 01.006

molecular evolution 分子进化 07.003

molecular genetics 分子遗传学 01.008

molecular hybridization 分子杂交 03.755

molecular phylogenetics 分子系统发生学 07.087

monocentric chromosome 单着丝粒染色体 04.055

monocistron 单顺反子 03.066

monogenic character 单基因性状 02.018

monogenism 单祖论 07.051

monohaploid 单元单倍体 04.288

monohybrid 单杂种 02.120

monolepsis 单亲遗传 02.210

monomorphism 单态性 02.244

monophyletic species 单源种 06.126

monophyly 单系 07.054

monoploid *一倍体 04.288

monosome 单体［染色体］生物 04.038

monosomic 单体 04.323

monovalent 单价体 04.205

monozygotic twins 同卵双生,*单卵双生 05.194

morphogen 形态发生素 05.026

morphogenesis 形态发生 05.043

morphological determinant 形态发生决定子 05.025

mosaic ［同源］嵌合体 02.251

mosaic dominance 镶嵌显性 02.031

mosaicism 镶嵌现象 02.274

movable gene *可移动基因 02.398

MPF 促成熟因子 04.154

M13 phage M13 噬菌体 03.654

M phase M 期,*有丝分裂期 04.139

M phase-promoting factor *M 期促进因子 04.154

MRE 金属应答元件 03.267

mRNA 信使 RNA 03.420

mRNP 信使核糖核蛋白体 03.432

mtDNA 线粒体 DNA 03.046

multigene family 多基因家族 03.081

multiple allele 复等位基因 02.038

multiple chiasma 复交叉 04.194

multiple crossovers 多次交换 02.157

multiple regression 多元回归 06.238

multiple selection index 综合选择指数 06.170

multiple sequence alignment 多序列比对 08.077

multiple trait selection 多性状选择 06.178

multipotency 多能性 05.033

multiregional evolution 多地域进化 07.053

multireplicon 多复制子 03.211

multivalent 多价体 04.210

mu orientation μ取向 03.735

mutability 可突变性 02.289

mutable gene 易变基因 02.337

mutagen 诱变剂 03.187

mutagenesis 诱变 03.186

mutant 突变体，∗突变型 02.313

mutant allele 突变体等位基因 02.332

mutant character 突变性状 02.023

mutation 突变 02.283

mutational lag 突变延迟 02.288

mutational load 突变负荷 06.035

mutational spectrum 突变谱 02.310

mutational synergism 突变协同作用 02.311

mutation breeding 突变育种 06.211

mutation distance 突变距离 02.279

mutation fixation 突变固定 02.309

mutation frequency 突变频率 02.307

mutation hotspot 突变热点 02.284

mutation pressure 突变压 06.022

mutation rate 突变率 02.306

mutation theory 突变[学]说 01.059

mutator gene 增变基因 03.096

muton 突变子 03.146

N

narrow heritability 狭义遗传率 06.114

narrow sense heritability 狭义遗传率 06.114

natural selection 自然选择 07.029

natural synchronization ∗自然同步化 04.155

N-band N带，∗核仁组织区带 04.128

necrosis 坏死 05.011

negative assortative mating 异型交配，∗负选型交配 06.014

negative complementation 负互补作用，∗负基因互补 02.380

negative correlation ∗负相关 06.232

negative enhancer ∗负增强子 03.277

negative heteropycnosis 负异固缩 04.107

negative interference 负干涉 02.183

negative regulation ∗负调控 03.487

negative selection 负选择 07.033

negative strand ∗负链 03.204

neocentromere 新着丝粒 04.047

neo-Darwinism 新达尔文学说 01.076

neo-Lamarckism 新拉马克学说 01.074

neomorph 新效[等位]基因 02.327

neoteny 幼态延续 05.138

nested gene 套叠基因 03.090

neural crest 神经嵴 05.123

neutral mutation 中性突变 07.028

neutral theory ∗中性学说 01.078

neutral theory of molecular evolution 分子进化中性学说 01.078

nick 切口 03.701

nod gene 结瘤基因，∗nod 基因 02.407

nodulation gene 结瘤基因，∗nod 基因 02.407

non-additive effect 非加性效应 06.086

non-additive genetic variance 非加性遗传方差 06.102

non-allele 非等位基因 02.037

non-allelic interaction 非等位基因间相互作用 02.051

non-coding strand ∗非编码链 03.204

non-coding sequence 非编码序列 08.033

non-Darwinian evolution 非达尔文进化 07.002

nondisjunction 不分离 02.067

nonhomologous chromosome 非同源染色体 04.178

non-Mendelian inheritance ∗非孟德尔式遗传 02.006

non-Mendelian ratio 非孟德尔比率 02.065

non-parental ditype 非亲双型，∗非亲二型 02.200

nonpermissive condition 非允许条件 02.389

non-recurrent parent 非轮回亲本，∗非回归亲本 06.144

nonrepetitive sequence ∗非重复序列 08.013

nonreplicative transposition 非复制型转座 03.591

nonsense codon ∗无义密码子 03.402

nonsense mutant 无义突变体 02.322

nonsense mutation 无义突变 03.155

nonsense suppression 无义抑制 03.180

nonsense suppressor 无义抑制因子 03.181

non-sister chromatid 非姐妹染色单体 04.180

nonsynonymous mutation　非同义突变　03.154

nontranscribed spacer　非转录间隔区　03.290

non-translated sequence　非翻译序列　03.442

non-translational region　非翻译区　03.441

NOR　核仁组织区　04.071

normal distribution　正态分布，*高斯分布　06.243

normal extinction　常规灭绝　07.043

normolized cDNA library　均一化 cDNA 文库　03.740

Northern blotting　RNA 印迹法　03.759

NPD　非亲双型，*非亲二型　02.200

nuclear genome　核基因组　08.003

nuclear matrix　核基质，*核骨架　04.019

nuclear transplantation　核移植　04.392

nucleic acid hybridization　*核酸分子杂交　03.755

nucleo-cytoplasmic hybrid cell　核质杂种细胞　04.361

nucleo-cytoplasmic incompatibility　核质不亲和性
　04.364

nucleo-cytoplasmic interaction　核质相互作用　04.385

nucleo-cytoplasmic ratio　核质比　04.384

nucleoid　拟核，*类核　04.357

nucleolus organizer　核仁组织者　04.072

nucleolus organizer region　核仁组织区　04.071

nucleolus organizing region　核仁组织区　04.071

nucleoplasm　核质　04.018

nucleosome　核小体　04.010

nucleosome core　核小体核心　04.011

nucleosome core particle　核小体核心颗粒　04.012

nucleotide inversion　核苷酸倒位　03.172

nucleotide pair　核苷酸对　03.018

null allele　无效等位基因　02.330

nulliplex　无显性组合　02.128

nullisomic　缺体　04.325

nullisomic haploid　*缺体单倍体　04.292

nulli-tetra compensation　缺体四体补偿现象　04.312

nullizygote　无效纯合子　02.095

null mutation　无效突变　03.164

O

objective trait　目标性状　06.070

ochre codon　赭石密码子，*UAA 终止密码子　03.409

ochre mutation　赭石突变　03.156

ochre suppressor　赭石抑制基因　03.114

octoploid　八倍体　04.311

Okazaki fragment　冈崎片段　03.207

oligogene　*寡基因　06.060

oligonucleotide　寡核苷酸　03.005

oligonucleotide-directed mutagenesis　寡核苷酸定点诱变
［作用］　03.193

oligonucleotide mutagenesis　*寡核苷酸诱变　03.193

oncogene　癌基因　02.402

one-gene one-enzyme hypothesis　一基因一酶假说
01.064

one-gene one-polypeptide hypothesis　一基因一多肽假说
01.065

ontogeny　个体发生　05.041

oogamy　卵式生殖　05.201

oogenesis　卵子发生　05.054

oogonium　卵原细胞　05.052

opal codon　乳白密码子　03.410

open circle　开环　03.649

open reading frame　可读框　03.387

operator　操纵基因　03.485

operator gene　操纵基因　03.485

operon　操纵子　03.472

operon theory　操纵子学说　03.481

oppositional allele　对立等位基因　02.039

optimum selection　最宜选择　06.181

ORC　复制起始识别复合体，*起点识别复合物
03.217

ordered tetrad　顺序四分子　02.202

ordered tetrad analysis　顺序四分子分析　02.205

ORF　可读框　03.387

organelle genetics　细胞器遗传学　01.007

organelle genome　细胞器基因组　08.004

organizer　组织者　05.098

organogenesis　器官发生　05.044

η orientation　η 取向　03.736

μ orientation　μ 取向　03.735

origin of replication　复制起点　03.216

origin recognition complex　复制起始识别复合体，*起点
识别复合物　03.217

orphan　孤独基因　03.104

orphan gene　孤独基因　03.104

orthologous gene　种间同源基因，*直系同源基因

07.100

orthoselection 定向选择 07.032

osteogenesis 骨发生 05.106

outbreeding 远交 06.139

overdominance 超显性 06.064

overexpression 超表达 03.536

overlapping cloning map 克隆叠连群图 08.065

overlapping gene 重叠基因 03.089

P

P 启动子 03.252

PAC P1 噬菌体人工染色体 08.107

pachynema 粗线期 04.166

pachytene 粗线期 04.166

packaging ratio 包装率，*包装比 04.017

paired box 配对框 05.157

pairing 配对 04.218

pair-rule gene 成对规则基因 05.164

palindrome 回文序列，*回文对称 03.029

palindromic sequence 回文序列，*回文对称 03.029

paracentric inversion 臂内倒位 04.271

paracodon 副密码子 03.394

parallel evolution 平行进化 07.009

paralogous gene 种内同源基因，*旁系同源基因
07.099

paramutation 副突变 02.299

parapatric speciation 邻域物种形成，*邻地物种形成
07.077

paraphyletic group 并系群 07.048

parasegment 副体节 05.113

parasexuality 准性生殖 05.209

paraxial mesoderm 轴旁中胚层 05.085

parental combination 亲本组合 02.127

parental ditype 亲代双型，*亲二型 02.199

parental imprinting *亲本印记 02.353

parietal mesoderm 体壁中胚层 05.088

parsimony 简约法 07.096

parsimony principle 简约法 07.096

parthenogenesis 孤雌生殖，*单性生殖 05.202

partial diploid 部分二倍体 02.269

partial redundancy 部分丰余，*部分冗余 03.132

particulate inheritance 颗粒遗传 02.004

passenger DNA 过客 DNA 03.622

paternal effect gene 父体效应基因 05.160

paternity test 亲权认定 02.136

path coefficient 通径系数 06.161

pathogenetics 病理遗传学 01.021

patroclinal inheritance 偏父遗传 02.211

patrogenesis 孤雄生殖，*雄核发育，*单雄生殖
05.203

pattern formation 图式形成 05.008

pauperization 杂交弱势 06.213

Pax 配对框 05.157

PCC 超前凝聚染色体 04.093

PCR 聚合酶链式反应 03.630

PD 亲代双型，*亲二型 02.199

pedigree 系谱，*家谱 02.132

pedigree analysis 系谱分析，*家谱分析 02.134

pedigree diagram 系谱图 02.133

P element P 因子 03.579

penetrance 外显率 02.086

penicillin enrichment technique 青霉素富集法 03.198

pericentric inversion 臂间倒位 04.272

permanent environmental effect 永久性环境效应
06.092

permanent hybrid *永久杂种 04.276

permissive condition 允许条件 02.388

permissive mutation 允许突变 03.162

persisting modification 持续饰变 01.100

phage 噬菌体 03.651

λ phage λ 噬菌体 03.655

phagemid 噬粒 03.637

pharmacogenetics 药物遗传学 01.022

pharmacogenomics 药物基因组学 01.046

phasmid 噬粒 03.637

Ph chromosome 费城染色体 04.075

phenetics 表型系统学 01.040

phenocopy 拟表型 02.009

phenomics 表型组学 01.054

phenon 同型种 06.127

phenotype 表型 02.008

phenotype distribution 表型分布 06.078

phenotypic correlation 表型相关 06.105

phenotypic selection differential 表型选择差 06.106

phenotypic value 表型值 06.077

phenotypic variance 表型方差 06.098

Philadelphia chromosome 费城染色体 04.075

phyletic evolution 种系进化 07.013

phylogenetics 系统发生学 07.086

phylogenetic tree ［进化］系统树 07.089

phylogeny 系统发生，*种系发生 07.020

phylogeography 系统发生生物地理学 07.102

physical map 物理图 08.060

physical mapping 物理作图 08.058

physiological genetics 生理遗传学 01.015

PIC 前起始复合体 03.325，多态信息含量 06.050

plant genetics 植物遗传学 01.026

plasmagene 细胞质基因 02.342

plasmid 质粒 03.638

plasmid incompatibility 质粒不相容性，*质粒不亲和性 03.659

plasmid mobilization 质粒迁移作用 03.661

plasmid rescue 质粒获救 03.660

plasmogamy 质配，*胞质融合 04.372

plasmon 细胞质基因组 08.002

plastid DNA 质体 DNA 03.047

plastogene 质体基因 02.341

pleiotropism 多效性 02.075

pleiotropy 多效性 02.075

plesiomorphy 祖征 07.044

ploidy 倍性 04.334

pluripotency 多能性 05.033

plus strand *正链 03.205

point mutation 点突变 03.152

polar body 极体 04.213

polarity mutant 极性突变体，*极性突变型 05.177

polarity mutation 极性突变 05.176

pole cell 极细胞 05.096

polyadenylation signal 多腺苷酸化信号，*加 A 信号 03.436

polycentric chromosome 多着丝粒染色体 04.058

polycentromere 多着丝粒 04.046

polycistron 多顺反子 03.067

polycistronic mRNA 多顺反子 mRNA 03.422

polyembryony 多胚性 05.097

polygene 多基因 06.059

polygenic system 多基因系统 06.062

polygenic theory 多基因学说 01.058

polygenism 多祖论 07.052

polyhaploid 多元单倍体 04.289

polymerase chain reaction 聚合酶链式反应 03.630

polymeric gene 等效异位基因 02.335

polymorphic locus 多态基因座 06.049

polymorphism information content 多态信息含量 06.050

polyphyly 复系，*多系 07.055

polyploid 多倍体 04.300

polyploidy 多倍性 04.350

polysome 多［聚］核糖体 03.383

polysomic 多体 04.330

polysomic inheritance 多体遗传 02.275

polyspermy 多精入卵 05.192

polytene chromosome 多线染色体 04.086

polytenic chromosome 多线染色体 04.086

population 群体 06.001，总体，*统计总体 06.215

population cytogenetics 群体细胞遗传学 01.005

population genetics 群体遗传学 01.011

population parameter 总体参数，*参数 06.217

positional candidate cloning 定位候选克隆 08.091

positional cloning 定位克隆 08.089

positional information 位置信息 05.155

positional value 位置值 05.156

position effect 位置效应 04.267

positive assortative mating 同型交配，*正选型交配 06.013

positive correlation *正相关 06.232

positive heteropycnosis 正异固缩 04.106

positive interference 正干涉 02.182

positive regulation *正调控 03.488

positive strand *正链 03.205

posterior marginal zone 后缘区 05.078

postmeiotic division *后减数分裂 04.169

postmeiotic fusion 减数分裂后融合 04.376

postmeiotic segregation *减数后分离 02.384

post-replication repair 复制后修复 03.600

post-replicative mismatch repair 复制后错配修复 03.220

postsynthetic gap$_2$ period G$_2$ 期，*合成后期 04.138

postsynthetic phase G$_2$ 期，*合成后期 04.138

post-transcriptional control 转录后控制 03.328

post-transcriptional maturation 转录后成熟 03.285

post-transcriptional processing　转录后加工　03.344

post-transcriptional regulation　转录后调节　03.286

post-translational cleavage　翻译后切割　03.458

post-translational modification　翻译后修饰　03.465

post-translational processing　翻译后加工　03.457

post-translational transport　翻译后转运　03.459

postzygotic isolation　合子后隔离　07.063

potency　潜能　05.014

P1 phage　P1 噬菌体　03.656

P1 phage artificial chromosome　P1 噬菌体人工染色体　08.107

preadaptation　前适应　07.023

precision　精确性　06.220

precursor mRNA　前信使 RNA，＊前[体]mRNA　03.334

precursor rRNA　前核糖体 RNA　03.377

predicted gene　预测基因　08.113

preferential segregation　优先分离　04.173

preformation theory　先成说　01.068

preinitiation complex　前起始复合体　03.325

prematurely condensed chromosome　超前凝聚染色体　04.093

premature transcription termination　转录提前终止　03.288

pre-messenger RNA　前信使 RNA，＊前[体]mRNA　03.334

pre-mRNA　前信使 RNA，＊前[体]mRNA　03.334

premutation　前突变　02.361

prereductional division　＊前减数分裂　04.163

pre-ribosomal RNA　前核糖体 RNA　03.377

pre-rRNA　前核糖体 RNA　03.377

prespliceosome　剪接前体　03.356

presynthetic gap$_1$ period　G$_1$ 期，＊合成前期　04.136

presynthetic phase　G$_1$ 期，＊合成前期　04.136

prezygotic isolation　合子前隔离　07.062

Pribnow box　普里布诺框　03.274

primary constriction　主缢痕　04.069

primary sex ratio　初级性比　02.236

primary transcript　初级转录物　03.331

primase　引发酶　03.234

primer　引物　03.235

primer RNA　引物 RNA　03.238

primer walking　引物步查，＊引物步移　03.237

primitive knot　原结　05.091

primitive node　原结　05.091

primitive streak　原条　05.090

primordial germ cell　原始生殖细胞　05.047

primosome　引发体　03.233

prion　普里昂，＊朊粒　03.769

proband　先证者　02.137

probe　探针　03.757

processed pseudogene　已加工假基因　03.099

proerythroblast　原红细胞　05.102

progenote　原生命　07.106

progeny testing　后代测验　02.139

programmed cell death　＊程序性细胞死亡　05.010

progressive evolution　渐进式进化　07.006

prokaryotic gene　原核基因　03.126

promiscuous plasmid　泛主质粒　03.643

promoter　启动子　03.252

promoter clearance　启动子清除　03.263

promoter mutation　启动子突变　03.257

promoter-proximal element　启动子近侧元件　03.262

pronucleus　原核　04.356

prophage　原噬菌体　03.657

prophase　前期　04.145

propositus　先证者　02.137

proteinaceous infectious particle　＊感染性蛋白质粒子　03.769

proteome　蛋白质组　08.009

proteomics　蛋白质组学　01.052

proto-oncogene　＊原癌基因　02.403

protoplast fusion　原生质体融合　04.373

protruding terminus　突出末端　03.703

proximal sequence element　近端序列元件　03.279

proximate interaction　邻近相互作用　05.099

PSE　近端序列元件　03.279

pseudoalleles　拟等位基因　02.396

pseudoautosomal region segment　假常染色体区段　04.030

pseudodiploid　假二倍体　04.297

pseudodominance　假显性，＊拟显性　02.278

pseudogene　假基因　03.098

pseudohermaphroditism　假两性同体，＊假两性畸形　05.132

pseudolinkage　假连锁　04.266

pseudoreversion　拟回复突变　02.298

punctuated equilibrium　间断平衡　01.080

Punnett square method　庞纳特方格法，＊棋盘法　02.061

purebred　纯种　06.124

pure breed　纯种　06.124

purebreeding　纯系繁育　06.131

pure line　纯系　02.103

pure line theory　纯系学说　01.081

pycnosis　固缩　04.104

pyknosis　固缩　04.104

Q

Q-band　Q 带　04.129

Q-banding　Q 显带　04.120

QTL　数量性状基因座　06.208

quadriplex　四显性组合　02.131

quadrivalent　四价体　04.212

qualitative character　质量性状　06.065

qualitative trait　质量性状　06.065

quantitative character　数量性状　06.066

quantitative genetics　数量遗传学　01.012

quantitative trait　数量性状　06.066

quantitative trait locus　数量性状基因座　06.208

quantum evolution　量子式进化　07.007

quantum speciation　量子式物种形成，＊爆发式物种形成　07.080

R

RACE　cDNA 末端快速扩增法　03.629

radiation genetics　辐射遗传学　01.013

radiation hybrid　辐射杂种细胞　08.085

radiation hybrid cell line　辐射杂种细胞系　08.088

radiation hybrid map　辐射杂种细胞图　08.087

radiation hybrid mapping　辐射杂种细胞作图　08.086

random genetic drift　＊随机遗传漂变　06.023

randomly amplified polymorphic DNA　随机扩增多态 DNA　03.690

random mating　随机交配　06.011

random mutagenesis　随机诱变　03.196

random primer　随机引物　03.236

random variable　随机变量　06.229

RAPD　随机扩增多态 DNA　03.690

rapid amplification of cDNA end　cDNA 末端快速扩增法　03.629

R-band　R 带　04.131

RBS　核糖体结合序列　03.381

RDA　代表性差别分析　02.408

rDNA　核糖体 DNA　03.052

reaction norm　反应规范　02.084

reading　解读　03.461

reading frame　阅读框　03.389

reading frame shift　＊读框移位　03.412

readthrough　连读　03.460

readthrough mutation　连读突变　03.148

realized genetic correlation　实现遗传相关　06.116

realized heritability　实现遗传率　06.115

rearrangement　重排　04.227

recapitulation　重演　07.021

recessive　隐性　02.026

recessive character　隐性性状　02.021

recessive epistasis　隐性上位　02.080

recessive gene　隐性基因　02.035

recessive lethal　隐性致死　02.089

recessiveness　隐性　02.026

reciprocal backcross　相互回交　02.116

reciprocal chiasmata　相互交叉　04.195

reciprocal cross　＊反交　02.107

reciprocal crosses　正反交　02.108

reciprocal interchange　相互交换　02.153

reciprocal translocation　相互易位　04.252

recognition sequence　识别序列　03.426

recognition site　识别位点　03.662

recombinant　重组体　03.554

recombinant DNA　重组 DNA　03.689

recombinant DNA technology　重组 DNA 技术　03.691

recombinant gamete　重组体配子　04.223

recombinant protein　重组蛋白　03.693

recombinant RNA　重组 RNA　03.692

recombination　重组　02.164

recombination frequency　＊重组［频］率　02.165

recombination nodule 重组结 04.191

recombination repair 重组修复 03.606

recombination value 重组值 02.165

recon 重组子 03.553

recurrent parent 轮回亲本，*回归亲本 06.143

redifferentiation 再分化 05.005

reduction division 减数分裂 04.162

redundant DNA 丰余 DNA，*冗余 DNA 03.050

reference marker 参照标记 08.074

regression analysis 回归分析 06.235

regression coefficient 回归系数 06.236

regression equation 回归方程 06.239

regressive evolution 退行演化 07.015

regulator gene 调节基因 03.086

regulatory gene 调节基因 03.086

regulatory site 调节位点 03.551

regulon 调节子 03.482

reiterated genes 重复基因 03.088

relative character 相对性状 02.020

relative sexuality 相对性别 02.239

relaxed control 松弛控制 03.528

relaxed DNA 松弛 DNA 03.049

relaxed plasmid 松弛型质粒 03.640

renaturation 复性，*退火 03.062

Renner effect 伦纳效应，*大孢子竞争 07.084

Rensch's rule 伦施法则 06.058

repair deficiency 修复缺陷 03.604

repeatability 重复率 06.110

repeat sequence length polymorphism 重复序列长度多态性 08.040

repetitive［DNA］sequence 重复[DNA]序列 08.014

replacement vector 置换型载体 03.733

replicase 复制酶 03.717

replication 复制 03.209

replication error 复制错误 03.218

replication fork 复制叉 03.214

replication form 复制型 03.222

replication origin 复制起点 03.216

replicative transposition 复制型转座 03.590

replicator 复制因子 03.215

replicon 复制子 03.210

replisome 复制体 03.221

reporter gene 报道基因 03.686

representational difference analysis 代表性差别分析 02.408

repression 阻遏 03.509

repressor 阻遏物 03.511

repressor-operator interaction 阻遏蛋白–操纵基因相互作用 03.510

reproduction isolation 生殖隔离 07.061

reprogramming 重编程 05.013

repulsion phase 互斥相 02.150

res 解离位点 03.571

resident DNA 常居 DNA 03.044

resistant gene 抗性基因 02.338

resistant mutation 抗性突变 02.302

resistant transfer factor 抗性转移因子 03.586

resolvation site 解离位点 03.571

response element 应答元件 03.264

response element binding protein 应答元件结合蛋白 03.265

restorer 恢复系 02.346

restoring gene 育性恢复基因 02.343

restricted selection 约束选择 06.180

restricted transduction 局限性转导 03.668

restriction allele 限制性等位片段 03.699

restriction endonuclease 限制性内切核酸酶 03.725

restriction enzyme *限制酶 03.725

restriction fragment length polymorphism 限制性片段长度多态性 08.048

restriction landmark genomic scanning 限制性标记的基因组扫描 08.072

restriction map 限制[性酶切]图 08.063

restriction-modification system 限制修饰系统 03.748

restriction nuclease 限制性内切核酸酶 03.725

restriction site 限制[酶切]位点 03.726

restrictive host 限制性宿主 03.727

restrictive mutation 限制性突变 02.303

restrictive temperature 限制性温度 02.281

retriever vector 挽回载体 03.734

retron 反转录子 03.327

retroposon *逆转座子 03.576

retropseudogene 反转录假基因 03.100

retroregulation 反向调节 03.550

retrotransposition 反转录转座[作用] 03.597

retrotransposon 反转录转座子 03.576

retrovirus 反转录病毒 03.280

reverse band *反带 04.131

S

second filial generation　子二代，*杂种二代　02.123

segment　节　05.111

segmental allopolyploid　节段异源多倍体　04.304

segmental haploidy　节段单倍性　04.345

segmentation gene　分节基因　05.162

segment polarity gene　体节极性基因　05.163

segregation　分离　02.066

segregation distortion　分离变相　02.069

segregation index　分离指数　02.070

segregation lag　分离滞后　04.175

segregation load　分离负荷　06.036

segregation ratio　分离比率　02.071

selection　选择　06.166

selection coefficient　选择系数　06.167

selection criterion　选择指标　06.168

selection differential　选择差　06.172

selection index　选择指数　06.169

selection limit　选择极限　06.175

selection pressure　选择压[力]　06.171

selection response　选择反应，*选择响应，*选择进展　06.173

selective neutrality　选择中性　07.039

selector gene　选择者基因　05.165

self-cleavage　自[我]切割　03.366

self-cleaving RNA　自切割RNA　03.371

self-incompatibility　自交不亲和性　02.348

self-infertility　自交不育性　02.351

selfing line　自交系　02.104

selfish DNA　自在DNA，*自私DNA　03.053

self-splicing　自[我]剪接　03.367

self-sterility gene　自体不育基因　02.344

semi-alleles　*半等位基因　02.396

semiconservative replication　半保留复制　03.223

semidiscontinuous replication　半不连续复制　03.224

semi-dominant allele　半显性等位基因　02.041

semigamy　半配生殖　05.207

semilethal gene　半致死基因　02.045

sense codon　有义密码子　03.406

sense strand　*有义链　03.205

sensitized cell　致敏细胞　02.282

δ sequence　δ序列　03.581

χ sequence　chi序列　03.430

sequence family　DNA序列家族　08.012

sequence identity　序列一致性，*序列同一性　07.095

sequence tagged microsatellite　序列标记微卫星　08.038

sequence tagged site　序列标签位点　08.035

sequence tagged site map　序列标签位点图　08.068

sequencing　序列测定，*测序　08.097

sequencing by hybridization　杂交测序　08.099

serial analysis of gene expression　基因表达的系列分析　08.092

serum response element　血清应答元件　03.270

sesquidiploid　倍半二倍体　04.305

sex-average map　性别平均[连锁]图　02.176

sex chromatin body　*性染色质体　02.263

sex chromosome　性染色体　04.026

sex-conditioned character　从性性状　02.223

sex determination　性别决定　02.238

sex-determining region of Y　Y染色体性别决定区　04.029

sex dimorphism　性二态性　02.243

sexduction　性导　03.665

sex index　性指数　04.113

sex-influenced character　从性性状　02.223

sex-influenced inheritance　从性遗传　02.216

sex-limited inheritance　限性遗传　02.217

sex linkage　性连锁　02.145

sex-linked character　性连锁性状，*伴性性状　02.222

sex-linked dominant inheritance　伴性显性遗传　02.220

sex-linked gene　性连锁基因，*伴性基因　02.192

sex-linked inheritance　性连锁遗传　02.218

sex-linked lethal　性连锁致死，*伴性致死　02.091

sex-linked recessive inheritance　伴性隐性遗传　02.221

sex ratio　性比　02.235

sexual hybridization　有性杂交　02.117

sexual isolation　性隔离　07.067

sexual reproduction　有性生殖　05.197

sexual selection　性选择　07.027

shifting balance theory　动态平衡说　01.079

Shine-Dalgarno sequence　*SD序列　03.381

short interspersed nuclear elements　*短散在核元件　08.030

short interspersed repeated sequence　短散在重复序列　08.030

short tandem repeat　*短串联重复　08.026

short tandem repeat polymorphism　*短串联重复序列多态性　08.041

shotgun sequencing method　鸟枪法　08.098

shuttle vector　穿梭载体　03.732

sib　同胞　06.118

sib analysis　同胞分析　06.153

sib group　同胞群　06.121

sibling　同胞　06.118

sibling species　同胞种，*姊妹种　06.128

sib-pair analysis　同胞对分析　06.156

sib-pair method　同胞配对法　06.154

sib selection　同胞选择　06.155

sibship　同胞群　06.121

sickle cell trait　镰形细胞性状　02.024

signaling molecule　信号分子　03.428

signal peptidase　信号肽酶　03.470

signal peptide　*信号肽　03.427

signal recognition particle　信号识别颗粒　03.469

signal sequence　信号序列　03.427

silencer　沉默子　03.498

silencer sequence　沉默子序列　03.277

silent allele　沉默等位基因　03.124

silent cassette　沉默盒　03.494

silent gene　*沉默基因　03.498

simple regression　一元回归　06.237

simple repeated sequence　简单重复序列　08.023

simple sequence length polymorphism　简单序列长度多态性　08.043

simple sequence length polymorphism map　简单序列长度多态图　08.069

simple sequence repeat polymorphism　简单重复序列多态性　08.042

simple translocation　简单易位　04.255

simplex　单显性组合　02.129

SINEs　*短散在核元件　08.030

single-copy sequence　*单拷贝序列　08.013

single crossing over　单交换　02.154

single exchange　单交换　02.154

single-nucleotide polymorphism　单核苷酸多态性　08.044

single-strand conformation polymorphism　单链构象多态性　08.045

single-stranded DNA　单链DNA　03.041

single-stranded DNA binding protein　单链DNA结合蛋白　03.232

single trait selection　单性状选择　06.177

sister chromatid　姐妹染色单体，*姊妹染色单体　04.179

sister chromatid exchange　姐妹染色单体交换　02.158

site　位点　02.393

site-directed mutagenesis　位点专一诱变　03.191

site-specific mutagenesis　位点专一诱变　03.191

site-specific recombination　位点专一重组　03.556

site-specific recombination system　位点专一重组系统　02.395

SL　剪接前导序列　03.360

sliding clamp　滑卡　03.033

small cytoplasmic RNA　[胞]质内小RNA　03.340

small nuclear ribonucleoprotein particle　核小核糖核蛋白颗粒　03.341

small nuclear RNA　核内小RNA　03.338

small nucleolar RNA　核仁小RNA　03.339

snoRNA　核仁小RNA　03.339

SNP　单核苷酸多态性　08.044

snRNA　核内小RNA　03.338

snRNP　核小核糖核蛋白颗粒　03.341

snurp　核小核糖核蛋白颗粒　03.341

somaclonal variation　体细胞克隆变异　04.369

somatic cell　体细胞　04.365

somatic cell gene therapy　体细胞基因治疗　04.393

somatic cell genetics　体细胞遗传学　01.003

somatic crossing over　体细胞[染色体]交换　02.159

somatic hybridization　体细胞杂交　04.370

somatic hypermutation　体细胞超变　04.395

somatic mesoderm　体壁中胚层　05.088

somatic mutation　体细胞突变　04.394

somatic pairing　体细胞[染色体]配对　04.221

somatic recombination　体细胞重组　04.222

somatic synapsis　体细胞联会　04.186

somite　体节　05.112

SOS inducer　SOS诱导物　03.609

SOS induce test　SOS诱导测验　03.610

SOS inductest　SOS诱导测验　03.610

SOS pathway　SOS途径　03.608

SOS response　SOS应答　03.611

Southern blotting　DNA印迹法　03.760

spacer DNA　间隔DNA　03.051

space region　间隔区　03.247

spacer region　间隔区　03.247

specialized transduction　局限性转导　03.668

speciation　物种形成　07.073

species 物种 07.072

specific amplified polymorphism 专一扩增多态性
08.047

specification 特化 05.018

specific combining ability 特殊配合力 06.152

spermatogenesis 精子发生 05.055

spermatogonium 精原细胞 05.051

S phase S 期，＊合成期 04.137

splice acceptor 剪接受体 03.353

spliced leader RNA 剪接前导序列 RNA 03.361

spliced leader sequence 剪接前导序列 03.360

spliced leader 剪接前导序列 03.360

splice donor 剪接供体 03.352

splice junction 剪接[衔接]点 03.372

spliceosome 剪接体 03.357

spliceosome cycle 剪接体周期 03.362

splice site 剪接位点 03.351

splice variant 剪接变体 03.350

splicing complex 剪接复合体 03.358

splicing enzyme 剪接酶 03.359

splicing factor 剪接因子 03.363

split gene 割裂基因，＊断裂基因 03.093

spontaneous aberration 自发畸变 02.280

spontaneous generation 自然发生说，＊无生源说
01.071

spontaneous mutant 自发突变体 02.314

spontaneous mutation 自发突变 02.290

sporophyte 孢子体 04.161

SRE 血清应答元件 03.270

SRP 信号识别颗粒 03.469

SRS 简单重复序列 08.023

SRY Y 染色体性别决定区 04.029

SRY gene ＊SRY 基因 04.029

SSCP 单链构象多态性 08.045

ssDNA 单链 DNA 03.041

SSH 抑制消减杂交 08.082

SSLP 简单序列长度多态性 08.043

SSLP map 简单序列长度多态图 08.069

SSRP 简单重复序列多态性 08.042

stabilizing selection 稳定[化]选择，＊正态化选择
07.031

stable transfection 稳定转染 03.677

stable type position effect 稳定型位置效应 04.268

staggered cut 交错切割 03.700

standard deviation 标准差 06.224

standard error 标准误[差] 06.225

start codon 起始密码子 03.401

statistic 统计量 06.218

statistical genetics ＊统计遗传学 01.012

steady-state mRNA 稳态 mRNA 03.336

stem cell 干细胞 05.048

step allele 阶梯等位基因 02.336

step allelomorph 阶梯等位基因 02.336

sterility 不育性 02.349

sticky end 黏性末端，＊黏端 03.702

STMS 序列标记微卫星 08.038

stock 原种 06.129

stop codon 终止密码子 03.402

STR ＊短串联重复 08.026

strain 品系 06.122

strand-slippage 链滑动 03.231

stringent control 严紧控制 03.502

stringent factor 严紧因子，＊应急因子 03.501

stringent plasmid 严紧型质粒 03.639

stringent response 严紧反应 03.503

strong promoter 强启动子 03.254

STRP ＊短串联重复序列多态性 08.041

structural gene 结构基因 03.117

structural genomics 结构基因组学 01.042

structural heterozygote 结构杂合子 04.229

structural homozygote 结构纯合子 04.230

structure gene 结构基因 03.117

STS 序列标签位点 08.035

stuffer fragment 填充片段 03.658

sub-clone 亚克隆 03.697

sublethal gene 亚致死基因 02.046

submetacentric chromosome 近中着丝粒染色体，＊亚中
着丝粒染色体 04.064

subspecies 亚种 06.130

substitutional load 置换负荷 06.038

substitution haploid ＊替代单倍体 04.292

subtelocentric chromosome 亚端着丝粒染色体 04.061

subtractive cDNA library 消减 cDNA 文库 03.743

subtractive hybridization 消减杂交 08.081

subtractive library 消减[基因]文库 03.742

successional speciation 连续物种形成 07.078

suicide gene 自杀基因 03.123

suicide method 自杀法 03.199

super-female 超雌[性] 02.247

supergene 超基因 03.092

supergene family 超基因家族 03.080

superhelix 超螺旋 03.020

superinfection 超感染 02.273

super-male 超雄[性] 02.246

suppression subtractive hybridization 抑制消减杂交 08.082

suppressor gene 抑制基因 02.081

suppressor mutation 抑制基因突变 02.294

suppressor tRNA 抑制型 tRNA 03.184

surrogate genetics *替代遗传学 01.033

switch gene 开关基因 03.094

sympatric speciation 同域物种形成,*同地物种形成 07.075

symplesiomorphy 共同祖征 07.045

synapomorphy 共同衍征 07.047

synapsis 联会 04.183

synaptonemal complex 联会复合体 04.187

syncaryon 合核体 04.378

synchronization 同步化 04.155

syncytia(复) 合胞体 05.095

syncytial specification 合胞特化 05.021

syncytium 合胞体 05.095

syngenetics 群落遗传学 01.020

synizesis 终变期,*浓缩期 04.168

synkaryon 合核体 04.378

synonym codon 同义密码子 03.403

synonymous codon 同义密码子 03.403

synonymous mutation 同义突变 03.153

syntenic test 同线检测 02.234

synteny 同线性 02.232,同源模块 02.233

T

T 四型 02.201

tachytelic evolution 量子式进化 07.007

tailer sequence 尾随序列 03.443

tailing 加尾 03.435

tandem inversion 串联倒位 03.133

tandem repeat 串联重复[序列] 08.022

tandem selection 顺序选择法 06.179

target mutation 靶突变 03.147

target trait 目标性状 06.070

TATA box TATA 框 03.272

T-band T 带,*端粒带 04.132

T-DNA 转移 DNA 03.650

telocentric chromosome 端着丝粒染色体 04.059

telomerase 端粒酶 03.716

telomere 端粒 04.042

telomeric theory of aging 衰老的端粒学说 05.012

telophase 末期 04.149

temperate phage 温和噬菌体 03.652

temperature-regulated promoter 温控型启动子 03.256

temperature sensitive mutant 温度敏感突变体 02.321

template 模板 03.203

template strand 模板链 03.204

tempo of evolution 进化节奏 07.018

temporal gene 时序基因 05.167

temporal isolation *时间隔离 07.065

temporal regulation 时序调节 05.168

temporary environmental effect 暂时性环境效应 06.091

teratocarcinoma 畸胎癌 05.136

teratogen 致畸剂 02.339

teratoma 畸胎瘤 05.135

terminal banding T 显带 04.124

terminal deletion 末端缺失 04.232

terminal differentiation 终末分化 05.007

terminalization 端化作用 04.198

terminal redundancy 末端丰余,*末端冗余 03.131

terminal translocation *末端易位 04.255

termination codon 终止密码子 03.402

terminator sequence 终止序列 03.248

test cross 测交 02.114

tetrad 四联体 04.203,四分体 04.204

tetrad analysis 四分子分析 02.204

tetraploid 四倍体 04.307

tetraploidy 四倍性 04.348

tetrasomic 四体 04.329

tetratype 四型 02.201

TGS 转录基因沉默 03.292

theory of center of origin 起源中心学说 01.072

theory of pangenesis 泛生说 01.066

three-point test 三点测交 02.198

threshold character 阈[值]性状 06.067

threshold model　阈[值]模型　06.084

threshold trait　阈[值]性状　06.067

threshold value　阈值　06.083

TIC　转录起始复合体　03.300

Ti-plasmid　Ti 质粒　03.646

tissue-specific gene knockout　组织特异性基因敲除，

　＊组织特异性基因剔除　05.187

tissue-specific transcription　组织特异性转录　03.283

Tn　转座子　03.574

top cross　顶交　02.113

totipotency　全能性　05.032

toxicological genetics　毒理遗传学　01.018

trans-acting　反式作用　03.519

trans-acting factor　反式作用因子　03.522

trans arrangement　反式排列　03.071

transcribed spacer　转录间隔区　03.289

transcribed spacer sequence　转录间隔序列　03.291

transcript　转录物，＊转录本　03.329

transcriptase　转录酶　03.343

transcription　转录　03.281

transcription activating domain　转录激活域　03.293

transcription activating protein　转录激活蛋白　03.294

transcription activator　转录激活因子　03.287

transcriptional activation　转录激活　03.310

transcriptional antitermination　抗转录终止[作用]

　03.311

transcriptional attenuator　转录弱化子　03.313

transcriptional coactivator　转录辅激活物　03.314

transcriptional control　转录控制　03.315

transcriptional elongation factor　转录延伸因子　03.316

transcriptional enhancer　转录增强子　03.317

transcriptional gene silencing　转录基因沉默　03.292

transcriptional map　转录图　08.061

transcriptional start point　转录起点　03.298

transcriptional switching　转录开关　03.318

transcription attenuation　转录弱化　03.295

transcription complex　转录复合体　03.296

transcription elongation　转录延伸　03.297

transcription factor　转录因子　03.271

transcription initiation　转录起始　03.299

transcription initiation complex　转录起始复合体

　03.300

transcription initiation factor　转录起始因子　03.301

transcription initiation site　转录起始位点　03.302

transcription mapping　转录作图　08.059

transcription regulation　转录调节　03.304

transcription repression　转录阻遏　03.305

transcription repressor　转录阻遏物　03.306

transcription silencing　转录沉默　03.307

transcription termination　转录终止　03.303

transcription termination factor　转录终止因子　03.308

transcription terminator　转录终止子　03.309

transcription unit　转录单位　03.284

transcriptome　转录物组　08.049

transcriptomics　转录物组学　01.051

transdetermination　转决　05.029

transdifferentiation　转分化　05.006

trans-dominance　反式显性　03.074

transductant　转导子　03.680

transduction　转导　03.666

transfectant　转染子　03.681

transfection　转染　03.676

transfer DNA　转移 DNA　03.650

transfer RNA　转移 RNA　03.463

transfer RNA gene　转移 RNA 基因　03.091

transformant　转化体　03.674

transformation　转化　03.670

transforming sequence　转化序列　05.171

transgene　转基因　05.169

transgene coplacement　转基因同位插入　05.170

transgenic animal　转基因动物　05.173

transgenic founder　转基因首建者　05.172

transgenome　转基因组　03.683

transgressive inheritance　超亲遗传　06.063

trans-heterozygote　反式杂合子　02.151

transient expression　瞬时表达　03.545

transient polymorphism　过渡性多态性　06.055

transition　转换　03.173

translation　翻译　03.439

translational amplification　翻译扩增　03.451

translational control　翻译控制　03.452

translational enhancer　翻译增强子　03.453

translational frame shifting　翻译移码　03.454

translational hop　翻译跳步　03.455

translational intron　翻译内含子　03.456

translation domain　翻译域　03.440

translation factor　翻译因子　03.445

translation frameshift　翻译移码　03.454

translation initiation codon　翻译起始密码子　03.446

translation machinery　翻译装置　03.448

translation regulation　翻译调节　03.449

translation repression　翻译阻遏　03.450

translocation　易位　04.251

transposable element　转座因子　03.573

transposase　转座酶　03.596

transposition　转座　03.589

transposition immunity　转座免疫　03.595

transposon　转座子　03.574

transposon silencing　转座子沉默　03.577

trans-regulator　反式调节蛋白　03.548

trans-repression　反式阻遏[作用]　03.515

trans-repressor　反式阻遏蛋白　03.549

trans-splicing　反式剪接　03.370

transversion　颠换　03.174

trend of evolution　进化趋势　07.019

triallel cross　三列杂交　06.148

trihybrid cross　三元杂种杂交　02.110

trinucleotide expansion　三核苷酸扩展　03.150

triplet　三联体　03.396

triploid　三倍体　04.306

triploidy　三倍性　04.347

trisomic　三体　04.327

trivalent　三价体　04.211

tRNA　转移 RNA　03.463

tRNA gene　转移 RNA 基因　03.091

tRNA splicing　tRNA 剪接　03.144

trophectoderm　滋养外胚层　05.084

trophoblast　滋养层[细胞]　05.072

trophoblastic layer　滋养层[细胞]　05.072

trp operon　色氨酸操纵子　03.480

truncated gene　截短基因　03.129

truncation selection　截断选择　06.190

T's and A's method　TA[克隆]法　03.695

tumor promoting mutation　肿瘤启动突变　02.305

tumor suppressor gene　肿瘤抑制基因　02.406

twin spot　孪生斑　02.224

two-hybrid system　双杂交系统　08.103

two-point test　二点测交　02.197

Ty transposon　Ty 转座子　03.580

U

UAS　上游激活序列　03.429

UES　上游表达序列　03.245

unbiased estimate　无偏估计量　06.222

unequal crossover　不等交换　02.161

unequal exchange　不等交换　02.161

unichromosomal gene library　单一染色体基因文库　03.741

unidirectional replication　单向复制　03.227

uniparental disomy　单亲二倍体　04.299

unique sequence　单一序列　08.013

unit character　单位性状　02.019

univalent　单价体　04.205

universal code　通用密码　03.399

unordered tetrad　非顺序四分子　02.203

unscheduled DNA synthesis　期外 DNA 合成　03.617

unselected marker　非选择性标记　03.201

unstable transfection　不稳定转染　03.678

untranslated region　非翻译区　03.441

uORF　上游可读框　03.388

up-promoter mutant　启动子增强突变体　03.260

up-promoter mutation　启动子增效突变,＊启动子上调突变　03.258

up regulation　增量调节,＊上调　03.488

upstream activating sequence　上游激活序列　03.429

upstream expressing sequence　上游表达序列　03.245

upstream open reading frame　上游可读框　03.388

upstream repressing sequence　上游阻抑序列　03.246

urcaryote　原始真核生物　07.107

urkaryote　原始真核生物　07.107

URS　上游阻抑序列　03.246

UTR　非翻译区　03.441

V

V 可变区 03.107

variable gene *V*基因 03.109

variable number tandem repeat ＊可变数目串联重复 08.025

variable region 可变区 03.107

variance 方差 06.223

variation 变异 01.086

variegated type position effect 花斑型位置效应 04.269

variety 品种 06.123，变种 06.125

vector 载体 03.728

vegetal plate 植物板 05.070

vegetal pole 植物极 05.069

vehicle 载体 03.728

vertical transmission 垂直传递 07.083

V gene *V*基因 03.109

viability 生存力 02.410

viral oncogene 病毒癌基因 02.404

virulence phage 烈性噬菌体 03.653

visceral mesoderm 脏壁中胚层 05.089

visible mutation 可见突变 02.297

vitality 生活力 02.409

VNTR ＊可变数目串联重复 08.025

W

Watson-Crick base pairing 沃森–克里克碱基配对 03.012

Watson-Crick model 沃森–克里克模型 03.011

W chromosome W 染色体 04.032

Weismannism ＊魏斯曼学说 01.067

Western blotting 蛋白质印迹法 03.761

whole-arm translocation 整臂易位 04.259

wide cross 远缘杂交 06.142

wide hybrid 远缘杂种 06.149

wild type 野生型 02.014

within-family selection 家系内选择 06.182

wobble rule 摆动法则 03.376

Wright equilibrium 赖特平衡 06.028

X

X body X 小体 02.263

X chromatin ＊X 染色质 02.263

X chromosome X 染色体 04.027

X chromosome inactivation X 染色体失活 02.260

XD 伴性显性遗传 02.220

xenia 直感现象，＊种子直感 02.125

XIC X 失活中心 02.261

X inactivation center X 失活中心 02.261

X inactive specific transcripts X 染色体失活特异转录因子 02.262

XIST X 染色体失活特异转录因子 02.262

X linkage X 连锁 02.146

X-linked inheritance X 连锁遗传 02.219

XR 伴性隐性遗传 02.221

Y

YAC 酵母人工染色体 08.109

Y body Y 小体 02.264

Y chromatin Y 染色质 04.007

Y chromosome Y 染色体 04.028

yeast artificial chromosome 酵母人工染色体 08.109

yeast-one-hybrid system 酵母单杂交系统 03.749

汉 英 索 引

A

阿[拉伯]糖操纵子　*ara* operon　03.476
埃姆斯实验　Ames test　02.265
癌　cancer　05.133

癌基因　oncogene　02.402
暗修复　dark repair　03.607

B

八倍体　octoploid　04.311
巴尔比亚尼环　Balbiani ring　04.088
*巴尔比亚尼染色体　Balbiani chromosome　04.086
*巴氏小体　Barr body　02.263
靶突变　target mutation　03.147
摆动法则　wobble rule　03.376
半保留复制　semiconservative replication　03.223
半不连续复制　semidiscontinuous replication　03.224
*半等位基因　semi-alleles　02.396
半合子　hemizygote　02.097
半合子基因　hemizygous gene　02.057
半配生殖　semigamy　05.207
半染色单体转变　half-chromatid conversion　02.384
半乳糖操纵子　*gal* operon　03.477
半同胞　half-sib　06.119
半同胞交配　half-sib mating　06.136
半显性等位基因　semi-dominant allele　02.041
半致死基因　semilethal gene　02.045
*伴性基因　sex-linked gene　02.192
伴性显性遗传　sex-linked dominant inheritance, XD　02.220
*伴性性状　sex-linked character　02.222
伴性隐性遗传　sex-linked recessive inheritance, XR　02.221
*伴性致死　sex-linked lethal　02.091
*包装比　packaging ratio　04.017
包装率　packaging ratio　04.017
孢子体　sporophyte　04.161
胞质分裂　cytokinesis　04.144
胞质环流　cyclosis　04.020
胞质决定子　cytoplasmic determinant　05.024

[胞]质内小 RNA　small cytoplasmic RNA, scRNA　03.340
*胞质融合　plasmogamy　04.372
胞质杂种　cybrid　04.360
饱和诱变　saturation mutagenesis　03.194
保持系　maintainer line　02.345
保守连锁性　conserved linkage　02.195
保守型转座　conservative transposition　03.592
报道基因　reporter gene　03.686
*爆发式物种形成　quantum speciation　07.080
背根神经节　dorsal root ganglion　05.125
背景基因型　background genotype　02.053
背景拉拽　background trapping　07.040
背景效应　background effect　03.632
背景选择　background selection　07.034
倍半二倍体　sesquidiploid　04.305
倍性　ploidy　04.334
比对　alignment　07.103
比较基因定位　comparative gene mapping　08.073
比较基因组学　comparative genomics　01.050
比较基因组杂交　comparative genome hybridization, CGH　08.078
臂间倒位　pericentric inversion　04.272
臂内倒位　paracentric inversion　04.271
RNA 编辑　RNA editing　03.365
编码　coding　03.384
编码链　coding strand　03.205
编码区　coding region　03.385
编码容量　coding capacity　03.386
编码序列　coding sequence　08.032
变性　denaturation　03.061

变性 DNA denatured DNA 03.056

变异 variation 01.086

变异丢失突变 loss of variation mutation 02.287

变异系数 coefficient of variability, coefficient of variation 06.227

变种 variety 06.125

DNA 标记 DNA marker 03.707

标记辅助导入 marker-assisted introgression 06.192

标记辅助选择 marker-assisted selection 06.191

标记获救 marker rescue 03.200

标记基因 marker gene 03.087

标记染色体 marker chromosome 04.079

标准差 standard deviation 06.224

标准误[差] standard error 06.225

*表达图 expression map 08.061

表达序列标签 expressed sequence tag, EST 08.034

表达序列标签图 expressed sequence tag map 08.067

表达载体 expression vector 03.730

表观基因组 epigenome 08.008

表观基因组学 epigenomics 01.044

表观遗传变异 epigenetic variation 02.357

表观遗传信息 epigenetic information 02.358

表观遗传学 epigenetics 01.034

表现度 expressivity 02.085

表型 phenotype 02.008

表型方差 phenotypic variance 06.098

表型分布 phenotype distribution 06.078

表型系统学 phenetics 01.040

表型相关 phenotypic correlation 06.105

表型选择差 phenotypic selection differential 06.106

表型值 phenotypic value 06.077

表型组学 phenomics 01.054

并发系数 coefficient of coincidence 02.186

并联 X 染色体 attached X chromosome 04.065

并系群 paraphyletic group 07.048

病毒癌基因 viral oncogene 02.404

病理遗传学 pathogenetics 01.021

哺乳类人工染色体 mammalian artificial chromosome, MAC 08.106

不等交换 unequal crossover, unequal exchange 02.161

不分离 nondisjunction 02.067

不规则显性 irregular dominance 02.030

不连续变异 discontinuous variation 06.074

不连续复制 discontinuous replication 03.225

不联会 asynapsis 04.192

不联会基因 asynaptic gene 02.056

不完全变态 incomplete metamorphosis 05.139

不完全连锁 incomplete linkage 02.144

不完全连锁基因 incompletely linked gene 02.193

不完全双列杂交 incomplete diallel cross 06.146

不完全外显率 incomplete penetrance 02.087

不完全显性 incomplete dominance 02.028

不稳定转染 unstable transfection 03.678

不育性 sterility 02.349

部分二倍体 partial diploid, merodiploid 02.269

部分丰余 partial redundancy 03.132

*部分合子 merozygote 02.269

*部分冗余 partial redundancy 03.132

部分同源染色体 homoeologous chromosome 04.177

C

*参数 population parameter 06.217

参照标记 reference marker 08.074

*蚕豆病 glucose-6-phoshate dehydrogenase deficiency, G-6-PD 02.229

操纵基因 operator, operator gene 03.485

操纵子 operon 03.472

*ara 操纵子 ara operon 03.476

操纵子学说 operon theory 03.481

侧成分 lateral element 04.188

*侧体 lateral element 04.188

*侧翼序列 flanking sequence 03.118

侧中胚层 lateral mesoderm 05.087

测交 test cross 02.114

*测序 sequencing 08.097

插入 insertion 03.166

插入片段 insert 03.636

插入失活 insertional inactivation 03.168

插入突变 insertion mutation 03.167

插入序列 insertion sequence, IS 03.570

mRNA 差别显示反转录 PCR differential mRNA display reverse transcription PCR, DDRT-PCR 08.080

长末端重复[序列] long terminal repeat, LTR 03.569

纯系　pure line　02.103

纯系繁育　purebreeding　06.131

纯系学说　pure line theory　01.081

纯育　breeding true　02.102

纯种　pure breed, purebred　06.124

雌性不育突变体　female-sterile mutant　02.324

雌雄间体　intersex　02.248

雌雄嵌合体　gynandromorph, gynandromorphism　02.253

雌雄同体　hermaphroditism, androgynism　02.249

雌雄异体　bisexualism　02.250

次级性比　secondary sex ratio　02.237

次要组织相容性抗原　minor histocompatibility antigen　02.366

次缢痕　secondary constriction　04.070

从性性状　sex-influenced character, sex-conditioned character　02.223

从性遗传　sex-influenced inheritance　02.216

粗线期　pachytene, pachynema　04.166

促成熟因子　maturation-promoting factor, MPF　04.154

促分裂原　mitogen　04.156

促卵泡激素　follicle stimulating hormone, FSH　05.127

脆性位点　fragile site　02.394

*错分单倍体　misdivision haploid　04.292

错配修复　mismatch repair　03.603

错义密码子　missense codon　03.404

错义突变　missense mutation　03.157

错义抑制　missense suppression　03.178

错义抑制因子　missense suppressor　03.179

D

达尔文学说　Darwinism　01.075

*大孢子竞争　Renner effect　07.084

大突变　macromutation　07.071

大型染色体　megachromosome　04.081

代表性差别分析　representational difference analysis, RDA　02.408

C带　C-band　04.127

G带　G-band　04.130

N带　N-band　04.128

Q带　Q-band　04.129

R带　R-band　04.131

T带　T-band　04.132

丹佛体制　Denver system　04.225

单倍核　hemikaryon　04.358

单倍体　haploid　04.286

单倍体化　haploidization　04.331

*单倍型　haplotype　02.276

单倍性　haploidy　04.344

单雌系　isofemale line　02.105

单核苷酸多态性　single-nucleotide polymorphism, SNP　08.044

单基因性状　monogenic character　02.018

单价体　univalent, monovalent　04.205

单交换　single crossing over, single exchange　02.154

*单拷贝序列　single-copy sequence　08.013

单链DNA　single-stranded DNA, ssDNA　03.041

单链构象多态性　single-strand conformation polymorphism, SSCP　08.045

单链DNA结合蛋白　single-stranded DNA binding protein　03.232

*单卵双生　monozygotic twins　05.194

单亲二倍体　uniparental disomy　04.299

单亲遗传　monolepsis　02.210

单顺反子　monocistron　03.066

单态性　monomorphism　02.244

单体　monosomic　04.323

单体[染色体]生物　monosome　04.038

单体型　haplotype　02.276

*单体型分型　haplotyping　02.277

单位性状　unit character　02.019

单系　monophyly　07.054

单显性组合　simplex　02.129

单向复制　unidirectional replication　03.227

*单性生殖　parthenogenesis　05.202

单性状选择　single trait selection　06.177

*单雄生殖　patrogenesis, androgenesis　05.203

单一染色体基因文库　unichromosomal gene library　03.741

单一序列　unique sequence　08.013

单元单倍体　monohaploid　04.288

*单元型　haplotype　02.276

单源种　monophyletic species　06.126

单杂种　monohybrid　02.120

单着丝粒染色体　monocentric chromosome　04.055

单祖论　monogenism　07.051

蛋白质印迹法　Western blotting　03.761

蛋白质组　proteome　08.009

蛋白质组学　proteomics　01.052

CpG 岛　CpG island　03.431

倒位　inversion　04.270

倒位环　inversion loop　04.273

倒位杂合子　inversion heterozygote　04.274

得失位　indel　08.096

灯刷染色体　lampbrush chromosome　04.085

等臂染色体　isochromosome　04.260

等基因　isogene　05.145

等基因系　isogenic strain　05.146

等基因性　isogeneity　05.144

等位基因　allele　02.036

等位[基因]共享法　allele-sharing method　08.075

*等位[基因]互补　allelic complementation　02.386

等位基因间重组　interallelic recombination　02.168

等位基因间相互作用　interallelic interaction　02.050

等位基因连锁分析　allele linkage analysis　02.189

等位[基因]排斥　allelic exclusion　02.363

等位基因取代　allele replacement　02.058

等位基因特异的寡核苷酸　allele specific oligonucleotide, ASO　03.145

等位[基因]异质性　allelic heterogeneity　02.059

等位染色单体断裂　isochromatid breakage　04.284

等位染色单体缺失　isochromatid deletion　04.234

等位系列　allelic series　02.060

等位性　allelism, allelomorphism　02.074

等效异位基因　polymeric gene　02.335

低度重复序列　lowly repetitive sequence　08.015

地理隔离　geographical isolation　07.060

地理物种形成　geographic speciation　07.074

第二次分裂分离　second division segregation　02.208

第一次分裂分离　first division segregation　02.207

颠换　transversion　03.174

点突变　point mutation　03.152

点阵分析　dot-matrix analysis　08.076

点渍法　dotting blotting　03.762

电穿孔　electroporation　05.180

*奠基者效应　founder effect　06.024

叠加效应　duplicate effect　02.083

叠连群　contig, continuous group　08.036

*顶嵴　apical ectodermal ridge, AER　05.082

顶交　top cross　02.113

顶体　acrosome　05.057

顶体反应　acrosome reaction　05.058

顶体突起　acrosomal process　05.059

*定位函数　mapping function　02.179

定位候选克隆　positional candidate cloning　08.091

定位克隆　positional cloning　08.089

定向选择　orthoselection　07.032

定向诱变　directed mutagenesis　03.192

定型　commitment　05.017

动粒　kinetochore　04.044

动态平衡说　shifting balance theory　01.079

动态突变　dynamic mutation　02.360

动物极　animal pole　05.068

动物遗传学　animal genetics　01.027

毒理遗传学　toxicological genetics　01.018

读框重叠　frame overlapping　03.414

*读框移位　reading frame shift　03.412

*独立分配定律　law of independent assortment　02.003

独立淘汰法　independent culling method　06.193

度量性状　metric trait　06.068

端部联会　acrosyndesis　04.185

端化作用　terminalization　04.198

端粒　telomere　04.042

*端粒带　T-band　04.132

端粒酶　telomerase　03.716

端着丝粒染色体　telocentric chromosome　04.059

*短串联重复　short tandem repeat, STR　08.026

*短串联重复序列多态性　short tandem repeat polymorphism, STRP　08.041

短散在重复序列　short interspersed repeated sequence　08.030

*短散在核元件　short interspersed nuclear elements, SINEs　08.030

*断裂基因　split gene, interrupted gene　03.093

断裂剂　clastogen　04.281

断裂–融合–桥循环　breakage-fusion-bridge cycle　04.279

断裂愈合假说　breakage and reunion hypothesis　01.060

对立等位基因　oppositional allele　02.039

对数优势比　logarithm of the odds score, LOD score

E

F

翻译增强子　translational enhancer　03.453

翻译装置　translation machinery　03.448

翻译阻遏　translation repression　03.450

＊反带　reverse band　04.131

＊反交　reciprocal cross　02.107

反馈环　feedback loop　05.188

反馈抑制　feedback suppression　03.552

反密码子　anticodon　03.392

反密码子环　anticodon loop　03.393

反求遗传学　reverse genetics　01.033

反式剪接　trans-splicing　03.370

反式排列　trans arrangement　03.071

反式调节蛋白　trans-regulator　03.548

反式显性　trans-dominance　03.074

反式杂合子　trans-heterozygote　02.151

反式阻遏蛋白　trans-repressor　03.549

反式阻遏［作用］　trans-repression　03.515

反式作用　trans-acting　03.519

反式作用因子　trans-acting factor　03.522

＊反突变　back mutation, reverse mutation　02.293

反向重复［序列］　inverted repeat, IR　08.021

反向剪接　reverse splicing　03.368

反向平行［核苷酸］链　antiparallel strand, antiparallel
　［nucleotide］chain　03.024

反向调节　retroregulation　03.550

反效等位基因　antimorph　02.331

反义 DNA　antisense DNA　03.244

反义 RNA　antisense RNA　03.416

反义寡核苷酸　antisense oligonucleotide　03.006

＊反义链　antisense strand　03.204

反义肽核酸　antisense peptide nucleic acid, antisense
　PNA　03.007

反应规范　reaction norm　02.084

反转录　reverse transcription　03.326

反转录 PCR　reverse transcription PCR, RT-PCR
　08.079

反转录病毒　retrovirus　03.280

反转录假基因　retropseudogene　03.100

反转录酶　reverse transcriptase　03.715

反转录转座子　retrotransposon　03.576

反转录转座［作用］　retrotransposition　03.597

反转录子　retron　03.327

泛生说　theory of pangenesis　01.066

泛主质粒　promiscuous plasmid　03.643

方差　variance　06.223

方差分析　analysis of variance　06.240

放射自显影术　autoradiography　03.756

＊非编码链　non-coding strand　03.204

非编码序列　non-coding sequence　08.033

＊非重复序列　nonrepetitive sequence　08.013

非达尔文进化　non-Darwinian evolution　07.002

非单着丝粒染色体　aneucentric chromosome　04.056

非等位基因　non-allele　02.037

非等位基因间相互作用　non-allelic interaction　02.051

非端着丝粒染色体　atelocentric chromosome　04.060

非翻译区　non-translational region, untranslated region,
　UTR　03.441

非翻译序列　non-translated sequence　03.442

非复制型转座　nonreplicative transposition　03.591

＊非回归亲本　non-recurrent parent　06.144

非加性效应　non-additive effect　06.086

非加性遗传方差　non-additive genetic variance　06.102

非姐妹染色单体　non-sister chromatid　04.180

非轮回亲本　non-recurrent parent　06.144

非孟德尔比率　non-Mendelian ratio　02.065

＊非孟德尔式遗传　non-Mendelian inheritance　02.006

＊非亲二型　non-parental ditype, NPD　02.200

非亲双型　non-parental ditype, NPD　02.200

非顺序四分子　unordered tetrad　02.203

非同义突变　nonsynonymous mutation　03.154

非同源染色体　nonhomologous chromosome　04.178

非选择性标记　unselected marker　03.201

非允许条件　nonpermissive condition　02.389

非整倍体　aneuploid　04.317

非整倍性　aneuploidy　04.338

非整单倍体　aneuhaploid　04.292

非转录间隔区　nontranscribed spacer　03.290

非自主表型　allophene　02.013

费城染色体　Philadelphia chromosome, Ph chromosome
　04.075

分化式物种形成　differentiated speciation　07.079

分节基因　segmentation gene　05.162

分离　segregation　02.066

分离比率　segregation ratio　02.071

分离变相　segregation distortion, SD　02.069

分离定律　law of segregation　02.002

分离负荷　segregation load　06.036

分离指数　segregation index　02.070

分离滞后　segregation lag　04.175

分裂选择　disruptive selection　07.030

分泌型载体　excretion vector　03.731

分支迁移　branch migration　03.560

*分支系统学　cladistics　07.085

分子进化　molecular evolution　07.003

分子进化中性学说　neutral theory of molecular evolution　01.078

分子克隆　molecular cloning　03.747

分子系统发生学　molecular phylogenetics　07.087

分子细胞遗传学　molecular cytogenetics　01.006

分子遗传学　molecular genetics　01.008

分子杂交　molecular hybridization　03.755

分子钟　molecular clock　07.094

丰余 DNA　redundant DNA　03.050

辐射遗传学　radiation genetics　01.013

辐射杂种细胞　radiation hybrid, RH　08.085

辐射杂种细胞图　radiation hybrid map, RH map, RH linkage map　08.087

辐射杂种细胞系　radiation hybrid cell line, RH cell line　08.088

辐射杂种细胞作图　radiation hybrid mapping　08.086

辅助病毒　helper virus　03.243

辅助性状　assistant trait　06.071

辅助转录因子　ancillary transcription factor　03.323

*辅阻遏物　corepressor　03.512

父体效应基因　paternal effect gene　05.160

负干涉　negative interference　02.183

负互补作用　negative complementation　02.380

*负基因互补　negative complementation　02.380

*负链　minus strand, negative strand　03.204

*负调控　negative regulation　03.487

*负相关　negative correlation　06.232

*负选型交配　negative assortative mating　06.014

负选择　negative selection　07.033

负异固缩　negative heteropycnosis　04.107

负载　charging　03.462

*负增强子　negative enhancer　03.277

*附加单倍体　addition haploid　04.292

附加体　episome　03.213

附加系　addition line　04.354

复等位基因　multiple allele　02.038

复合非整倍体　complex aneuploid　04.321

复合基因座　complex locus　02.187

复合易位　complex translocation　04.256

复合杂合子　compound heterozygote　02.101

复合转座子　composite transposon　03.575

复交叉　multiple chiasma　04.194

复系　polyphyly　07.055

复性　renaturation, annealing　03.062

复制　replication　03.209

RNA 复制　RNA replication　03.532

复制叉　replication fork　03.214

复制错误　replication error　03.218

复制倒位　duplicative inversion　03.219

复制后错配修复　post-replicative mismatch repair　03.220

复制后修复　post-replication repair　03.600

复制酶　replicase　03.717

*RNA 复制酶　RNA replicase　03.717

复制起点　origin of replication, replication origin　03.216

复制起始识别复合体　origin recognition complex, ORC　03.217

复制体　replisome　03.221

复制型　replication form　03.222

复制型转座　replicative transposition　03.590

复制因子　replicator　03.215

复制子　replicon　03.210

副密码子　paracodon　03.394

副体节　parasegment　05.113

副突变　paramutation　02.299

富含 AU 的元件　AU-rich element, ARE　03.521

G

RNA 干扰　RNA interference, RNAi　03.529

干涉　interference　02.181

*感染性蛋白质粒子　proteinaceous infectious particle　03.769

感受态　competence　03.675

干细胞　stem cell　05.048

冈崎片段　Okazaki fragment　03.207

高变区　hypervariable region, HVR　03.108

H

合子 zygote 02.093

合子后隔离 postzygotic isolation 07.063

合子基因 zygotic gene 05.161

合子前隔离 prezygotic isolation 07.062

合子诱导 zygotic induction 03.516

*核不均一 RNA heterogeneous nuclear RNA, hnRNA 03.335

核分裂 karyokinesis 04.143

核苷酸倒位 nucleotide inversion 03.172

核苷酸对 nucleotide pair 03.018

*核骨架 nuclear matrix 04.019

核基因组 nuclear genome 08.003

核基质 nuclear matrix 04.019

核基质附着区 matrix attachment region, MAR 03.382

核酶 ribozyme 03.008

核内多倍性 endopolyploidy 04.353

核内小 RNA small nuclear RNA, snRNA 03.338

核内异质 RNA heterogeneous nuclear RNA, hnRNA 03.335

*核内有丝分裂 endomitosis 04.250

核内[再]复制 endoreduplication 04.250

核配 karyogamy 04.375

核仁小 RNA small nucleolar RNA, snoRNA 03.339

核仁组织区 nucleolus organizing region, nucleolus organizer region, NOR 04.071

*核仁组织区带 N-band 04.128

核仁组织者 nucleolus organizer 04.072

核融合 karyomixis 04.374

*核酸分子杂交 nucleic acid hybridization 03.755

核糖核苷 ribonucleoside 03.003

核糖核酸 ribonucleic acid, RNA 03.002

核糖核酸酶 ribonuclease, RNase 03.379

核糖体 DNA ribosomal DNA, rDNA 03.052

核糖体 RNA ribosomal RNA, rRNA 03.378

核糖体 RNA 基因 ribosomal RNA gene 03.380

*核糖体结合位点 ribosome binding site 03.381

核糖体结合序列 ribosome binding sequence, RBS 03.381

*核糖体识别位点 ribosome recognition site 03.381

核外遗传 extranuclear inheritance 02.006

核外遗传因子 extranuclear genetic element 03.582

核小核糖核蛋白颗粒 small nuclear ribonucleoprotein particle, snRNP, snurp 03.341

核小体 nucleosome 04.010

核小体核心 nucleosome core 04.011

核小体核心颗粒 nucleosome core particle 04.012

核心 DNA core DNA 03.059

核心启动子 core promoter 03.253

核心序列 core sequence 03.076

核形态学 karyomorphology 01.038

核型 karyotype, caryotype 04.114

核型分类学 karyotaxonomy 01.039

核型分析 karyotype analysis, karyotyping 04.117

核型模式图 ideogram 04.116

核型图 karyogram, caryogram 04.115

核移植 nuclear transplantation 04.392

核遗传学 karyogenetics 01.035

核质 nucleoplasm 04.018

核质比 nucleo-cytoplasmic ratio 04.384

核质不亲和性 nucleo-cytoplasmic incompatibility 04.364

核质相互作用 nucleo-cytoplasmic interaction 04.385

核质杂种细胞 nucleo-cytoplasmic hybrid cell 04.361

盒式模型 cassette model 03.493

盒式诱变 cassette mutagenesis 03.195

赫尔希-蔡斯实验 Hershey-Chase experiment 02.266

亨廷顿病 Huntington's disease, HD 02.230

宏观进化 macroevolution 07.005

后成说 epigenesis 01.069

后代测验 progeny testing 02.139

*后减数分裂 postmeiotic division 04.169

后期 anaphase 04.148

后期促进复合物 anaphase-promoting complex, APC 04.151

后期滞后 anaphase lag 04.150

后随链 lagging strand 03.208

后缘区 posterior marginal zone 05.078

候选基因 candidate gene 06.195

候选基因分析 candidate gene approach 06.196

琥珀密码子 amber codon 03.408

琥珀突变 amber mutation 03.158

琥珀突变抑制基因 amber suppressor 03.159

互补 DNA complementary DNA, cDNA 03.057

互补 RNA complementary RNA 03.058

*互补测验 complementation test 03.069

互补分析 complementation analysis 02.376

互补基因 complementary gene 02.052

互补碱基 complementary base 03.016

互补交配　complementary mating　06.117

互补链　complementary chain, complementary strand　03.028

互补群　complementation group　02.377

互补图　complementation map　02.378

互补效应　complementary effect　02.082

互补性　complementarity　03.015

互补转录物　complementary transcript　03.330

互补作用　complementation　02.375

互斥相　repulsion phase　02.150

*互适应　coadaptation　06.043

互引相　coupling phase　02.149

花斑染色体　harlequin chromosome　04.182

花斑型位置效应　variegated type position effect　04.269

滑卡　sliding clamp　03.033

化学测序法　Maxam-Gilbert method, chemical method of DNA sequencing　08.101

化学基因组学　chemical genomics　01.045

化学进化　chemical evolution　07.010

坏死　necrosis　05.011

D环　displacement loop, D loop　03.032

R环　R loop　03.241

环境方差　environmental variance　06.099

环境基因组学　environmental genomics　01.047

环境相关　environmental correlation　06.094

环境效应　environmental effect　06.090

环境协方差　environmental covariance　06.108

环状DNA　circular DNA　03.038

环状结构域　loop domain　03.031

环状染色体　ring chromosome　04.078

R环作图　R loop mapping　03.242

恢复系　restorer　02.346

回复突变　back mutation, reverse mutation　02.293

回复[突变]体　revertant　02.323

回归方程　regression equation　06.239

回归分析　regression analysis　06.235

*回归亲本　recurrent parent　06.143

回归系数　regression coefficient　06.236

回交　backcross, back crossing　02.115

*回文对称　palindrome, palindromic sequence　03.029

回文序列　palindrome, palindromic sequence　03.029

混倍体　mixoploid　04.316

混倍性　mixoploidy　04.339

混合家系　mixed family　06.197

混合模型　mixed model　06.198

混合模型方程组　mixed model equations, MME　06.199

混合选择　mass selection　06.189

混合遗传　blending inheritance　02.005

活性盒　active cassette　03.495

获得性状　acquired character　07.070

获得性状遗传　inheritance of acquired character　01.085

获能　capacitation　05.056

霍尔丹法则　Haldane's rule　06.080

霍利迪结构　Holliday structure　03.559

*霍利迪连接体　Holliday junction　03.559

霍利迪模型　Holliday model　03.558

J

奇[数]多倍体　anisopolyploid　04.314

基础转录　basal transcription　03.321

基础转录因子　basal transcription factor　03.324

基因　gene　01.105

C基因　constant gene, C gene　03.110

cI基因　cI gene　03.127

D基因　diversity gene, D gene　03.111

dna基因　dna gene　03.128

J基因　joining gene, J gene　03.112

*nod基因　nodulation gene, nod gene　02.407

*SRY基因　SRY gene　04.029

V基因　variable gene, V gene　03.109

*基因倍增　gene duplication　03.084

基因表达　gene expression　03.534

基因表达的系列分析　serial analysis of gene expression, SAGE　08.092

*基因操作　gene manipulation　03.694

基因沉默　gene silencing　03.539

基因重复　gene duplication　03.084

基因重排　gene recombination　03.082

基因簇　gene cluster　03.078

基因打靶　gene targeting　05.184

基因定位　gene mapping, gene localization　02.172

基因多样性　gene diversity　06.017

基因丰余　gene redundancy　03.077

基因跟踪　gene tracking　02.135

DNA 聚合酶　DNA polymerase　03.708

DNA 聚合酶Ⅰ　DNA polymerase Ⅰ　03.709

DNA 聚合酶Ⅱ　DNA polymerase Ⅱ　03.710

DNA 聚合酶Ⅲ　DNA polymerase Ⅲ　03.711

DNA 聚合酶α　DNA polymerase α　03.712

DNA 聚合酶γ　DNA polymerase γ　03.714

DNA 聚合酶δ　DNA polymerase δ　03.713

RNA 聚合酶　RNA polymerase　03.718

RNA 聚合酶Ⅰ　RNA polymerase Ⅰ　03.719

RNA 聚合酶Ⅱ　RNA polymerase Ⅱ　03.720

RNA 聚合酶Ⅲ　RNA polymerase Ⅲ　03.721

聚合酶链式反应　polymerase chain reaction, PCR　03.630

决定　determination　05.022

决定子　determinant　05.023

*绝灭　extinction　07.041

绝缘子　insulator　03.251

*均等分裂　equational division　04.169

均一化 cDNA 文库　normolized cDNA library　03.740

均匀染色区　homogeneous staining region, homogeneously staining region, HSR　04.243

K

卡巴粒[子]　kappa particle　02.340

开关基因　switch gene　03.094

开环　open circle　03.649

抗癌基因　antioncogene　02.405

抗生素抗性基因筛选　antibiotics resistant gene screening　03.588

抗突变基因　antimutator　03.097

抗性基因　resistant gene　02.338

抗性突变　resistant mutation　02.302

抗性转移因子　resistant transfer factor, RTF, R factor　03.586

H-Y 抗原　histocompatibility-Y antigen, H-Y antigen　02.368

Rh 抗原　Rh antigen　02.369

抗终止子　anti-terminator　03.312

*抗终止作用　antitermination　03.311

抗转录终止[作用]　transcriptional antitermination　03.311

抗阻遏物　antirepressor　03.513

拷贝数依赖型基因表达　copy-number dependent gene expression　03.535

颗粒遗传　particulate inheritance　02.004

可变区　variable region, V　03.107

*可变数目串联重复　variable number tandem repeat, VNTR　08.025

可读框　open reading frame, ORF　03.387

可见突变　visible mutation　02.297

可突变性　mutability　02.289

*可移动基因　movable gene　02.398

克列诺片段　Klenow fragment　03.239

克隆　clone　01.107

克隆变异　clonal variation　04.386

克隆变异体　clonal variant　04.387

克隆叠连群图　overlapping cloning map　08.065

克隆叠连群作图　clone contig mapping　08.066

TA[克隆]法　T's and A's method　03.695

cDNA 克隆化　cDNA cloning　03.524

克隆位点　cloning site　03.663

克隆载体　cloning vector, cloning vehicle　03.729

空位　gap　08.094

空位罚分　gap penalty　08.095

空载反应　idling reaction　03.504

CAAT 框　CAAT box　03.273

GC 框　GC box　03.523

TATA 框　TATA box　03.272

DNA 扩增　DNA amplification　03.628

扩增片段长度多态性　amplified fragment length polymorphism, AFLP　08.046

扩增受阻突变系统　amplification refractory mutation system, ARMS　03.631

扩增子　amplicon　03.625

L

M

*毛根诱导质粒　root inducing plasmid, Ri-plasmid　03.647

帽　cap　03.433

酶错配切割　enzyme mismatch cleavage　03.616

*酶性核酸　ribozyme　03.008

孟德尔比率　Mendelian ratio　02.063

孟德尔抽样　Mendelian sampling　06.044

孟德尔抽样离差　Mendelian sampling deviation　06.205

*孟德尔第二定律　Mendel's second law　02.003

*孟德尔第一定律　Mendel's first law　02.002

孟德尔基因座　Mendelian locus　02.033

孟德尔式群体　Mendelian population　06.005

孟德尔性状　Mendelian character　02.017

孟德尔遗传定律　Mendel's laws of inheritance　02.001

孟买型　Bombay phenotype　02.374

弥散着丝粒　holocentromere　04.045

密码比　coding ratio　03.400

[密码]错编　miscoding　03.411

密码子　codon　03.391

密码子偏倚　codon bias　07.097

密码子适应指数　codon adaptation index, CAI　07.098

免疫遗传学　immunogenetics　01.016

免疫应答基因　immune response gene, Ir gene　03.106

灭绝　extinction　07.041

命运　fate　05.015

命运图　fate map　05.016

模板　template　03.203

模板链　template strand　03.204

模板选择假说　copy choice hypothesis　01.062

模拟突变体　mimic mutant　02.315

模式生物　model organism　05.039

膜内成骨　intramembranous ossification　05.107

末端标记　end labeling　03.766

末端反向重复　inverted terminal repeat　03.568

末端丰余　terminal redundancy　03.131

cDNA 末端快速扩增法　rapid amplification of cDNA end, RACE　03.629

末端缺失　terminal deletion　04.232

*末端冗余　terminal redundancy　03.131

*末端易位　terminal translocation　04.255

末期　telophase　04.149

母体效应基因　maternal effect gene　05.159

母体遗传　maternal inheritance　02.267

母体影响　maternal influence　02.268

目标性状　objective trait, target trait　06.070

N

囊胚　blastula　05.066

囊胚腔　blastocoel　05.067

内部分解位点　internal resolution site　03.572

内部核糖体进入位点　internal ribosome entry site, IRES　03.437

内部节点　internal node　07.093

内部指导序列　internal guide sequence, IGS　03.425

内共生学说　endosymbiont theory　02.352

内含子　intron　03.140

内含子迟现　introns late　07.057

内含子归巢　intron homing　03.141

内含子早现　introns early　07.056

内基因子　endogenote　02.271

内胚层　endoderm　05.079

内切核酸酶　endonuclease　03.724

内细胞团　inner cell mass, ICM　05.073

内源基因　endogenous gene　03.121

内在终止子　intrinsic terminator　03.250

拟表型　phenocopy　02.009

拟等位基因　pseudoalleles　02.396

拟核　nucleoid　04.357

拟回复突变　pseudoreversion　02.298

拟基因型　genocopy　02.011

*拟显性　pseudodominance　02.278

逆向转座　inverse transposition　03.594

*逆转录　reverse transcription　03.326

*逆转座子　retroposon　03.576

匿名 DNA　anonymous DNA　03.054

*黏端　sticky end, cohesive end, cohesive terminus　03.702

*黏端质粒　cosmid　03.644

黏粒　cosmid　03.644

黏性末端　sticky end, cohesive end, cohesive terminus　03.702

黏性位点　cos site　03.704

念珠理论　bead theory　01.063

念珠模型　beads-on-a-string　04.224

鸟枪法　shotgun sequencing method　08.098

尿囊绒膜　chorioallantoic membrane　05.126

凝聚染色质　condensed chromatin　04.008

*浓缩期　diakinesis, synizesis　04.168

O

偶然变异　accident variation　06.076

偶线期　zygotene, zygonema　04.165

P

*排比　alignment　07.103

彷徨变异　fluctuating variation　01.087

庞纳特方格法　Punnett square method　02.061

旁侧序列　flanking sequence　03.118

*旁系同源基因　paralogous gene　07.099

胚内体腔　intraembryonic coelom, intraembryonic coelomic cavity　05.092

胚泡　blastocyst　05.071

胚胎　embryo　05.063

胚胎癌性细胞　embryonal carcinoma cell, EC cell　05.134

胚胎发生　embryogenesis　05.042

胚胎干细胞　embryonic stem cell　05.050

胚状体　embryoid　05.114

配对　pairing　04.218

配对框　paired box, Pax　05.157

配合力　combining ability　06.150

配子　gamete　04.159

配子不亲和性　gametic incompatibility　04.363

配子发生　gametogenesis　05.053

配子[分离]比　gametic ratio　02.064

配子克隆变异　gametoclonal variation　04.368

配子模型　gametic model　06.206

配子染色体数　gametic chromosome number　04.112

配子生殖　gametogony　05.198

配子体　gametophyte　04.160

配子印记　gametic imprinting　02.354

偏父遗传　patroclinal inheritance　02.211

偏母遗传　matroclinal inheritance　02.214

频率分布　frequency distribution　06.207

频率依赖选择　frequency dependent selection　07.036

品系　strain　06.122

品种　variety, breed(动物), cultivar(植物)　06.123

平端　blunt end　03.623

平端连接　blunt end ligation　03.624

平衡多态性　balanced polymorphism　06.053

平衡群体　equilibrium population　06.008

平衡染色体　balance chromosome　04.261

平衡选择　balancing selection　07.035

平衡易位　balanced translocation　04.254

平衡致死　balanced lethal　02.092

平衡致死基因　balanced lethal gene　02.047

平衡致死系　balanced lethal system　04.276

平行进化　parallel evolution　07.009

瓶颈效应　bottle neck effect　06.025

葡萄糖-6-磷酸脱氢酶缺乏症　glucose-6-phoshate dehydrogenase deficiency, G-6-PD　02.229

普遍性转导　generalized transduction　03.667

普里昂　prion　03.769

普里布诺框　Pribnow box　03.274

Q

栖息地隔离 habitat isolation 07.066

G₁ 期 presynthetic phase, presynthetic gap₁ period, G₁ phase 04.136

G₂ 期 postsynthetic phase, postsynthetic gap₂ period, G₂ phase 04.138

M 期 mitotic phase, M phase 04.139

S 期 S phase 04.137

*M 期促进因子 M phase-promoting factor 04.154

期外 DNA 合成 unscheduled DNA synthesis 03.617

*歧化选择 diversifying selection 07.030

*棋盘法 Punnett square method 02.061

启动子 promoter, P 03.252

启动子减弱突变体 down-promoter mutant 03.261

启动子减效突变 down-promoter mutation 03.259

启动子近侧元件 promoter-proximal element 03.262

启动子清除 promoter clearance 03.263

*启动子上调突变 up-promoter mutation 03.258

启动子突变 promoter mutation 03.257

*启动子下调突变 down-promoter mutation 03.259

启动子增强突变体 up-promoter mutant 03.260

启动子增效突变 up-promoter mutation 03.258

*起点识别复合物 origin recognition complex, ORC 03.217

起始密码子 start codon, initiation codon, initiator 03.401

起始因子 initiation factor 03.447

起源中心学说 theory of center of origin 01.072

器官发生 organogenesis 05.044

迁入 immigration 06.051

迁移 migration 06.052

迁移负荷 immigration load 06.037

前导链 leading strand 03.206

前导区 leader region 03.484

前导序列 leader sequence, leader peptide 03.444

前核糖体 RNA pre-ribosomal RNA, pre-rRNA, precursor rRNA 03.377

*前减数分裂 prereductional division 04.163

前进进化 anagenesis 07.014

前期 prophase 04.145

前起始复合体 preinitiation complex, PIC 03.325

前神经孔 anterior neuropore 05.124

前适应 preadaptation 07.023

*前［体］mRNA pre-messenger RNA, pre-mRNA, precursor mRNA 03.334

前突变 premutation 02.361

前信使 RNA pre-messenger RNA, pre-mRNA, precursor mRNA 03.334

潜能 potency 05.014

嵌合 DNA chimeric DNA 03.618

嵌合蛋白 chimeric protein 03.419

嵌合性 chimerism 02.226

强启动子 strong promoter 03.254

强制异核体 forced heterocaryon 04.381

切除酶 excisionase 03.722

切除修复 excision repair 03.601

切口 nick 03.701

切离 excision 03.598

*亲本印记 parental imprinting 02.353

亲本组合 parental combination 02.127

亲代双型 parental ditype, PD 02.199

*亲二型 parental ditype, PD 02.199

亲权认定 paternity test 02.136

亲缘系数 coefficient of relationship 06.165

亲属选择 kin selection 07.037

青霉素富集法 penicillin enrichment technique 03.198

秋水仙碱效应 colchicine effect 04.172

区室 compartment 05.030

趋同进化 convergent evolution 07.011

趋同伸展 convergent extention 05.115

趋异进化 divergent evolution 07.012

η 取向 η orientation, eta orientation 03.736

μ 取向 μ orientation, mu orientation 03.735

去分化 dedifferentiation 05.004

去稳定元件 destabilizing element 03.278

去阻遏作用 derepression 03.514

全表达谱 global expression profile 08.071

全合子 holozygote 02.096

全局调节子 global regulon 03.483

全局调控 global regulation 03.486

全能性 totipotency 05.032

全同胞　full-sib　06.120

全同胞交配　full-sib mating　06.137

全突变　full mutation　02.362

缺口　gap　08.093

缺口修复　gap repair　03.602

缺失　deletion, deficiency　04.231

缺失纯合子　deletion homozygote　04.238

＊缺失定位　deletion mapping　02.175

缺失复合体　deletion complex　04.236

缺失环　deletion loop　04.239

缺失体　deletant　04.235

缺失突变　deletion mutation　03.151

缺失杂合子　deletion heterozygote　04.237

缺失作图　deletion mapping　02.175

缺体　nullisomic　04.325

＊缺体单倍体　nullisomic haploid　04.292

缺体四体补偿现象　nulli-tetra compensation　04.312

群落遗传学　syngenetics　01.020

群体　population　06.001

群体细胞遗传学　population cytogenetics　01.005

群体遗传学　population genetics　01.011

R

染色单体　chromatid　04.041

染色单体断裂　chromatid breakage　04.283

染色单体干涉　chromatid interference　02.184

染色单体粒　chromatid grain　04.076

＊染色单体桥　chromatid bridge　04.277

染色单体转变　chromatid conversion　02.383

染色粒　chromomere　04.015

染色粒间区　interchromomere　04.090

染色体　chromosome　04.021

A 染色体　A chromosome　04.024

B 染色体　B chromosome　04.025

W 染色体　W chromosome　04.032

X 染色体　X chromosome　04.027

Y 染色体　Y chromosome　04.028

Z 染色体　Z chromosome　04.033

染色体臂　chromosome arm　04.039

[染色体]臂比　arm ratio　04.040

染色体病　chromosomal disease　01.102

染色体不分离　chromosome nondisjunction　04.215

染色体不平衡　chromosome imbalance　04.094

染色体不稳定综合征　chromosome instability syndrome　04.280

染色体步查　chromosome walking　03.745

＊染色体步移　chromosome walking　03.745

染色体重建　chromosome reconstitution　04.101

染色体重排　chromosomal rearrangement　04.228

染色体带　chromosomal band　04.126

[染色体]带型　banding pattern　04.125

＊染色体丢失　chromosomal elimination　04.103

染色体断裂点　chromosome breakpoint　04.282

染色体多态性　chromosomal polymorphism　04.096

染色体粉碎　chromosome pulverization　04.098

＊染色体干涉　chromosomal interference　02.181

染色体工程　chromosome engineering　04.355

染色体基数　chromosome basic number　04.110

染色体畸变　chromosome aberration　04.226

染色体间重组　interchromosomal recombination　02.170

＊染色体交叉　chromosome chiasma　04.193

染色体结　chromosome knob　04.016

染色体介导的基因转移　chromosome-mediated gene transfer　04.099

染色体联合　chromosome association　04.217

染色体裂隙　chromosome gap　04.091

染色体螺旋　chromosome coiling　04.013

染色体内重组　intrachromosomal recombination　02.169

＊染色体配对　chromosome pairing　04.218

＊染色体桥　chromosome bridge　04.277

染色体融合　chromosome fusion　04.097

X 染色体失活　X chromosome inactivation　02.260

X 染色体失活特异转录因子　X inactive specific transcripts, XIST　02.262

染色体疏松　chromosome puff　04.087

染色体数　chromosome number　04.111

染色体跳查文库　chromosome jumping library　03.744

染色体图　chromosome map　02.171

染色体涂染　chromosome painting　04.095

染色体外 DNA　exchromosomal DNA　03.048

＊染色体外遗传　extrachromosomal inheritance　02.006

染色体显带　chromosome banding　04.119

染色体显带技术　chromosome banding technique

S

生化突变体 biochemical mutant 02.318

生化遗传学 biochemical genetics 01.010

生活力 vitality 02.409

生理遗传学 physiological genetics 01.015

生态隔离 ecological isolation 07.064

生态遗传学 ecological genetics, ecogenetics 01.014

生物信息学 bioinformatics 01.055

生物型 biotype 02.015

生源说 biogenesis 01.070

生长抑制基因 growth suppressor gene 03.119

生殖隔离 reproduction isolation 07.061

生殖核 generative nucleus 04.359

*生殖质 germ plasm 01.082

X失活中心 X inactivation center, XIC 02.261

十字形环 cruciform loop 03.027

*时间隔离 temporal isolation 07.065

时序基因 temporal gene 05.167

时序调节 temporal regulation 05.168

识别位点 recognition site 03.662

识别序列 recognition sequence 03.426

实现遗传率 realized heritability 06.115

实现遗传相关 realized genetic correlation 06.116

世代 generation 02.140

世代间隔 generation interval 06.082

世代交替 alternation of generations 06.081

适合度 fitness 06.045

适应 adaptation 07.022

适应峰 adaptive peak 07.025

适应辐射 adaptive radiation 06.209

适应谷 adaptive valley 07.026

适应性 adaptability 06.042

适应性地形图 adaptive topography, adaptive landscape 07.024

*适应值 adaptive value 06.045

噬菌体 phage, bacteriophage 03.651

M13噬菌体 M13 phage 03.654

P1噬菌体 P1 phage 03.656

λ噬菌体 λ phage 03.655

P1噬菌体人工染色体 P1 phage artificial chromosome, PAC 08.107

噬粒 phasmid, phagemid 03.637

收缩环 contractile ring 04.158

受精 fertilization 05.062

数量性状 quantitative character, quantitative trait 06.066

数量性状基因座 quantitative trait locus, QTL 06.208

数量遗传学 quantitative genetics 01.012

[数学]期望 mathematical expectation 06.221

*衰减作用 attenuation 03.491

衰老的端粒学说 telomeric theory of aging 05.012

*双棒眼 double bar 02.325

双单体 dimonosomic 04.324

双多倍体 amphipolyploid 04.313

*双二倍体 amphidiploid 04.309

双二价体 amphibivalent 04.209

双交换 double crossing over, double exchange 02.155

双精入卵 dispermy 05.191

*双精受精 dispermy 05.191

双链DNA double-stranded DNA, dsDNA 03.042

双链RNA double-stranded RNA, dsRNA 03.043

双链体 duplex 03.035

双列杂交 diallel cross 06.145

双螺旋 double helix 03.019

*DNA双螺旋模型 DNA double helix model 03.011

双潜能期 bipotential stage 05.034

双亲合子 biparental zygote 02.100

双亲遗传 biparental inheritance 01.084

双三体 ditrisomic 04.328

双受精 double fertilization 05.210

双顺反子mRNA bicistronic mRNA 03.421

*双体 disome, disomic 04.318

*双脱氧法 dideoxy technique 08.102

双微染色体 double minute chromosome, DMC 04.245

双微体 double minute, DM 04.244

双线期 diplotene, diplonema 04.167

双向复制 bidirectional replication 03.226

双义基因组 ambisense genome 08.007

双因子杂种率 dihybrid ratio 06.147

双杂交系统 two-hybrid system 08.103

双着丝粒桥 dicentric bridge 04.277

双着丝粒染色体 dicentric chromosome 04.057

水平传递 horizontal transmission 07.082

顺反测验 cis-trans test 03.069

顺反位置效应 cis-trans position effect 03.072

顺反子 cistron 03.065

顺反子内互补测验 intracistronic complementation test 03.068

顺式剪接 cis-splicing 03.369

顺式排列　cis arrangement　03.070

顺式显性　cis-dominance　03.073

顺式作用　cis-acting　03.518

顺式作用元件　cis-acting element　03.520

顺序四分子　ordered tetrad　02.202

顺序四分子分析　ordered tetrad analysis　02.205

顺序选择法　tandem selection　06.179

瞬时表达　transient expression　03.545

四倍体　tetraploid　04.307

四倍性　tetraploidy　04.348

四分体　tetrad　04.204

四分子分析　tetrad analysis　02.204

四价体　quadrivalent　04.212

四联体　tetrad　04.203

四体　tetrasomic　04.329

四显性组合　quadriplex　02.131

四线双交换　four strand double crossing over　02.156

四型　tetratype, T　02.201

松弛 DNA　relaxed DNA　03.049

松弛控制　relaxed control　03.528

松弛型质粒　relaxed plasmid　03.640

溯祖理论　coalescence theory　07.049

溯祖时间　coalescence time　07.050

随机变量　random variable　06.229

随机交配　random mating　06.011

随机扩增多态 DNA　randomly amplified polymorphic DNA, RAPD　03.690

*随机遗传漂变　random genetic drift　06.023

随机引物　random primer, arbitrary primer　03.236

随机诱变　random mutagenesis　03.196

随体　satellite　04.073

随体区　satellite zone, SAT-zone　04.074

随体染色体　satellite chromosome, SAT-chromosome　04.077

DNA 损伤　DNA damage　03.612

T

探针　probe　03.757

糖皮质激素应答元件　glucocorticoid response element, GRE　03.268

套叠基因　nested gene　03.090

套马索 RNA　lariat RNA　03.342

特化　specification　05.018

特殊配合力　specific combining ability　06.152

体壁中胚层　somatic mesoderm, parietal mesoderm　05.088

体节　somite　05.112

体节极性基因　segment polarity gene　05.163

体内稳态　homeostasis　05.190

体内足迹法　in vivo footprinting　03.765

体外翻译　in vitro translation　03.438

体外受精　in vitro fertilization, IVF　04.377

体外诱变　in vitro mutagenesis　03.189

体外转录　in vitro transcription　03.333

体细胞　somatic cell　04.365

体细胞超变　somatic hypermutation　04.395

体细胞重组　somatic recombination　04.222

体细胞基因治疗　somatic cell gene therapy　04.393

体细胞克隆变异　somaclonal variation　04.369

体细胞联会　somatic synapsis　04.186

体细胞[染色体]交换　somatic crossing over　02.159

体细胞[染色体]配对　somatic pairing　04.221

体细胞突变　somatic mutation　04.394

体细胞遗传学　somatic cell genetics　01.003

体细胞杂交　somatic hybridization　04.370

*替代单倍体　substitution haploid　04.292

*替代环　displacement loop, D loop　03.032

*替代遗传学　surrogate genetics　01.033

填充片段　stuffer fragment　03.658

条件基因打靶　conditional gene targeting　05.186

条件基因敲除　conditional gene knockout　05.185

*条件基因剔除　conditional gene knockout　05.185

条件特化　conditional specification　05.019

条件突变　conditional mutation　03.163

条件突变体　conditional mutant　02.317

条件致死　conditional lethal　02.090

条件致死突变　conditional lethal mutation　02.301

调节基因　regulatory gene, regulator gene　03.086

调节位点　regulatory site　03.551

调节子　regulon　03.482

调谐密码子　modulating codon　03.395

调谐子　modulator　03.537

跳码　frame hopping　03.413

跳跃基因 jumping gene 02.398

贴壁依赖性 anchorage dependence 05.142

通径系数 path coefficient 06.161

通用密码 universal code 03.399

通用转录因子 general transcription factor 03.322

同胞 sibling, sib 06.118

同胞对分析 sib-pair analysis 06.156

同胞分析 sib analysis 06.153

同胞配对法 sib-pair method 06.154

同胞群 sib group, sibship 06.121

同胞选择 sib selection 06.155

同胞种 sibling species 06.128

同倍体 homoploid 04.315

同步化 synchronization 04.155

同等位基因 iso-alleles 02.397

*同地物种形成 sympatric speciation 07.075

同点等位基因 homoallelic gene 02.334

同工 tRNA isoacceptor tRNA 03.417

同合子 autozygote 02.098

同核体 homokaryon, homocaryon 04.379

同[接]合性 autozygosity 02.225

同卵双生 monozygotic twins 05.194

同配生殖 isogamy, homogamy 05.199

同配性别 homogametic sex 02.240

同系移植物 isograft 05.178

同线检测 syntenic test 02.234

同线性 synteny 02.232

同向重复[序列] direct repeat 08.020

同形染色体 homomorphic chromosome 04.036

*同型分裂 homotypic division 04.169

同型交配 positive assortative mating 06.013

同型种 phenon 06.127

同型转化 autogenic transformation 03.671

同义密码子 synonymous codon, synonym codon 03.403

同义突变 synonymous mutation 03.153

同域物种形成 sympatric speciation 07.075

同源重组 homologous recombination 03.555

同源多倍体 autopolyploid 04.301

同源多倍性 autopolyploidy 04.351

同源多元单倍体 autopolyhaploid 04.290

同源二倍化 autodiploidization 04.333

同源二倍体 autodiploid 04.294

同源二价体 autobivalent 04.208

同源辅助质粒 homologous helper plasmid 03.648

同源基因 homologous gene 03.120

同源模块 synteny 02.233

[同源]嵌合体 mosaic 02.251

同源区段 homology segment 03.633

同源染色体 homologous chromosome 04.176

同源[染色体]配对 autosyndetic pairing 04.219

同源双链体 homoduplex 03.036

同源四倍体 autotetraploid 04.308

同源四倍性 autotetraploidy 04.349

同源相同基因 genes identical by descent 06.203

同源性 homology 02.231

同源依赖基因沉默 homology-dependent gene silencing 03.540

同源异倍体 autoheteroploid 04.319

同源异倍性 autoheteroploidy 04.342

同源异形 homeosis 05.149

同源异形复合体 homeotic complex, HOM-C 05.154

同源[异形]框 homeobox, Hox 05.152

同源[异形]框基因 homeobox gene, homeotic gene 05.151

同源异形突变 homeotic mutation 05.150

同源异形选择者基因 homeotic selector gene 05.158

同源[异形]域 homeodomain 05.153

同源异源多倍体 autoallopolyploid 04.303

同质群体 homogeneous population 06.007

统计量 statistic 06.218

*统计遗传学 statistical genetics 01.012

*统计总体 population 06.215

透明带 zona pellucida 05.060

透明带反应 zona reaction 05.061

突变 mutation 02.283

突变负荷 mutational load 06.035

突变固定 mutation fixation 02.309

突变距离 mutation distance 02.279

突变率 mutation rate 02.306

突变频率 mutation frequency 02.307

突变谱 mutational spectrum 02.310

突变热点 mutation hotspot 02.284

突变体 mutant 02.313

突变体等位基因 mutant allele 02.332

突变协同作用 mutational synergism 02.311

*突变型 mutant 02.313

突变性状 mutant character 02.023

突变[学]说 mutation theory 01.059

突变压 mutation pressure 06.022

突变延迟 mutational lag 02.288

突变育种 mutation breeding 06.211

突变子 muton 03.146

突出末端 protruding terminus 03.703

图距 map distance 02.177

图距单位 map unit 02.178

图式形成 pattern formation 05.008

SOS 途径 SOS pathway 03.608

退化 degeneration 07.016

*退火 renaturation, annealing 03.062

退行演化 regressive evolution 07.015

*脱分化 dedifferentiation 05.004

脱嘌呤作用 depurination 03.175

脱氧[核糖]核苷 deoxy[ribo]nucleoside 03.004

脱氧核糖核酸 deoxyribonucleic acid, DNA 03.001

*唾腺染色体 salivary gland chromosome 04.086

W

*外基因信息 epigenetic information 02.358

外基因子 exogenote 02.270

外节点 external node 07.092

外胚层 ectoderm 05.081

外胚层顶嵴 apical ectodermal ridge, AER 05.082

外切核酸酶 exonuclease 03.723

外显率 penetrance 02.086

外显子 exon 03.135

外显子捕获 exon trapping 03.137

外显子互换 exon exchange 03.138

外显子混编 exon shuffling 03.136

外显子跳读 exon skipping 03.139

*外显子洗牌 exon shuffling 03.136

外源 DNA foreign DNA 03.621

外源基因 exogenous gene 03.122

外祖父法 grandfather method 02.180

完全连锁 complete linkage 02.143

挽回载体 retriever vector 03.734

晚期基因 late gene 03.103

微 RNA microRNA 03.530

微观进化 microevolution 07.004

微核 micronucleus 04.246

微核效应 micronucleus effect 04.247

微生物遗传学 microbial genetics 01.024

微突变 micromutation 02.308

微卫星 DNA microsatellite DNA 08.026

微卫星标记 microsatellite marker 08.037

微卫星多态性 microsatellite polymorphism 08.041

微小染色体 minute chromosome 04.083

*微效基因 minor gene 06.059

微型染色体 mini-chromosome 04.082

微阵列 microarray 08.083

微注射 microinjection 05.179

尾随序列 tailer sequence 03.443

卫星 DNA satellite DNA 08.024

α 卫星 DNA 家族 α satellite DNA family 08.028

未减数孢子生殖 apomeiosis 05.208

位点 site 02.393

位点专一重组 site-specific recombination 03.556

位点专一重组系统 site-specific recombination system 02.395

位点专一诱变 site-specific mutagenesis, site-directed mutagenesis 03.191

位置效应 position effect 04.267

位置信息 positional information 05.155

位置值 positional value 05.156

*魏斯曼学说 Weismannism 01.067

温度敏感突变体 temperature sensitive mutant 02.321

温和噬菌体 temperate phage 03.652

温控型启动子 temperature-regulated promoter 03.256

cDNA 文库 cDNA library 03.739

稳定[化]选择 stabilizing selection 07.031

稳定型位置效应 stable type position effect 04.268

稳定转染 stable transfection 03.677

稳态 mRNA steady-state mRNA 03.336

沃森-克里克碱基配对 Watson-Crick base pairing 03.012

沃森-克里克模型 Watson-Crick model 03.011

无孢子生殖 apospory 05.206

无配子生殖 apogamy 05.205

无偏估计量 unbiased estimate 06.222

无嘌呤嘧啶位点 apurinic apyrimidinic site, AP site 03.034

无融合结实 apogamogony 05.212

无融合生殖　apomixis　05.204

*无生源说　abiogenesis, spontaneous generation
01.071

无丝分裂　amitosis　04.141

无细胞转录　cell-free transcription　03.282

无显性组合　nulliplex　02.128

无限群体　infinite population　06.003

无效纯合子　nullizygote　02.095

无效等位基因　null allele, amorph　02.330

无效突变　null mutation　03.164

*无性[繁殖]系　clone　01.107

无性生殖　asexual reproduction　05.196

无性杂交　asexual hybridization　02.118

*无义密码子　nonsense codon　03.402

无义突变　nonsense mutation　03.155

无义突变体　nonsense mutant　02.322

无义抑制　nonsense suppression　03.180

无义抑制因子　nonsense suppressor　03.181

无用 DNA　junk DNA　03.055

*无着丝粒倒位　akinetic inversion　04.271

无着丝粒断片　acentric fragment, akinetic fragment
04.278

无着丝粒环　acentric ring　04.050

无着丝粒染色体　acentric chromosome, akinetic chromo-
some　04.054

无着丝粒-双着丝粒易位　acentric-dicentric transloca-
tion　04.253

物理图　physical map　08.060

物理作图　physical mapping　08.058

物种　species　07.072

物种形成　speciation　07.073

X

系谱　pedigree　02.132

系谱分析　pedigree analysis　02.134

系谱图　pedigree diagram　02.133

*Ac-Ds 系统　activator-dissociation system, Ac-Ds sys-
tem　02.399

系统发生　phylogeny　07.020

系统发生生物地理学　phylogeography　07.102

系统发生学　phylogenetics　07.086

细胞癌基因　cellular oncogene　02.403

细胞凋亡　apoptosis　05.010

细胞分化　cell differentiation　05.003

细胞分裂　cell division　05.002

细胞核学　karyology, caryology　01.037

细胞黏附分子　cell adhesion molecule, CAM　05.143

细胞谱系　cell lineage　05.046

细胞器基因组　organelle genome　08.004

细胞器遗传学　organelle genetics　01.007

细胞迁移　cell migration　05.009

细胞融合　cell fusion　04.371

细胞外基质　extracellular matrix, ECM　05.120

*细胞学图　cytological map　02.171

细胞遗传学　cytogenetics　01.002

细胞[异源]嵌合体　cytochimera　02.254

细胞质基因　plasmagene, cytogene　02.342

细胞质基因组　plasmon　08.002

细胞质雄性不育　cytoplasmic male sterility　04.362

*细胞质遗传　cytoplasmic inheritance　02.006

细胞周期　cell cycle　04.134

细胞周期蛋白　cyclin　04.153

细胞株　cell strain　04.366

细胞滋养层　cytotrophoblast　05.074

细菌人工染色体　bacterial artificial chromosome, BAC
08.108

细菌遗传学　bacterial genetics　01.025

细线期　leptotene, leptonema　04.164

狭义遗传率　narrow heritability, narrow sense heritability,
heritability in the narrow sense　06.114

下胚层　hypoblast　05.076

*下调　down regulation,　03.487

下位基因　hypostatic gene　02.078

夏格夫法则　Chargaff's rules　03.010

先成说　preformation theory　01.068

先证者　propositus, proband　02.137

纤维荧光原位杂交　fiber fluorescence in situ hybridiza-
tion, fiber FISH　03.753

Ag 显带　Ag-banding　04.121

C 显带　C-banding　04.123

Q 显带　Q-banding　04.120

T 显带　terminal banding　04.124

显微操作　micromanipulation　04.390

显微切割术 microdissection 04.391

显性 dominance 02.025

显性等位基因 dominant allele 02.040

显性度 degree of dominance 06.109

显性方差 dominance variance 06.103

显性负调控 dominant negative regulation 03.489

显性负效突变 dominant negative mutation 05.174

显性基因 dominant gene 02.034

显性上位 dominance epistasis 02.079

显性突变 dominant mutation 02.304

显性效应 dominance effect 06.087

显性性状 dominant character 02.022

显性致死 dominant lethal 02.088

线粒体 DNA mitochondrial DNA, mtDNA 03.046

线粒体基因组 mitochondrial genome 08.005

＊线性四分子 linear tetrad 02.202

线状 DNA linear DNA 03.040

限雌遗传 hologynic inheritance 02.213

限性遗传 sex-limited inheritance 02.217

限雄染色体 androsome 04.034

限雄遗传 holandric inheritance 02.212

＊限制酶 restriction enzyme 03.725

限制［酶切］位点 restriction site 03.726

限制性标记的基因组扫描 restriction landmark genomic scanning, RLGS 08.072

限制性等位片段 restriction allele 03.699

限制［性酶切］图 restriction map 08.063

限制性内切核酸酶 restriction endonuclease, restriction nuclease 03.725

限制性片段长度多态性 restriction fragment length polymorphism, RFLP 08.048

限制性宿主 restrictive host 03.727

限制性突变 restrictive mutation 02.303

限制性温度 restrictive temperature 02.281

限制修饰系统 restriction- modification system 03.748

相对性别 relative sexuality 02.239

相对性状 relative character 02.020

相关 correlation 06.232

相关变异 covariation 06.075

相关分析 correlation analysis 06.234

相关系数 coefficient of correlation 06.233

相关选择反应 correlated selection response 06.174

相互回交 reciprocal backcross 02.116

相互交叉 reciprocal chiasmata 04.195

相互交换 reciprocal interchange 02.153

相互易位 reciprocal translocation 04.252

相间分离 alternate segregation 04.265

相邻分离 adjacent segregation 04.262

相邻分离-1 adjacent-1 segregation 04.263

相邻分离-2 adjacent-2 segregation 04.264

镶嵌显性 mosaic dominance 02.031

镶嵌现象 mosaicism 02.274

消减［基因］文库 subtractive library 03.742

消减 cDNA 文库 subtractive cDNA library 03.743

消减杂交 subtractive hybridization 08.081

X 小体 X body 02.263

Y 小体 Y body 02.264

小卫星 DNA minisatellite DNA 08.025

＊C 效应 colchicine effect 04.172

协方差 covariance 06.228

协同进化 （1）concerted evolution, coincidental evolution （2）coevolution 07.008

协同转座 cooperative transposition 03.593

协诱导物 coinducer 03.507

协阻遏物 corepressor 03.512

携带者 carrier 02.138

心二分支 cardiac bifida 05.122

DNA 芯片 DNA chip 08.084

新达尔文学说 neo-Darwinism 01.076

新拉马克学说 neo-Lamarckism 01.074

新效［等位］基因 neomorph 02.327

新着丝粒 neocentromere 04.047

信号分子 signaling molecule 03.428

信号识别颗粒 signal recognition particle, SRP 03.469

＊信号肽 signal peptide 03.427

信号肽酶 signal peptidase 03.470

信号序列 signal sequence 03.427

信使 RNA messenger RNA, mRNA 03.420

信使核糖核蛋白体 messenger ribonucleoprotein, mRNP 03.432

信息性状 information trait 06.072

行为隔离 behavioral isolation, ethological isolation 07.068

行为遗传学 behavioral genetics 01.017

形态发生 morphogenesis 05.043

形态发生决定子 morphological determinant 05.025

形态发生素 morphogen 05.026

A 型 DNA A-form DNA 03.021

B 型 DNA　B-form DNA　03.022
Z 型 DNA　Z-form DNA, zigzag DNA　03.023
性比　sex ratio　02.235
性别决定　sex determination　02.238
性别平均[连锁]图　sex-average map　02.176
性别自体鉴定　autosexing　02.245
性导　sexduction　03.665
性二态性　sex dimorphism　02.243
性隔离　sexual isolation　07.067
性连锁　sex linkage　02.145
性连锁基因　sex-linked gene　02.192
性连锁性状　sex-linked character　02.222
性连锁遗传　sex-linked inheritance　02.218
性连锁致死　sex-linked lethal　02.091
性染色体　sex chromosome, idiochromosome　04.026
＊性染色质体　sex chromatin body　02.263
性选择　sexual selection　07.027
＊性因子　fertility factor　03.587
性指数　sex index　04.113
性状　character　02.016
性状趋同　character convergence　06.041
性状趋异　character divergence　06.040
＊雄核发育　patrogenesis, androgenesis　05.203
雄性不育　male sterility　02.350
雄性不育系　male sterility line　02.347
DNA 修复　DNA repair　03.613
修复缺陷　repair deficiency　03.604
DNA 修饰　DNA modification　03.614
修饰基因　modifier gene　02.048
许可因子　licensing factor　03.240
Alu 序列　Alu sequence　08.018
chi 序列　chi sequence, χ sequence　03.430
＊SD 序列　Shine-Dalgarno sequence　03.381
δ 序列　δ sequence　03.581
序列标记微卫星　sequence tagged microsatellite, STMS　08.038
序列标签位点　sequence tagged site, STS　08.035

序列标签位点图　sequence tagged site map　08.068
序列测定　sequencing　08.097
DNA 序列测定　DNA sequencing　08.100
DNA 序列多态性　DNA sequence polymorphism　08.039
DNA 序列家族　DNA sequence family, sequence family　08.012
＊序列同一性　sequence identity　07.095
序列一致性　sequence identity　07.095
选型交配　assortative mating　06.012
选择　selection　06.166
选择差　selection differential　06.172
选择反应　selection response　06.173
选择极限　selection limit　06.175
＊选择进展　selection response　06.173
选择强度　intensity of selection　06.176
选择系数　selection coefficient, coefficient of selection　06.167
＊选择响应　selection response　06.173
选择性剪接　alternative splicing　03.349
选择性剪接因子　alternative splicing factor, ASF　03.374
选择性转录　alternative transcription　03.319
选择性转录起始　alternative transcription initiation　03.320
选择压[力]　selection pressure　06.171
选择者基因　selector gene　05.165
选择指标　selection criterion　06.168
选择指数　selection index　06.169
选择中性　selective neutrality　07.039
血岛　blood island　05.100
血管发生　angiogenesis　05.104
＊血管发生簇　blood island　05.100
血清应答元件　serum response element, SRE　03.270
血型系统　blood group system　02.373
血友病　hemophilia　02.228
驯化　acclimatization　02.411

Y

芽变　bud mutation, bud sport　02.312
亚倍体　hypoploid　04.322
亚倍性　hypoploidy　04.340
亚端着丝粒染色体　subtelocentric chromosome　04.061

亚二倍体　hypodiploid　04.296
亚克隆　sub-clone　03.697
亚效等位基因　hypomorphic allele, hypomorph　02.328
亚致死基因　sublethal gene　02.046

＊亚中着丝粒染色体 submetacentric chromosome 04.064

亚种 subspecies 06.130

延迟显性 delayed dominance 02.029

＊延迟遗传 delay inheritance 02.268

延伸因子 elongation factor 03.464

严紧反应 stringent response 03.503

严紧控制 stringent control 03.502

严紧型质粒 stringent plasmid 03.639

严紧因子 stringent factor 03.501

衍征 apomorphy 07.046

＊演化 evolution 07.001

羊膜脊椎动物 amnion vertebrate 05.141

样本 sample 06.216

药物基因组学 pharmacogenomics 01.046

药物遗传学 pharmacogenetics 01.022

野生型 wild type 02.014

叶绿体 DNA chloroplast DNA, ctDNA 03.045

叶绿体基因组 chloroplast genome 08.006

一般配合力 general combining ability 06.151

＊一倍体 monoploid 04.288

一基因一多肽假说 one-gene one-polypeptide hypothesis 01.065

一基因一酶假说 one-gene one-enzyme hypothesis 01.064

一元回归 simple regression 06.237

医学遗传学 medical genetics 01.028

＊依赖于 DNA 的 DNA 聚合酶 deoxyribonucleic acid-dependent DNA polymerase 03.708

＊依赖于 RNA 的 DNA 聚合酶 RNA-dependent DNA polymerase 03.715

＊依赖于 RNA 的 RNA 聚合酶 RNA-dependent RNA polymerase 03.717

＊依频选择 frequency dependent selection 07.036

移码 frameshift 03.412

移码突变 frameshift mutation 03.160

移码抑制 frameshift suppression 03.176

移码抑制因子 frameshift suppressor 03.177

遗传 （1）heredity （2）inheritance 01.083

遗传背景 genetic background 01.089

遗传标记 genetic marker 03.767

遗传病 genetic disease, hereditary disease, inherited disease 01.101

遗传操作 genetic manipulation 03.694

遗传冲刷 genetic erosion 06.031

遗传重组 genetic recombination 01.088

遗传传递力 genetic transmitting ability 06.160

＊遗传代价 genetic cost 06.034

遗传单位 genetic unit, hereditary unit 01.104

遗传的染色体学说 chromosome theory of inheritance 01.056

＊遗传第三定律 law of linkage 02.141

遗传多态性 genetic polymorphism 01.095

遗传多样性 genetic diversity 01.096

遗传惰性 genetic inertia 01.090

遗传方差 genetic variance 06.100

遗传负荷 genetic load 06.034

遗传工程 genetic engineering 03.688

遗传互补 genetic complementation 02.379

遗传获得量 genetic gain 06.159

遗传极性 genetic polarity 03.471

遗传寄生 genetic colonization 03.768

遗传距离 genetic distance 06.032

＊遗传决定系数 coefficient of genetic determination 06.113

＊遗传力 heritability 06.112

遗传流行病学 genetic epidemiology 01.032

遗传率 heritability 06.112

遗传密码 genetic code 03.390

遗传命名法 genetic nomenclature 02.007

遗传漂变 genetic drift 06.023

遗传平衡 genetic equilibrium 06.026

遗传评估 genetic evaluation 06.157

遗传筛选 genetic screening 01.098

遗传死亡 genetic death 06.033

遗传体系 genetic system 01.091

＊遗传图 genetic map 02.171

遗传紊乱 genetic disorder 01.094

遗传相关 genetic correlation 06.158

遗传协方差 genetic covariance 06.107

遗传信息 genetic information 01.103

遗传学 genetics 01.001

遗传异质性 genetic heterogeneity 01.093

遗传印记 genetic imprinting 02.353

遗传早现 anticipation, genetic anticipation 02.359

遗传拯救 genetic rescue 01.097

遗传整合 genetic integration 03.564

＊遗传值 genetic value 06.088

印记框 imprinting box 03.525

印记失活 imprinting off 02.356

SOS 应答 SOS response 03.611

应答元件 response element 03.264

应答元件结合蛋白 response element binding protein 03.265

*应急因子 stringent factor 03.501

*荧光小体 fluorescence body, F body 02.264

荧光原位杂交 fluorescence in situ hybridization, FISH 03.752

营养缺陷体 auxotroph 03.185

永久性环境效应 permanent environmental effect 06.092

*永久杂种 permanent hybrid 04.276

优先分离 preferential segregation 04.173

有丝分裂 mitosis 04.142

有丝分裂不分离 mitotic nondisjunction 04.157

*有丝分裂重组 mitotic recombination 02.159

*有丝分裂促进因子 mitosis-promoting factor 04.154

*有丝分裂交换 mitotic crossover 02.159

*有丝分裂期 mitotic phase, M phase 04.139

有限群体 finite population 06.004

有效等位基因数 effective number of allele 06.048

有效群体大小 effective population size 06.009

有性生殖 sexual reproduction 05.197

有性杂交 sexual hybridization 02.117

*有义链 sense strand 03.205

有义密码子 sense codon 03.406

*右手螺旋 DNA right-handed DNA 03.021

幼态延续 neoteny 05.138

诱变 mutagenesis 03.186

诱变剂 mutagen 03.187

诱导 induction 05.028

SOS 诱导测验 SOS induce test, SOS inductest 03.610

诱导交互作用 inductive interaction 03.505

诱导酶 inducible enzyme 03.508

诱导物 inducer 03.506

SOS 诱导物 SOS inducer 03.609

诱导型表达 inducible expression 03.544

诱发突变 induced mutation 02.291

诱发突变体 induced mutant 02.316

羽化 eclosion 05.137

育性恢复基因 restoring gene 02.343

育种值 breeding value 06.095

*育种值差 additive genetic variance 06.101

预测基因 predicted gene 08.113

阈值 threshold value 06.083

阈[值]模型 threshold model 06.084

阈[值]性状 threshold character, threshold trait 06.067

*原癌基因 proto-oncogene 02.403

原肠胚形成 gastrulation 05.075

原核 pronucleus 04.356

原核基因 prokaryotic gene 03.126

原红细胞 proerythroblast 05.102

原结 primitive knot, primitive node 05.091

原生命 progenote 07.106

原生质体融合 protoplast fusion 04.373

原始生殖细胞 primordial germ cell 05.047

原始真核生物 urkaryote, urcaryote 07.107

原噬菌体 prophage 03.657

原条 primitive streak 05.090

原位杂交 in situ hybridization 03.750

原种 stock 06.129

远交 outbreeding 06.139

远缘杂交 distant hybridization, wide cross 06.142

远缘杂种 distant hybrid, wide hybrid 06.149

约束选择 restricted selection 06.180

阅读框 reading frame 03.389

允许条件 permissive condition 02.388

允许突变 permissive mutation 03.162

Z

杂合度 heterozygosity 06.046

*杂合体 heterozygote 02.099

杂合性 heterozygosity 04.240

杂合性丢失 loss of heterozygosity, LOH 04.242

杂合子 heterozygote 02.099

杂交 cross, hybridization 02.106

DNA 杂交 DNA hybridization 03.754

杂交不育性 cross-infertility, cross-sterility 06.132

杂交测序 sequencing by hybridization, SBH 08.099

杂交亲和性 cross-compatibility 02.112

杂交弱势 pauperization 06.213

杂交探针 hybridization probe 03.758

转录起始　transcription initiation　03.299

转录起始复合体　transcription initiation complex, TIC　03.300

转录起始位点　transcription initiation site　03.302

转录起始因子　transcription initiation factor　03.301

转录弱化　transcription attenuation　03.295

转录弱化子　transcriptional attenuator　03.313

转录提前终止　premature transcription termination　03.288

转录调节　transcription regulation　03.304

转录图　transcriptional map　08.061

转录物　transcript　03.329

转录物组　transcriptome　08.049

转录物组学　transcriptomics　01.051

转录延伸　transcription elongation　03.297

转录延伸因子　transcriptional elongation factor　03.316

转录因子　transcription factor　03.271

转录增强子　transcriptional enhancer　03.317

转录终止　transcription termination　03.303

转录终止因子　transcription termination factor　03.308

转录终止子　transcription terminator　03.309

转录阻遏　transcription repression　03.305

转录阻遏物　transcription repressor　03.306

转录作图　transcription mapping　08.059

转染　transfection　03.676

转染子　transfectant　03.681

转移 DNA　transfer DNA, T-DNA　03.650

转移 RNA　transfer RNA, tRNA　03.463

转移 RNA 基因　transfer RNA gene, tRNA gene　03.091

转座　transposition　03.589

转座酶　transposase　03.596

转座免疫　transposition immunity　03.595

转座因子　transposable element　03.573

转座子　transposon, Tn　03.574

copia 转座子　copia element　03.578

Ty 转座子　Ty transposon　03.580

转座子沉默　transposon silencing　03.577

装配因子　assembly factor　03.584

准确性　accuracy　06.219

准性生殖　parasexuality　05.209

着丝粒　centromere　04.043

着丝粒 DNA　centromeric DNA, CEN DNA　04.053

着丝粒错分　centromere misdivision　04.048

着丝粒分裂　centric split　04.049

着丝粒干涉　centromere interference　02.185

着丝粒基因　centrogene　02.055

着丝粒交换　centromeric exchange, CME　02.160

*着丝粒融合　centric fusion　04.257

着丝粒序列　centromeric sequence, CEN sequence　03.134

*着丝粒异染色质带　centromeric heterochromatic band　04.127

着丝粒元件　centromere element　04.051

着丝粒指数　centromere index　04.052

着丝粒作图　centromere mapping　02.206

滋养层[细胞]　trophoblast, trophoblastic layer　05.072

滋养外胚层　trophectoderm　05.084

子代　filial generation　02.121

子二代　second filial generation, F_2　02.123

子染色体　daughter chromosome　04.181

子一代　first filial generation, F_1　02.122

*姊妹染色单体　sister chromatid　04.179

*姊妹种　sibling species　06.128

*自催化剪接　autocatalytic splicing　03.367

自发畸变　spontaneous aberration　02.280

自发突变　spontaneous mutation　02.290

自发突变体　spontaneous mutant　02.314

自交不亲和性　self-incompatibility　02.348

自交不育性　self-infertility　02.351

自交系　selfing line　02.104

自切割 RNA　self-cleaving RNA　03.371

自然发生说　abiogenesis, spontaneous generation　01.071

*自然同步化　natural synchronization　04.155

自然选择　natural selection　07.029

自然选择代价　cost of natural selection　07.038

自杀法　suicide method　03.199

自杀基因　suicide gene　03.123

*自私 DNA　selfish DNA　03.053

自体不育基因　self-sterility gene　02.344

*自体二倍体　autodiploid　04.294

自体控制　autogenous control　03.547

自体融合　automixis　05.211

自[我]剪接　self-splicing, autosplicing　03.367

自[我]切割　self-cleavage　03.366

自效基因　autarchic gene　02.054

自由组合　independent assortment　02.062

自由组合定律　law of independent assortment　02.003

自在 DNA　selfish DNA　03.053

自展分析　bootstrap analysis　07.104

自主表型　autophene　02.012

自主复制序列　autonomously replicating sequence，ARS
　03.635

自主特化　autonomous specification　05.020

*自主因子　autonomous element　03.585

自主元件　autonomous element　03.585

综合选择指数　multiple selection index　06.170

综合育种值　aggregate breeding value　06.097

总体　population　06.215

总体参数　population parameter　06.217

足迹法　footprinting　03.763

阻遏　repression　03.509

阻遏蛋白-操纵基因相互作用　repressor-operator interac-
　tion　03.510

阻遏物　repressor　03.511

组氨酸操纵子　*his* operon　03.479

组成型表达　constitutive expression　03.543

组成性基因　constitutive gene　03.130

组成性剪接　constitutive splicing　03.347

组成性突变　constitutive mutation　03.165

组成性突变体　constitutive mutant　02.319

组成性异染色质　constitutive heterochromatin　04.004

*组成性异染色质带　C-band　04.127

组内相关系数　intra-class correlation coefficient　06.111

组织特异性基因敲除　tissue-specific gene knockout
　05.187

*组织特异性基因剔除　tissue-specific gene knockout
　05.187

组织特异性转录　tissue-specific transcription　03.283

组织相容性基因　histocompatibility gene　02.370

组织相容性抗原　histocompatibility antigen，H antigen
　02.364

组织者　organizer　05.098

祖先染色体片段　ancestral chromosomal segment
　04.035

祖征　plesiomorphy　07.044

最大似然法　maximum likelihood method　06.241

最佳线性无偏估计量　best linear unbiased estimator，
　BLUE　06.200

最佳线性无偏预测　best linear unbiased prediction，
　BLUP　06.201

最宜选择　optimum selection　06.181

*左手螺旋 DNA　left-handed DNA　03.023

作图函数　mapping function　02.179